通訊原理

藍國桐、姚瑞祺　編著

全華圖書股份有限公司

序言

　　本書乃針對電機、電子、通訊等系的大專同學所編寫的通訊原理入門書籍。全書設計成對通訊系統的基本架構、原理作一個全盤性的觀念介紹。

　　本書係為大專技職院校學生所編寫，因此內容力求簡單明瞭，捨棄大量的數學描述，儘量以物理觀念來解釋，並且儘量以日常生活常遇到的實例來作說明。由實例問題簡化而得的範例使同學能在學習過程中，體會通訊的原理與應用。基本上，研習本書不需要先修過任何基礎課程，但是若修過電路分析概論，微積分及工程數學將特別有幫助。

　　本書共分成六章，第一章為通訊原理的概念介紹以及系統的描述。第二章則介紹信號的頻譜以及線性系統與濾波器。第三章講的是振幅調變(AM)，這章主要是介紹調變的基石－頻率遷移(frequency shift)，振幅調變的四大類型－DSB-LC，DSB-SC，SSB及VSB，最後描述分頻多工(FDM)系統的理論。第四章的內容是有關角度調變的原理以及FM廣播系統，章末補充的是副載波(subcarrier)的原理。第五章談的是數位化的脈波調變－PAM、PWM、PPM、所有數位系統都採用的 PCM 系統原理、分時多工 (TDM)原理及差異調變(DM)。在這章後面，稍微介紹了目前在個人通訊器上(CT2及DECT)所使用的調變技術－ ADPCM。第六章的內容主要描述數位調變系統，包括 QAM、QPSK、FSK等等。這一章是較艱深的部分，在不使用數學描述的原則下，我們大部分採用圖形及原理說明的方式進行，這章中較值得一提的是：在行動電話系統中常使用到的二種調變技術：$\frac{\pi}{4}$DQPSK 及 0.3MSK，希望對讀者能有助益。

雖然本書主要是為了修電機電子通訊工程的大專同學所寫的，但是亦可用於工業界有志於通訊系統技術的朋友，民營電信公司的工程師，甚至高層主管對通訊的入門書籍。

藍國桐　內湖(德明財經科技大學)

姚瑞祺　新竹新豐(明新科技大學)

再版序

　　本書是針對大專技職院校電機、電子、通訊、資工等系同學所編寫的通訊領域入門書籍，適於通訊原理、通訊概論等課程。

　　前一版由藍博士編著之通訊原理與應用，深入淺出，從文字敍述、公式表達，到圖表配合，都恰到好處，是一本優良的通訊基礎教科書。所以此次改版，保留了前述的優點，大部份內容都予以保留。

　　這次修訂，除了將各章多處的文字、上下標、中英對照等做細部修訂，頻譜圖按比例修改，各章增加一些新的習題之外，習題採取了新的編號方式：以章節如 3.4-3 代表第 3 章第 4 節的第 3 個題目，便於學生每學過某章的一節，即可練習做相關習題，以增進學習效果。

　　由於本書前身第七章「行動通訊系統」內容日新月異，更新快速，各國規格互有差異。加上各校有開「行動通訊」相關選修課程。遂於這次修改時刪去第七章大部份，但是重要的行動通訊基本原理仍然保留放在附錄中。

　　此外，刪除了參考文獻、索引及部份附錄、各章末之延伸閱讀，如果對參考文獻有興趣的讀者，請參考之前版本。

　　本次改版修訂之處甚多，承蒙藍博士信任與充分授權，得以在一年之間迅速完成。全華圖書張媛婷小姐及陳璟瑜小姐的幫忙在此一併感謝。

明新科技大學電機系　　姚瑞祺

編輯部序

　　「系統編輯」是我們的編輯方針，我們所提供給您的，絕不只是一本書，而是關於這門學問的所有知識，它們由淺入深，循序漸進。

　　本書重點在介紹通訊系統的架構及原理，內容共有六章，分別是通訊原理的概念介紹及系統的描述、信號與頻譜、振幅調變(AM)、頻率調變(FM)、脈波調變、數位調變。本書是一本非常適合科大、技術學院電子、電機系「通訊系統」、「通訊原理」課程使用。

　　同時，為了使您能有系統且循序漸進研習相關方面的叢書，我們以流程圖方式，出各有關圖書的閱讀順序，以減少您研習此門學問的摸索時間，並能對這門學問有完整的知識。若您在這方面有任何問題，歡迎來函連繫，我們將竭誠為您服務。

相關叢書介紹

書號：06209
書名：衛星導航
編著：莊智清

書號：06312
書名：衛星通訊(附部分內容光碟)
編著：董光天

書號：05916
書名：無線區域網路
編著：簡榮宏.廖冠雄

書號：06329
書名：物聯網技術理論與實作
　　　(附實驗學習手冊)
編著：鄭福炯

書號：06428
書名：物聯網概論
編著：張博一.張紹勳.張任坊

書號：06486
書名：物聯網理論與實務
編著：鄒耀東.陳家豪

書號：06100
書名：數位通訊系統演進之理論
　　　與應用－4G/5G/pre6G/
　　　IoT 物聯網
編著：程懷遠.程子陽

流程圖

書號：05314
書名：訊號與系統
編譯：洪惟堯.陳培文.張郁斌.
　　　楊名全

書號：06300/06301
書名：電子學(基礎理論)/(進階
　　　應用)(附線上題解光碟)
編譯：楊棧雲.洪國永.張耀鴻

書號：064387
書名：應用電子學(精裝本)
編著：楊善國

書號：06138
書名：通訊系統(國際版)
編譯：翁萬德.江松茶.翁健二

書號：0333403
書名：通訊原理(第四版)
編著：藍國桐.姚瑞祺

書號：05330
書名：通訊電子學
編著：袁敏事

書號：06064
書名：射頻技術在行動通訊的
　　　應用
編著：高曜煌

書號：06100
書名：數位通訊系統演進之理論
　　　與應用－4G/5G/pre6G/
　　　IoT 物聯網
編著：程懷遠.程子陽

書號：05536
書名：行動通訊與傳輸網路
編著：陳聖詠

目錄

附錄 錄-1

ix

第 1 章　導論

1.1 何謂通訊(Communication)

　　將訊息由某地(或某人)傳遞給某地(另一人)的過程，稱之為**通訊**(Communication)。以電氣的方式並藉著公眾電信網路(PSTN)而達成的通訊方式，即可稱為**電信**(Telecommunication)。我們很難想像沒有可靠、經濟又有效的通訊工具的現代生活會是什麼樣子。電話、電視、收音機及呼叫器等都是每天常見的通訊範例，而更複雜的通訊系統如導引飛機、太空梭及自動化捷運系統等許多例子，不勝枚舉。通訊系統在今日不僅為商業、工業及大眾傳播所需要，更是國家福祉與國防建設的根本。

　　通訊理論的主要觀點在於將信號(signal)完整地傳遞、接收並正確地解讀出來。要達到此一目標必須在傳遞信號時儘可能減低雜訊(noise)的影響，其作法有：

1.　加大信號強度(signal strength)以抵禦雜訊干擾。

　　很顯然的，這個方式並非長久之策，因為若我們一受到干擾就加大能量將別人蓋台，那麼彼此之間能量競相提升將無寧日。因此這個方法的缺點就是浪費能量且彼此間易受干擾。

2.　改由較乾淨的傳輸通道(transmission channel)傳送信號。

　　在通訊的傳輸通道不太乾淨的情形之下選用其它替代通道是可行的辦法之一。例如由台北經台中到高雄的長途微波鏈路因為西半部下大雨而影響微波鏈路的通訊品質時，我們可以改由台北經花蓮到台東、高雄的微波鏈路傳送資料或者改由台北經台中到高雄的光纖有線網路傳遞訊息。這種方式很明顯有許多缺點：空間通道有限、任何通道均會有雜訊、干擾等問題。

3.　更改信號波形使其能適合於目前通道上傳輸。

　　這個方法是最常被利用的通訊方法之一，例如方波傳遞的距離較近，可以先將方波轉換成弦波以利長途傳輸。又例如數位信號容易產生諧波失真，因此我們都先將數位信號轉成類比連續信號以利傳輸。

4.　改用不易受干擾的傳輸信號，如以光取代電。

　　有時候在一個電磁干擾嚴重的環境中，無論是何種頻率、何種形式的電氣信號都會被嚴重干擾，採用光纖系統將是一個解決之道。

在長距離通訊的要求下,我們不直接將原信號發送出來,而是先將它轉換成另一不同的波形後,利用通訊頻道將其傳送出去。在接收端則以相反的轉換方式得到原信號。

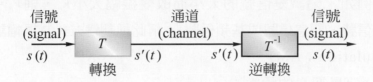

圖 1.1 信號轉換以利在傳輸通道上傳輸

這種將原始信號轉換成更適合於傳輸介質(media),通道(channel),藉以提高傳送距離及傳輸效率的方式稱之為**調變**(modulation),而接收端的相反轉換方式可以使波形轉變成原信號的方式稱之為**解調**(demodulation)。

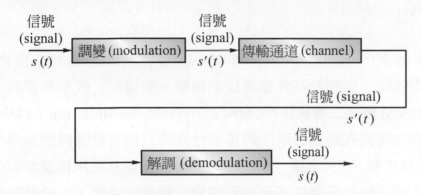

圖 1.2 調變/解調變在信號傳輸的應用

調變中通常含有兩種波形信號:表示訊息的**調變信號** $s(t)$(即希望傳送給對方的訊息),和適合在傳輸通道傳送的**載波信號** $s'(t)$(carrier signal)。有時候調變信號又稱為**基頻信號**(baseband signal)、**訊息信號**(message signal),若該基頻信號是一種聲音信號則又可稱之為**音頻信號**(audio frequency signal)。一般而言調變信號多屬於原始低頻信號(如人耳可聽見的聲音信號,人眼可見的可見光信號)。用低頻的調變信號來對高頻的載波信號作對應的改變而形成了一個 "載了訊息(調變信號)" 的載波信號,稱 "訊息調變了載波"。

載波信號一般多為高頻信號(10kHz～1000GHz),有時稱之為**射頻**(Radio Frequency;RF)信號,經常用正弦波代表高頻載波,如下列例子:

$$v(t) = V_p \sin(2\pi f t + \phi)$$

(1) 若振幅V_p是訊息(調變信號)的函數：

　　例如，隨調變信號的大小而改變振幅大小V_p，則$V_p = K_p s(t)$ ($s(t)$：調變信號、訊息信號或基頻信號)。稱此種調變方式為**振幅調變**(Amplitude Modulation；AM)。

(2) 若頻率f是訊息的函數：

　　例如，f隨調變信號的大小而變，$f = K_f s(t)$。即稱此種調變方式為**頻率調變**(Frequency Modulation；FM)。

(3) 若相角ϕ隨訊息而變：

　　例如，$\phi = K_p s(t)$，則稱此種調變方式為**相位調變**(Phase Modulation；PM)。

　　調變／解調(modulation/demodulation)是將原信號(類比或數位)轉換成另一高頻載波信號，以利於在傳輸通道上傳輸，而達到：較不易衰減、較不易受干擾及可達成**分頻多工傳輸**(Frequency Division Multiplexing；FDM)等目的。調變／解調的功能在通訊系統中的重要性在於它能將信號轉換到適合傳輸的頻率上，從AM廣播、FM廣播、modem、CATV、衛星通訊以及無線行動通訊等等，幾乎沒有一個通訊架構不使用到調變／解調的功能。一般通訊教科書的內容百分之八十都在介紹調變／解調的技術原理，由此可見通訊的發展神速和調變／解調技術的演進有不可分的密切關係。

　　至於將電氣信號改轉換成不易受干擾的光信號，也可以看成是調變／解調的一種方式。利用一個輸出光的功率(強度)和流經其內部電流大小成正比的發光二極體(Light Emitting Diode；LED)或是雷射二極體(Laser Diode；LD)，可以將電信號調變成光信號，而利用本負二極體(PIN diode)與崩潰光二極體(Avalanche Photo Diode；APD)則可將輸入的光信號轉換成正比例的電信號。

1.2　信號的種類

基本上我們將所要傳遞的訊息稱之為**信號**(signal)，諸如語音(voice)信號，影像(image)信號等，而一般將信號分成類比信號(analog signal)和數位信號(digital signal)。類比信號即表示其所代表的訊息是一個連續性狀態變化的波形，如聲音。而數位信號即表示其所代表的訊息是一離散性狀態變化的波形，如摩斯電碼、電腦 0、1 資料等。

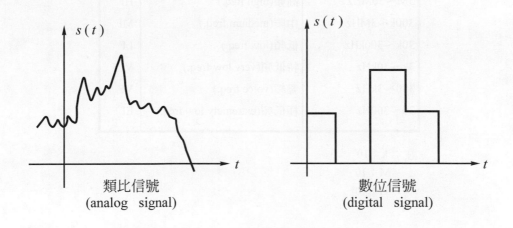

圖 1.3　類比信號及數位信號

不論是類比或是數位信號，一般而言都是隨著時間而變化狀態的，亦即他們是一時間函數。有時觀察一時間變化的波形很難看出其特性，因此我們常利用數學轉換的方式將這些時間信號轉換成頻率信號，這些頻率信號稱之為**頻譜**(spectrum)。

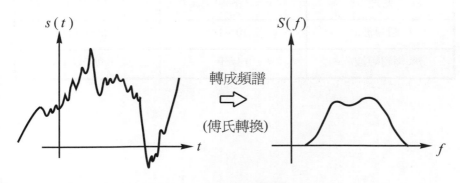

圖 1.4　時間函數與頻譜函數

表 1.1～表 1.3 列了一些常用頻帶的使用情形。

表 **1.1** 常用頻帶

頻寬	頻帶名稱	縮寫
30G～300GHz	至高頻(extra high freq.)	EHF
3G～30GHz	極高頻(super high freq.)	SHF
300M～3GHz	超高頻(ultra high freq.)	UHF
30M～300MHz	特高頻(very high freq.)	VHF
3M～30MHz	高頻(high freq.)	HF
300k～3MHz	中頻(medium freq.)	MF
30k～300kHz	低頻(low freq.)	LF
3k～30kHz	特低頻(very low freq.)	VLF
300～3kHz	聲頻(voice freq.)	VF
30～300Hz	極低頻(extremely low freq.)	ELF

註：k：10^3
M：10^6
G：10^9

表 **1.2** 以波長分類($\lambda = c/f$)

名稱	波長之範圍(m)公尺	頻率之範圍(Hz)赫芝
長波	3000 以上	100k 以下
中波	3000～200	100k～1500k
中短波	200～75	1.5M～4M
短波	75～10	4M～30M
超短波	10～1	30M～300M
極超短波	1 以下	300M 以上

表 **1.3**　微波、衛星常用的波段分類

波段(band)	頻率之範圍(GHz)
L	1〜2
S	2〜4
C	4〜8
X	8〜12.5
Ku	12.5〜18
K	18〜26.5
Ka	26.5〜40

1.3　通訊系統簡介

　　通訊系統最基本的基本元素包含：(1)發射機、(2)傳輸通道、(3)接收機。一個典型通訊系統如：

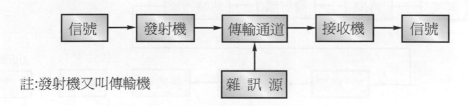

註:發射機又叫傳輸機

圖 **1.5**　典型通訊系統(Ⅰ)

　　發射機(transmitter)將信號發射到傳輸通道(transmission channel)，信號通過傳輸通道，其間並受到外界雜訊(noise)的干擾，最後被位於接收端的接收機(receiver)接收而得到原信號，就好像我們的講話行為一樣。

　　為了能讓信號傳遞的更遠或為了保密、通訊效率等原因，可以先將原信號 $s(t)$ 換成另一種更適合傳輸通道的信號 $s'(t)$，如圖 1.6。

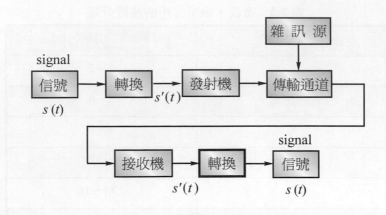

圖 **1.6** 典型通訊系統(Ⅱ)

例如，我們知道利用電線傳遞電流信號可以傳的較遠，因此我們利用電話將聲音轉成電流來傳遞，而且在傳輸通道中還可以利用電路放大器(amplifier)將電流信號適當地加以放大以便傳遞的更遠。實際上的應用如傳統的電話通訊系統，如圖 1.7。

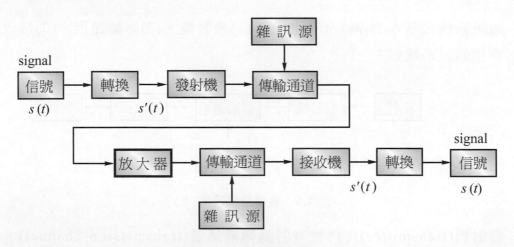

圖 **1.7** 典型通訊系統(Ⅲ)

而在某種場合之中，放大器無法使用於長距離通訊作為中繼站(repeater)，如無線廣播，所以在信號發射之前必須先將它作調變(modulation)以得到適合的傳輸效果。實際應用如收聽無線電廣播，使用無線電對講機通訊等，如圖 1.8。

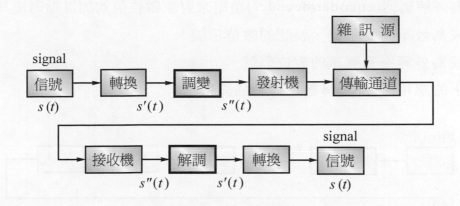

圖 **1.8**　典型通訊系統(IV)

有時候為了通訊保密的原因，我們希望在作信號轉換時對於要傳送出去的信號 $s'(t)$ 予以加密(encryption)，而在接收上再予以解密(decryption)以得到信號 $s'(t)$，例如加密通訊系統，如圖 1.9。

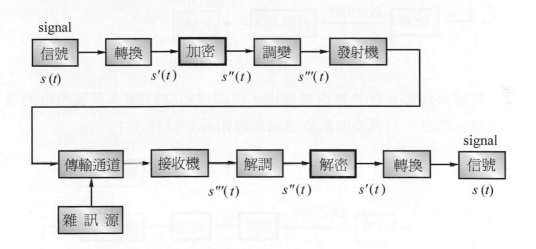

圖 **1.9**　典型通訊系統(V)

而加密／解密過程最常應用於數位通訊(digital communication)，也就是將類比信號轉換成數位信號，以此數位信號來傳輸。由於數位信號可加以編碼(coding)以提高通訊效率(參考圖 1.10)，更可以輕易地加密以達到通訊保密的要求，因此數位通訊逐漸成為通訊主流。

編碼／解碼器(encoder/decoder)是用來對原數位信號加以編碼使其：

1.　成為較不易受干擾、誤認的數位信號。

2.　成為外界不易解讀的數位信號。

實際上的應用例如GSM數位行動通訊系統。

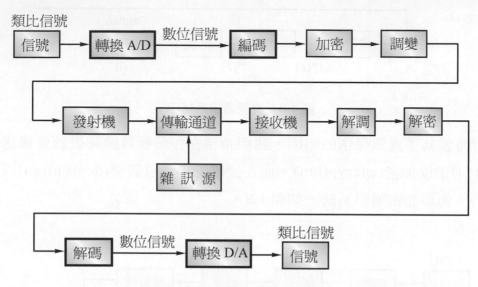

圖 **1.10**　典型數位通訊系統(Ⅵ)

因此有時將編碼及加密整合成編碼，將調變和發射機(含信號強度的放大)整合成調變，所以一個典型的數位通訊系統如圖 1.11 所示：

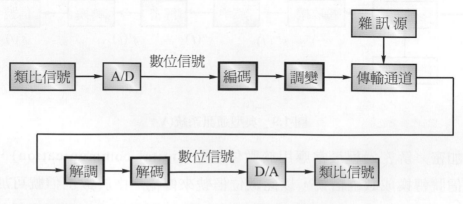

圖 **1.11**　典型數位通訊系統(Ⅶ)

在信號傳輸的過程中，時常會出現一些不必要的效應以致於影響信號的正確接收：

　　<u>衰減</u>(decay)：指信號在傳輸過程中，強度隨著傳送的距離而遞減的現象，可利用信號放大器予以適時地放大信號。

　　<u>失真</u>(distortion)：由於系統對於輸入信號不完全嚮應而引起。

　　<u>雜訊</u>(noise)：由於系統外部或內部元件所產生的雜散信號加到原始信號上而引起。

　　<u>干擾</u>(disturbance)：和雜訊相類似，由於發射機、電力線路等所產生的污染影響了傳遞中的信號，如鄰近電源所發射的信號、隔壁頻道信號的溢波等。

　　一般而言，雜訊是累加在信號之上，失真則會造成信號波形的 "部分變形"。所以雜訊是相加性、線性的，而失真多是相乘性、非線性的，兩者另一重要的區別在於隨著信號源的關閉、失真現象隨即消失，但雜訊卻依然存在。

例題 1

假設我們要傳送一個信號 $s(t) = 10\cos(2\pi \cdot 60k \cdot t) + 10\cos(2\pi \cdot 40k \cdot t)$，即這個信號是由 2 種頻率(60kHz，40kHz)所組成的。若在接收端收到

(1) $s'(t) = 5\cos(2\pi \cdot 60k \cdot t) + 5\cos(2\pi \cdot 40k \cdot t)$

(2) $s'(t) = 10\cos(2\pi \cdot 60k \cdot t) + 10\cos(2\pi \cdot 40k \cdot t) + 0.01\cos(2\pi \cdot 20M \cdot t)$

(3) $s'(t) = 8\cos(2\pi \cdot 60k \cdot t) + 5\cos(2\pi \cdot 40k \cdot t)$

試問在傳輸過程發生何種性質的現象。

答：(1) 由於收到的信號 $s'(t)$ 中兩種頻率皆衰減 $\frac{1}{2}$，所以 $s'(t) = \frac{1}{2}s(t)$，故發生了衰減**(decay)**現象。

(2) 由於收到的信號 $s'(t) = s(t) + 0.01\cos(2\pi \cdot 20M \cdot t)$，即額外接收了微小(0.01)的高頻(20MHz)信號，可知是發生了雜訊**(noise)**干擾現象。

(3) 收到的信號 $s'(t)$ 中 60kHz 的 cos 函數衰減了 $\frac{8}{10}$，而 40kHz 的 cos 函數衰減了 $\frac{1}{2}$，不同的頻率成分衰減比例不同，所以是發生了失真**(distortion)**現象。

利用調變／解調來完成通訊目標，其主要的效益有：

1. **利用調變／解調可迴避雜訊及干擾。**

2. **可使載波信號配合傳輸介質的頻率響應。**

   一般電話線的頻率響應應在 $300\text{Hz}\sim3\text{kHz}$ 之間，因此數據機(modem)必須將數位信號的頻率遷移到這個頻譜之內，而調變就是在作這種頻率遷移(frequency shift)的工作。

3. **調變可達成分頻多工(FDM)。**

   由於可以將頻率遷移，因此不同的信號被遷移到不同的頻率上，而達到同時通訊的目的。

4. **天線實用性的考量。**

   無線電傳播中信號波長越長，則所需的天線長度就越長(以半波天線而言：100Hz 的信號 $s(t)$ 需要 1500 公里的天線長度，$\lambda = c/f = 3 \times 10^8/100$ $= 3 \times 10^6\text{m}$，所以天線長度 $l = \dfrac{1}{2}\lambda = 1500\text{km}$)。將信號遷移到載波頻率上(高頻)，天線尺寸的要求才能切合實際(將 100Hz 信號 $s(t)$ 調變到 300MHz 的載波上，則波長變成 $\lambda = \dfrac{3 \times 10^8}{300 \times 10^6} = 1\text{m}$，所以天線長度 $l = \dfrac{1}{2}\lambda = 0.5\text{m}$)。

5. **將頻寬窄化。**

   不只天線尺寸的考量是一問題，另一個是天線適用頻率範圍的問題，例如：假設音頻頻寬 30Hz 到 3kHz，但是適用於 30Hz 的半波天線長度為 5×10^6 公尺，而適用於 3kHz 的天線長度為 50×10^3 公尺，所以適用於接收 30Hz 信號的天線就不適用於 3kHz 信號的接收，若將聲音遷移(調變)到 $(10^6 + 30)\text{Hz}$ 及 $(10^6 + 3 \times 10^3)\text{Hz}$，則其天線長度要求變成 $\cong 150$ 公尺和 $\cong 149$ 公尺，因此我們選擇適當長度($\cong 150$ 公尺)的天線可以接收整個音頻信號。

6. **共同化處理上的考量。**

   若不同頻率的信號就要用不同的設備去處理，那麼將造成設備相當繁雜，若用一個只在某個頻率範圍下操作的設備而將不同頻率的信號都遷移到這個頻率範圍內，則可以省下許多設備上的投資。

本章習題

1.1-1　為了達成互相通訊的目標，盡可能減低雜訊的影響，有那四種作法？

1.1-2　為了加長通訊距離，我們經常將基頻信號與載波信號相結合。這種結合的程序稱作什麼？

1.1-3　載波信號被基頻信號調變後，它的什麼特性可以被改變？

1.1-4　調變後載波信號中，那一部分含有訊息信號？

1.1-5　將基頻信號從接收到的載波信號中擷取出來，並將之恢復成原基頻信號的程序是什麼？

1.2-1　請比較類比信號和數位信號的異同。

1.2-2　行動電話的頻率範圍700MHz～2000MHz，對照表1.1是屬於那個頻帶？

1.3-1　通訊系統最基本的三元素包含那些？

1.3-2　在信號傳輸的過程中，時常會出現那些不必要效應影響信號的正確接收？

1.3-3　請比較說明調變／解調的效益。

1.3-4　若某個碟形衛星天線的大小(即面積)和波長$\frac{1}{10}$成比例。說明一下，若要接收的衛星信號頻率為20GHz，則天線半徑大小為何？

1.3-5　同上題，若用此天線接收另外的25GHz信號，適合嗎？為什麼？

第 2 章　信號與頻譜

2.1 信號的種類

信號(signal)就是代表資訊(information)的一個數學函數，若以電壓的形式出現，我們叫它電壓信號，若以光的形式出現，我們稱為光信號。對於一個信號 $s(t)$，我們常常要計算它的平均值(average value)為：

$$<s(t)> \triangleq \lim_{T \to \infty} \frac{1}{T} \int_{-T/2}^{T/2} s(t)dt \quad \text{其中 } T \text{ 是某一段時間。} \tag{2.1}$$

但有時候，我們考慮一個信號所傳送的功率(power)大小，所以必須計算它的平均功率(或叫正規化功率 normalized power，average power)：

$$P \triangleq <|s(t)|^2> = \lim_{T \to \infty} \frac{1}{T} \int_{-T/2}^{T/2} |s(t)|^2 dt \tag{2.2}$$

對於一個信號，我們可以作以下的分類：

1. 週期／非週期信號(periodic/aperiodic signals)

一個信號被稱之為週期信號，表示這個信號波形每隔一段時間(T_0；這個時間 T_0 稱為週期)就會重複乙次。其表示法為：

$$s(t \pm mT_0) = s(t) \qquad -\infty < t < \infty，m \text{ 為一整數。} \tag{2.3}$$

在這個式子中，對任何一個時間點 t 而言，再經過 m 個週期 T_0 之後，信號函數值會再度出現。

至於一個非週期信號(aperiodic signal 或 nonperiodic signal)就是它找不到週期 T_0 滿足式(2.3)。

對週期信號而言，其平均值為：

$$<s(t)> \triangleq \lim_{T \to \infty} \frac{1}{T} \int_{-T/2}^{T/2} s(t)dt = \frac{1}{T_0} \int_{-T_0/2}^{T_0/2} s(t)dt \overset{\text{記為}}{=} \frac{1}{T_0} \int_{T_0} s(t)dt \tag{2.4}$$

而平均功率為：

$$P \triangleq <|s(t)|^2> = \lim_{T \to \infty} \frac{1}{T} \int_{-T/2}^{T/2} |s(t)|^2 dt \overset{\text{記為}}{=} \frac{1}{T_0} \int_{T_0} |s(t)|^2 dt \tag{2.5}$$

由式(2.4)及式(2.5)可以得知：面對一個週期信號，只需處理某一段週期時間即可，並不需要面對整個時域。

有時候，我們不可能找到一個精確的週期T_0，因此一個"幾乎週期信號(almost periodic signal)"指的就是某個信號含有數個週期信號，因此它似乎是一個週期信號，但是這個週期信號的週期並不是這些函數週期的整數公倍數。例如 $\sin(2\pi \cdot 1 \cdot t)$的週期為 1，$\cos(2\pi \cdot \sqrt{3} \cdot t)$的週期為 $\frac{1}{\sqrt{3}}$，所以函數 $f(t) = \sin(2\pi \cdot 1 \cdot t) + \cos(2\pi \cdot \sqrt{3} \cdot t)$是一個"幾乎週期信號"，因為若$f(t)$是一個週期信號，則其週期必須是1和$\frac{1}{\sqrt{3}}$的整數倍數，所以$f(t) = \sin(2\pi \cdot 1 \cdot t) + \cos(2\pi \cdot \sqrt{3} \cdot t)$並不是一個精確的週期函數。

2. 能量／功率信號(Energy/power signal)

當我們長時間觀察一個信號後(即$t = -\infty$到$t - \infty$)，若其能量仍為有限值，則稱這個信號為能量信號(energy signal)，即：

當

$$\int_{-\infty}^{\infty} |s(t)|^2 dt < \infty \text{ 時} \qquad s(t) \text{是一個能量信號} \tag{2.6}$$

所以當這個信號經過一個1Ω阻抗時，我們定義一個正規化能量信號(normalized signal energy)為：

$$E \triangleq \int_{-\infty}^{\infty} |s(t)|^2 dt \text{。}$$

同理，當觀察一個信號的時間範圍為∞時，若其功率(平均功率)為一有限值，則稱該信號為功率信號(power signal)，即：

當

$$0 < \lim_{T \to \infty} \frac{1}{T} \int_{-T/2}^{T/2} |s(t)|^2 dt < \infty \quad \text{則 } s(t) \text{ 為功率信號} \tag{2.7}$$

一般而言，週期信號的範圍為$-\infty \sim \infty$，因此週期信號多屬於功率信號，而非週期信號(aperiodic signal)多屬於能量信號。所以：

非週期能量信號(aperiodic energy signal)：

$$E \triangleq \int_{-\infty}^{\infty} |s(t)|^2 dt = \int_{t_1}^{t_2} |s(t)|^2 dt \qquad \begin{array}{l} s(t) \neq 0 \quad t_1 < t < t_2 \\ s(t) = 0 \qquad \text{其他} \end{array} \tag{2.8}$$

週期功率信號(periodic power signal)：

$$P \triangleq \lim_{T \to \infty} \frac{1}{T} \int_{-T/2}^{T/2} |s(t)|^2 dt = \frac{1}{T_0} \int_{T_0} |s(t)|^2 dt \qquad T_0：週期 \tag{2.9}$$

3. 隨機／明確信號(random/deterministic signal)

在random signal中，組成該信號的部分信號中有隨機(不確定)成分，例如某信號的phase是random的。一般而言，經過傳輸過程之後，一個明確信號遭受雜訊、失真等影響會變成一個隨機信號。

4. 因果／非因果信號(causal signal/noncausal signal/

對一個causal signal而言，表示在某個時間點之前是沒有信號的，其表示法為：

$$s(t) = 0 \qquad 若 t < 0 \tag{2.10}$$

5. 對稱信號(symmetric signal)

時間信號 $s(t)$ 在時間 t 軸上具有對稱性，所以 $s(t)$ 是一個對稱信號，可分為兩種：

偶對稱(even symmetry)，即對稱於 y 軸

$$s(-t) = s(t) \tag{2.11}$$

奇對稱(odd symmetry)，即對稱於原點

$$s(-t) = -s(t) \tag{2.12}$$

2.2 傅氏級數(Fourier Series)

由於我們遇到的信號都是隨時間變化的時變函數 (time varying signal)，如 $s(t) = \cos(2\pi \cdot 60 \cdot t)$ 這個弦波信號，乃是隨著時間變化而改變其振幅大小。我們也可以將時變函數視為一個包含了許多不同頻率函數的合成函數，例如將 $\cos(2\pi \cdot 60 \cdot t)$ 視為一個頻率為 60Hz 的函數 $\delta(f - 60)$，這種以頻率觀點看待的函數即稱為頻譜(spectrum)函數。一般而言弦波函數都被用來當作頻率

的基本成分，例如將 $\cos(2\pi \cdot 60 \cdot t)$ 視為頻譜函數 $\delta(f-60)$，當看到 $\delta(f-60)$ 的頻譜時，就可聯想到其時間函數是一個 $\cos(2\pi \cdot 60 \cdot t)$。

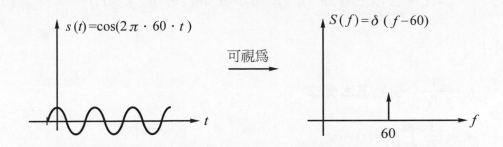

圖 **2.1**　正弦函數與頻譜的關係

若某個時變信號為 $s(t)=2\cos(2\pi \cdot 50\mathrm{k} \cdot t)\cos(2\pi \cdot 10\mathrm{k} \cdot t)$，則可以將其分解成 $\cos(2\pi \cdot 60\mathrm{k} \cdot t)+\cos(2\pi \cdot 40\mathrm{k} \cdot t)$，所以就可以知道該信號 $s(t)$ 實際上是由兩種頻率 $(60\mathrm{kHz}$、$40\mathrm{kHz})$ 函數所組成的。

假如任何時變信號 $s(t)$，都能被分解成許多(不論是有限個或無限個)基本頻率函數(即弦波函數)的組成 $s(t) \rightarrow S(f) = \sum_i \delta(f - f_i)$。那麼我們便可輕易了解 $s(t)$ 有多少高頻成分(即高頻弦波)、有多少中頻成分、有多少低頻成分，如圖 2.2。

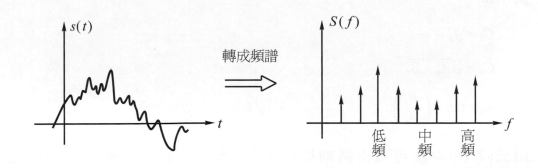

圖 **2.2**　時變函數的頻譜成份

一個時變的週期函數 $s(t)$，可以用無限多個基本頻率函數(即弦波函數)的總和來表示，此種表示法稱為**傅氏級數**(Fourier Series)**表示法**。

假設 $s(t)$ 是一個週期函數，基本週期為 T_0，則 $s(t)$ 可表示成：

$$s(t) = A_0 + \sum_{n=1}^{\infty} \left[A_n \cos\left(2\pi \cdot n \cdot \frac{1}{T_0} \cdot t\right) + B_n \sin\left(2\pi \cdot n \cdot \frac{1}{T_0} \cdot t\right) \right]$$

$$= A_0 + \sum_{n=1}^{\infty} \left[A_n \cos(2\pi \cdot n \cdot f_0 \cdot t) + B_n \sin(2\pi \cdot n \cdot f_0 \cdot t) \right] \qquad (2.13)$$

其中

$$f_0 = \frac{1}{T_0} ：稱為\textbf{基本頻率}$$

$$A_0 = \frac{1}{T_0} \int_{-T_0/2}^{T_0/2} s(t) \cdot dt$$

$$A_n = \frac{2}{T_0} \int_{-T_0/2}^{T_0/2} s(t) \cdot \cos(2\pi \cdot n f_0 \cdot t) dt$$

$$B_n = \frac{2}{T_0} \int_{-T_0/2}^{T_0/2} s(t) \cdot \sin(2\pi \cdot n f_0 \cdot t) dt$$

由於 $\sin(2\pi \cdot n f_0\, t)$ 和 $\cos(2\pi \cdot n f_0\, t)$ 同屬於 $n f_0$ 的弦波函數，可再將其合併成：

$$s(t) = C_0 + \sum_{n=1}^{\infty} C_n \cdot \cos(2\pi \cdot n f_0 \cdot t - \phi_n) \qquad (2.14)$$

其中

$$C_0 = A_0$$

$$C_n = \sqrt{A_n^2 + B_n^2}$$

$$\phi_n = \tan^{-1}\left(\frac{B_n}{A_n}\right)$$

由式(2.14)中就可看出週期 T_0 的時變函數是由無限多個基本頻率函數 $C_n \cos(2\pi n f_0\, t - \phi_n)$ 所構成的。

圖 2.3 表示一個鋸齒波函數經過算出其傅氏級數中各項係數 C_n 後，繪出的頻譜圖。

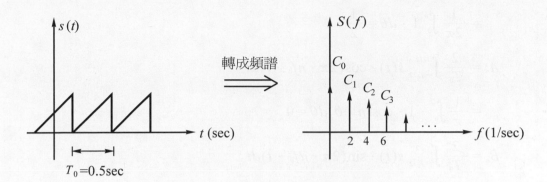

轉成頻譜

圖 **2.3**　鋸齒波的頻譜示意圖

上圖中，我們只繪出 C_n，C_n 被稱為**頻譜振幅**(spectral amplitude)，在圖中每條線段的長短代表 C_n 的大小，即對應了每個頻率分量的大小，因為頻率都是正的，故稱為單邊振幅頻譜。且在此圖中未表示出相角 ϕ_n，不過一般都只以頻譜振幅的大小作為基本頻譜分析上的依據。

例題 1

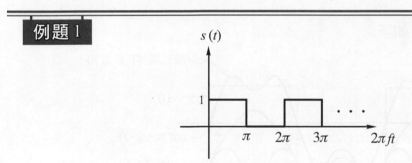

某週期信號 $s(t)$ 為：

$$s(t) = \begin{cases} 1 & , 0 < 2\pi f_0 t < \pi \quad, \\ 0 & , \pi < 2\pi f_0 t < 2\pi \quad, \end{cases}$$

求其傅氏級數之各項係數。

答：利用式 2.13：

$$A_0 = \frac{1}{T_0} \int_{-T_0/2}^{T_0/2} s(t)dt$$

$$= \frac{1}{2\pi} \int_0^{2\pi} s(\theta)d\theta \qquad\qquad 令 2\pi ft = \theta$$

$$= \frac{1}{2\pi} \int_0^\pi 1 \cdot d\theta = \frac{1}{2}$$

$$A_n = \frac{2}{T_0} \int_{-T_0/2}^{T_0/2} s(t) \cdot \cos(2\pi \cdot nf_0 \cdot t)dt$$

$$= \frac{1}{\pi} \int_0^\pi \cdot 1 \cdot \cos(n \cdot \theta)d\theta = 0$$

$$B_n = \frac{2}{T_0} \int_{-T_0/2}^{T_0/2} s(t) \cdot \sin(2\pi \cdot nf_0 \cdot t)dt$$

$$= \frac{1}{\pi} \int_0^\pi 1 \cdot \sin(n\theta)d\theta = \begin{cases} 0 & \text{，} n \text{為偶數} \\ 2/n\pi & \text{，} n \text{為奇數} \end{cases}$$

故其傅氏級數為：

$$s(t) = \frac{1}{2} + \frac{2}{\pi}\left[\sin(2\pi \cdot f_0 \cdot t) + \frac{1}{3}\sin(2\pi \cdot 3f_0 \cdot t) \right.$$

$$\left. + \frac{1}{5}\sin(2\pi \cdot 5f_0 \cdot t) + \cdots\right]$$

前三項合成的波形如下：

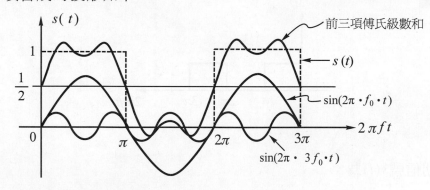

為了方便說明，本題是以 $\theta = 2\pi ft$ 當成自變數繪出函數 $s(t)$，以下我們就一個時變函數(自變數為 t)來看看傅氏級數(Fourier Series)的合成函數。

例題 2

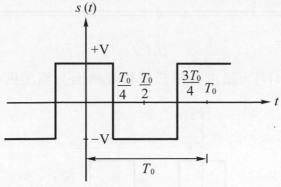

$$s(t) = \begin{cases} V & , \ 0 \leq t < \dfrac{T_0}{4} \\[3mm] -V & , \ \dfrac{T_0}{4} \leq t < \dfrac{3T_0}{4} \\[3mm] V & , \ \dfrac{3T_0}{4} \leq t < T_0 \end{cases}$$

求 $s(t)$ 的 Fourier Series 各項係數。

答： 由式(2.13)可知其 Fourier Series 各項係數為：

$$A_0 = \frac{1}{T_0} \int_{-T_0/2}^{T_0/2} s(t)\, dt$$

$$= \frac{1}{T_0} \Big[\int_{-T_0/4}^{T_0/4} V\, dt + \int_{T_0/4}^{3T_0/4} (-V)\, dt \Big]$$

$$= 0$$

$$A_n = \frac{2}{T_0} \int_{-T_0/2}^{T_0/2} s(t) \cdot \cos(2\pi \cdot n f_0 \cdot t)\, dt$$

$$= \frac{2}{T_0} \Big[\int_{-T_0/4}^{T_0/4} V \cdot \cos(2\pi \cdot n f_0 \cdot t)\, dt$$

$$+ \int_{T_0/4}^{3T_0/4} (-V) \cdot \cos(2\pi \cdot n f_0 \cdot t)\, dt \Big]$$

$$= \frac{2V}{T_0} \Big[\frac{\sin(2\pi n f_0\, t)}{2\pi n f_0} \Big]\Big|_{-T_0/4}^{T_0/4} - \frac{2V}{T_0} \Big[\frac{\sin(2\pi n f_0\, t)}{2\pi n f_0} \Big]\Big|_{T_0/4}^{3T_0/4}$$

$$= \frac{4V}{n\pi} \Big[\sin\Big(\frac{n\pi}{2} \Big) \Big]$$

$$B_n = \frac{2}{T_0} \int_{-T_0/2}^{T_0/2} s(t) \cdot \sin(2\pi \cdot n f_0\, t)\, dt$$

$$= 0$$

例題 3

如圖，週期脈波 $s(t)$，試求其傅氏級數並繪出其頻譜振幅圖形。

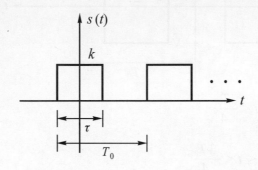

答：利用式(2.13)，$s(t) = A_0 + \sum_{n=1}^{\infty} [A_n \cos(2\pi \cdot n f_0 \cdot t) + B_n \sin(2\pi \cdot n f_0 \cdot t)]$

$$A_0 = \frac{1}{T_0} \int_0^{T_0} s(t) dt = \frac{1}{T_0} \int_{-\tau/2}^{\tau/2} k \cdot dt = \frac{1}{T_0} \cdot k \cdot \tau = \frac{k\tau}{T_0}$$

$$A_n = \frac{2}{T_0} \int_0^{T_0} s(t) \cdot \cos(2\pi \cdot n f_0 \cdot t) dt$$

$$= \frac{2}{T_0} \int_{-\tau/2}^{\tau/2} k \cdot \cos(2\pi \cdot n f_0 \cdot t) dt = \frac{2k}{T_0} \cdot \left. \frac{\sin(2\pi n f_0 t)}{2\pi n f_0} \right|_{-\tau/2}^{\tau/2}$$

$$= \frac{2k}{T_0} \cdot \frac{1}{2\pi \cdot n f_0} \cdot 2\sin\left(2\pi \cdot n f_0 \cdot \frac{\tau}{2}\right)$$

$$= \frac{2k}{n\pi} \sin(\pi \cdot n f_0 \cdot \tau)$$

$$= \frac{2k\tau}{T_0} \frac{\sin(\pi n f_0 \tau)}{(\pi n f_0 \tau)}$$

$$B_n = \frac{2}{T_0} \int_0^{T_0} s(t) \cdot \sin(2\pi \cdot n f_0 \cdot t) dt$$

$$= \frac{2}{T_0} \int_{-\tau/2}^{\tau/2} k \cdot \sin(2\pi \cdot n f_0 \cdot t) dt = \frac{2k}{T_0} \cdot \left. \frac{-\cos(2\pi n f_0 t)}{2\pi n f_0} \right|_{-\tau/2}^{\tau/2}$$

$$= 0$$

若要轉成式(2.14)，$s(t) = C_0 + \sum_{n=1}^{\infty} C_n \cdot \cos(2\pi \cdot n f_0 \cdot t - \phi_n)$，則

$$\therefore \begin{cases} C_0 = A_0 \\[2mm] C_n = \sqrt{A_n^2 + B_n^2} = |A_n| \\[2mm] \phi_n = Tan^{-1}\dfrac{B_n}{A_n} = 0 \end{cases}$$

當 $\tau = \dfrac{T_0}{2}$ 時(其餘狀況，留作習題)，

$$A_0 = \frac{k \cdot \tau}{T_0}\bigg|_{\tau = T_0/2} = \frac{k}{2}$$

$$A_n = \frac{2k\tau}{T_0} \cdot \frac{\sin(\pi \cdot nf_0 \cdot \tau)}{(\pi \cdot nf_0 \cdot \tau)}\bigg|_{\tau = T_0/2} = k \cdot \frac{\sin\left(\pi \cdot n \cdot \dfrac{1}{2}\right)}{\pi \cdot n \cdot \dfrac{1}{2}}$$

$$\therefore \quad A_1 = k \cdot \frac{\sin\left(\pi \cdot \dfrac{1}{2}\right)}{\pi \cdot \dfrac{1}{2}} = \frac{2k}{\pi}$$

$$A_2 = k \cdot \frac{\sin(\pi \cdot 1)}{\pi \cdot 1} = 0$$

$$A_3 = k \cdot \frac{\sin\left(\pi \cdot \dfrac{3}{2}\right)}{\pi \cdot \dfrac{3}{2}} = \frac{2k}{3\pi}(-1)$$

$$\vdots$$

亦或 $C_0 = \dfrac{k}{2}$ 、 $C_1 = \dfrac{2k}{\pi}$ 、 $C_2 = 0$ 、 $C_3 = \dfrac{2k}{3\pi}$ 、 $C_4 = 0$ 、 $C_5 = \dfrac{2k}{5\pi}$ 、 ⋯

其頻譜圖為：

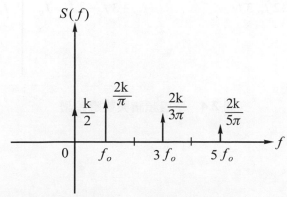

注意：C_0 表示頻率為零的成份，亦即直流成分。

在計算傅氏級數的各項參數(A_0、A_n、B_n)時會有一些有用的理論可以應用來減輕計算的負擔如：

1. A_0是信號$s(t)$的平均值(time average)
2. 若信號$s(t)$是偶函數(even)則$B_n = 0$
3. 若信號$s(t)$是奇函數(odd)則$A_n = 0$

在 J. Pearson 的著作中，有詳盡的例子說明。

另外尚有一種指數型的傅氏級數表示法，其表示式如下：

$$s(t) = \sum_{n=-\infty}^{\infty} V_n \cdot e^{j2\pi \cdot nf_0 \cdot t}$$

則各項係數大小為：

$$V_n = \frac{1}{T_0} \int_0^{T_0} s(t) \cdot e^{-j2\pi \cdot nf_0 \cdot t} dt$$

V_n和C_n基本上是一樣的，只不過以C_n來表示的都是頻率為正的單邊振幅頻譜，若以V_n來表示的話則包括負數頻率V_{-n}(若$s(t)$是一個實數信號的話則$V_{-n} = V_n^*$，為什麼？)，因此我們稱之為雙邊振幅頻譜。

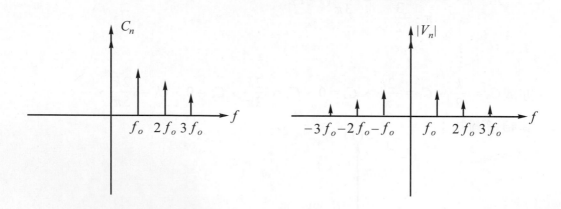

圖 **2.4** 單邊頻譜與雙邊頻譜

例題 4

在例題 3 中，改用指數型傅氏級數表示法，並繪製其頻譜圖：

答：
$$s(t) = \sum_{n=-\infty}^{\infty} V_n \cdot e^{j2\pi \cdot nf_0 \cdot t}$$

$$\therefore V_0 = \frac{1}{T_0} \int_0^{T_0} s(t)dt = \frac{k \cdot \tau}{T_0}$$

$$V_n = \frac{1}{T_0} \int_0^{T_0} s(t) \cdot e^{-j2\pi \cdot nf_0 \cdot t}dt$$

$$= \frac{1}{T_0} \int_{-\tau/2}^{\tau/2} k \cdot e^{-j2\pi \cdot nf_0 \cdot t}dt$$

$$= \frac{1}{T_0} k \cdot \frac{e^{-j2\pi nf_0 t}}{-j2\pi nf_0}\bigg|_{-\tau/2}^{\tau/2}$$

$$= \frac{1}{T_0} k \cdot \frac{\sin\left(2\pi \cdot nf_0 \cdot \dfrac{\tau}{2}\right)}{\pi \cdot nf_0} = \frac{k}{n\pi} \cdot \sin(\pi \cdot nf_0 \cdot \tau)$$

$$= \frac{k\tau}{T_0} \cdot \frac{\sin(\pi \cdot nf_0 \cdot \tau)}{\pi \cdot nf_0 \cdot \tau}$$

再度以 $\tau = \dfrac{T_0}{2}$ 為例：

$$V_0 = \frac{k}{2} \ , \ V_n = \frac{k}{n\pi} \cdot \sin\left(\pi \cdot n \cdot \frac{1}{2}\right)$$

$$\therefore V_1 = \frac{k}{\pi} \ , \ V_2 = 0 \ , \ V_3 = -\frac{k}{3\pi} \ , \ V_4 = 0 \ , \ V_5 = \frac{k}{5\pi} \ ,$$

$$V_6 = 0 \ , \ V_7 = -\frac{k}{7\pi} \ , \ ...$$

$$V_{-1} = \frac{k}{\pi} \ , \ V_{-2} = 0 \ , \ V_{-3} = -\frac{k}{3\pi} \ , \ V_{-4} = 0 \ , \ V_{-5} = \frac{k}{5\pi} \ ,$$

$$V_{-6} = 0 \ , \ V_{-7} = -\frac{k}{7\pi} \ , \ ...$$

$\therefore$ 其頻譜圖為：

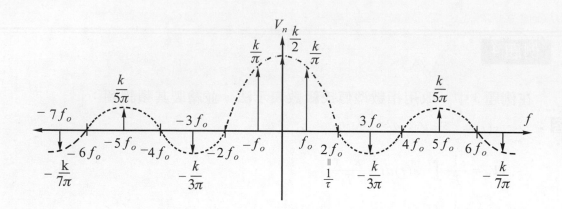

若 $\tau = \dfrac{T_0}{4}$，則經過計算各 Fourier Series 係數 V_n 之後，可得下圖：

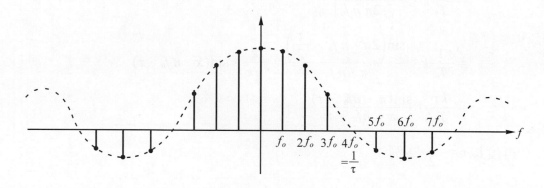

由上圖可以看出來：$\dfrac{\tau}{T_0}$ 決定了信號 $s(t)$ 的頻譜分佈情形，因此 $\dfrac{\tau}{T_0}$ 又稱為 duty cycle。當 duty cycle 越小則其頻譜譜線越密集，反之頻譜譜線越稀疏。所以 $\dfrac{T_0}{\tau}$ 決定了每個頻譜波瓣中所含的頻譜譜線數目。

最後，我們必須了解並不是每個信號都能以傅氏級數來表示，我們常用狄利克雷(Dirichlet)條件來檢驗傅氏級數存在的條件，其要求為：

(1) 信號 $s(t)$ 必須是一個週期信號(periodic signal)。

(2) 在每個週期中，$s(t)$ 的最大值、最小值及不連續點的個數必須是有限的。

(3) 在每個週期中，$s(t)$ 的面積是有限的且 $s(t)$ 必須為絕對可積分(absolutely integrable)。

最後，下圖顯示了週期信號方形及鋸齒波的前五項合成波形。

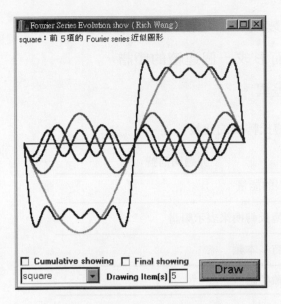

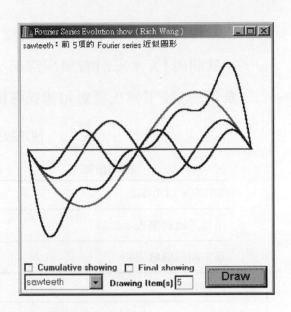

(感謝王李吉老師提供的 Fourier Series 程式繪出上列圖形)

2.3　傅氏轉換(Fourier Transform)

前述時變週期函數，可用傅氏級數來表示其頻譜函數，而且其頻譜分佈是由基本頻率 f_0 的倍數頻率函數所組合而成的一個<u>離散的頻譜函數</u>。

若時變函數是一非週期函數(即 $T_0 \to \infty$，則 $f_0 = \dfrac{1}{T_0} \to 0$)則可想見其由基本頻率倍數的頻率函數組合而成的離散頻譜分佈將會變成一連續的頻譜函數。所以我們使用**傅氏轉換**(Fourier Transform)來表示非週期時變函數的頻譜。

信號函數為一非週期函數 $s(t)$，其頻譜函數為 $S(f)$：

$$S(f) = \int_{-\infty}^{\infty} s(t) \cdot e^{-j2\pi ft} dt \tag{2.15}$$

$$s(t) = \int_{-\infty}^{\infty} S(f) \cdot e^{j2\pi ft} df \tag{2.16}$$

稱 $S(f)$ 為 $s(t)$ 的**振幅頻譜密度**(amplitude spectral density)(簡稱頻譜函數)，或是 $s(t)$ 的**傅氏轉換**(Fourier Transform)。

由傅氏級數和傅氏轉換的定義及描述中，我們發現有以下兩點結論：

1. 一個週期函數可以被寫成各個頻譜(基本頻率 n 倍)的總合，這些頻譜具備有限的 "能量高度"，且是間隔著有限的頻率段 $f_0 = \dfrac{1}{T_0}$。

2. 當 $T_0 \to \infty$ 時，"週期性"時變函數變成"非週期性"時變函數，頻譜分量間隔 $\left(f_0 = \dfrac{1}{T_0} \right)$ 會變成無窮小，而形成一個連續的頻譜。

表 2.1 描述了傅氏級數和傅氏轉換的差異。

表 **2.1** 傅氏級數／傅氏轉換的比較

週期信號	非週期信號
有限的平均功率	有限的能量
用傅氏級數來表示頻譜	用傅氏轉換來表示頻譜
基本頻的倍數總和	沒有基本頻
離散頻譜	連續頻譜
將離散的頻率函數加總起來得到週期時間信號 $$s(t) = \sum_{n=-\infty}^{\infty} C_n \cdot e^{j2\pi \cdot nf_0 \cdot t}$$	將連續的頻率函數積分起來得到非週期時間信號 $$s(t) = \int_{-\infty}^{\infty} S(f) e^{j2\pi ft} df$$
C_0 表示時間信號 $s(t)$ 的平均值(直流成份) $$C_0 = \frac{1}{T_0} \int_{-T_0/2}^{T_0/2} s(t)dt$$	$S(f)$ 在 $f = 0$ 時，其值表示 $s(t)$ 的直流成份的頻譜 $$\therefore S(0) = \int_{-\infty}^{\infty} s(t)\, dt$$

例題 5

某個信號 $s(t) = 1$，試求其頻譜函數 $S(f)$。

答： $s(t) = 1$

$$\therefore S(f) = \int_{-\infty}^{\infty} s(t) e^{-j2\pi ft} dt = \int_{-\infty}^{\infty} e^{-j2\pi ft} dt \triangleq \delta(f)$$

$\delta(f)$ 表示頻率為 0 的譜線 $\therefore$ 是直流成分！

如果某個信號 $s(t) = A_m \cos(2\pi f_0 t)$，試寫出其頻譜信號 $S(f)$。

答：由式(2.15)：

$$s(t) = A_m \cos(2\pi f_0 t)$$

$$S(f) = \int_{-\infty}^{\infty} s(t) e^{-j2\pi ft} \, dt$$

$$= \int_{-\infty}^{\infty} A_m \cos(2\pi f_0 t) e^{-j2\pi ft} \, dt$$

$$= \int_{-\infty}^{\infty} \frac{A_m}{2} (e^{j2\pi f_0 t} + e^{-j2\pi f_0 t}) e^{-j2\pi ft} \, dt$$

$$= \frac{A_m}{2} \int_{-\infty}^{\infty} \left[e^{-j2\pi(f-f_0)t} + e^{-j2\pi(f+f_0)t} \right] dt$$

$$= \frac{A_m}{2} \left[\delta(f-f_0) + \delta(f+f_0) \right]$$

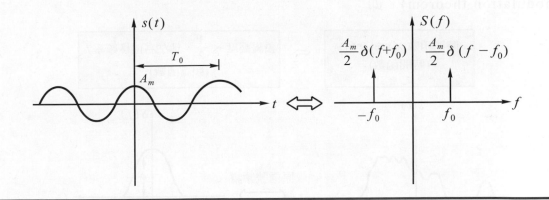

若某個信號 $s(t)$ 的頻譜函數為 $S(f)$，試求出信號 $s(t) \cdot \cos(2\pi f_c t)$ 的頻譜函數。

答：若 $s(t)$ 信號的頻譜為 $S(f)$，則可知其關係為：

$$S(f) = \mathcal{F}[s(t)] = \int_{-\infty}^{\infty} s(t) e^{-j2\pi ft} dt$$

那麼，信號 $s(t) \cdot \cos(2\pi f_c t)$ 的頻譜則為：

$$\mathcal{F}[s(t) \cdot \cos(2\pi f_c t)]$$

$$= \int_{-\infty}^{\infty} s(t) \cdot \cos(2\pi f_c t) \cdot e^{-j2\pi ft} dt$$

$$= \int_{-\infty}^{\infty} s(t) \cdot \frac{1}{2}(e^{-j2\pi f_c t} + e^{j2\pi f_c t}) e^{-j2\pi ft} dt$$

$$= \frac{1}{2} \int_{-\infty}^{\infty} s(t) \cdot e^{-j2\pi(f+f_c)t} dt + \frac{1}{2} \int_{-\infty}^{\infty} s(t) e^{-j2\pi(f-f_c)t} dt$$

$$= \frac{1}{2} S(f+f_c) + \frac{1}{2} S(f-f_c)$$

在圖 2.5 顯示了當信號 $s(t)$ 乘上 $\cos(2\pi f_c t)$ 之後頻譜變化情形。

上面的例題 7 很清楚地告訴我們，若某個信號 $s(t)$ 的頻譜為 $S(f)$，我們將它乘上 $\cos(2\pi f_c t)$ 則其頻譜函數會是原頻譜函數 $S(f)$ 的遷移，移至 f_c 及 $-f_c$ 處。我們稱之為**頻率遷移**(frequency shift)，這是調變的重要觀念，稱為調變定理 (modulation theorem)。即：

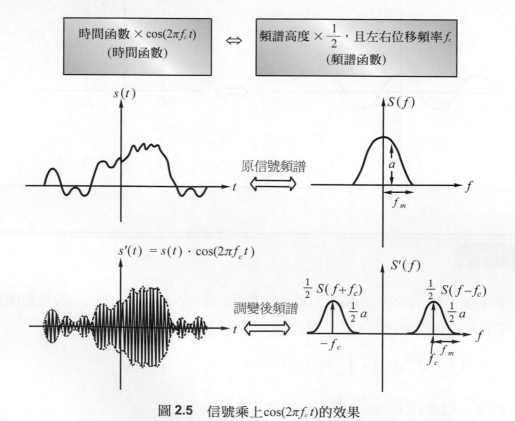

圖 **2.5** 信號乘上 $\cos(2\pi f_c t)$ 的效果

例題 8

若 $s(t) = a \cdot \cos(2\pi f_m t)$ 則其乘上 $\cos(2\pi f_c t)$ 的頻譜 $S'(f)$ 為何？

答： 由於我們已知 $s(t) = a \cdot \cos(2\pi f_m t)$ 的頻譜 $S(f)$ 為 $\dfrac{a}{2}\delta(f - f_m) + \dfrac{a}{2}\delta(f + f_m)$，

乘上 $\cos(2\pi f_c t)$ 的物理意義即是將 $S(f)$ 的譜線向左，向右遷移 f_c 的距離。

所以 $S'(f) = \mathcal{F}(s(t) \cdot \cos(2\pi f_c t))$

$$= \frac{1}{2}S(f - f_c) + \frac{1}{2}S(f + f_c)$$

$$= \frac{1}{2}\left[\frac{a}{2}\delta(f - f_c - f_m) + \frac{a}{2}\delta(f - f_c + f_m)\right] +$$

$$\frac{1}{2}\left[\frac{a}{2}\delta(f + f_c - f_m) + \frac{a}{2}\delta(f + f_c + f_m)\right]$$

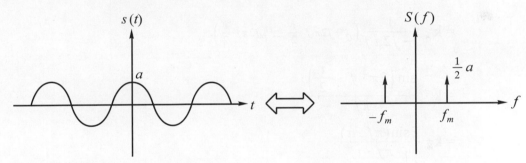

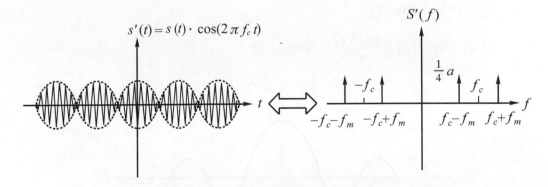

　　下面的例子要用來說明數位信號的頻譜，由於數位信號在目前是通訊系統的主流，在此有必要檢視一下數位信號的頻譜分佈情形。

例題 9

求 $s(t)$ 信號的傅氏轉換 $S(f)$。

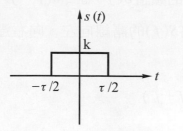

不是週期信號，只有一個方波(脈波)

答：
$$S(f) = \int_{-\infty}^{\infty} s(t) e^{-j2\pi ft} dt = \int_{-\tau/2}^{\tau/2} k \cdot e^{-j2\pi ft} dt$$

$$= k \cdot \frac{1}{-j2\pi f} e^{-j2\pi ft} \Big|_{-\tau/2}^{\tau/2}$$

$$= k \cdot \frac{1}{-j2\pi f} \left(e^{-j2\pi f \frac{\tau}{2}} - e^{j2\pi f \frac{\tau}{2}} \right)$$

$$= k \cdot \frac{\sin\left(2\pi \cdot f \cdot \frac{\tau}{2}\right)}{\pi f}$$

$$= k\tau \cdot \frac{\sin(\pi f \cdot \tau)}{\pi f \cdot \tau}$$

$$= k\tau \cdot \text{sin}c(\tau f)$$

其中 $\text{sin}c(x) \triangleq \dfrac{\sin(\pi x)}{\pi x}$ 辛克函數

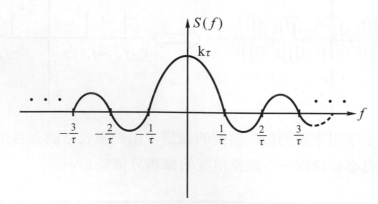

對照例題 3，例題 4 以及上題的結果可得以下的結論：

由圖 2.6 及前頁的例子，若我們只取 $S(f)$ 的"主波瓣(mainlobe)"部分當作信號 $s(t)$ 的頻寬。則可知：脈波寬度 τ 的脈波信號其頻寬為 $\frac{1}{\tau}$，所以時間軸上脈波越寬，其頻寬越窄，反之脈波越窄，其頻寬越寬。由上述可以了解，傳送 28,800bps 的線路將比只能傳送 1,200bps 的線路需要更大的頻寬。

同理，我們要檢驗某個信號 $s(t)$ 的傳氏轉換(Fourier Transform) $S(f)$ 是否存在也可以應用狄利克雷條件(Dirichlet's condition)：

(1) $s(t)$ 是一個單值函數而且不能有無窮值存在。

(2) 在有限的時間之內，$s(t)$ 的不連續點的個數是有限的。

(3) $s(t)$ 是絕對可積分的，即

$$\int_{-\infty}^{\infty} |s(t)|\, dt < \infty$$

(一個能量信號 $\int_{-\infty}^{\infty} |s(t)|^2\, dt < \infty$ 必為可傳立葉轉換的(Fourier Transformable))

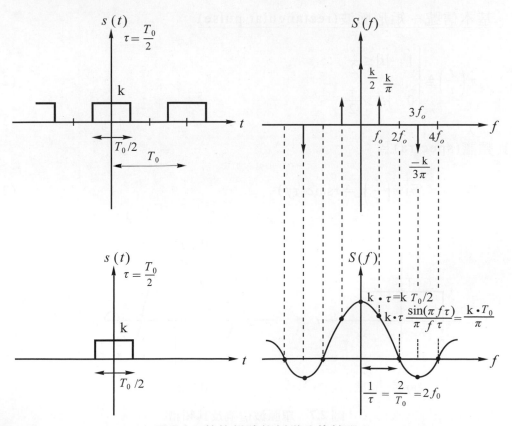

圖 2.6 數位信號的頻譜分佈情形

2.4　連續頻譜的計算

在實際的應用上，我們面對的信號多為非週期信號，因此我們常常要使用傅氏轉換(Fourier Transform)將一個時域信號(time-domain)轉換成頻域信號(frequency-domain)。要特別注意的一點就是：信號本身並沒有不同，當我們以**時域的觀點**(可用示波器)來看待它時，我們記錄到的是一個時間信號$s(t)$。從另一個角度來看，當我們以**頻率的觀點**(可用頻譜分析儀)來看待它時，我們得到的是一個頻率信號$S(f)$。只不過因為在自然的情形之下，我們看到的都是一個信號$s(t)$且大小值隨著時間而變化，經過傅氏轉換之後，我們能夠用另一個角度來看待這個信號，即$S(f)$。

本節介紹一些傅氏轉換的基本定義及特性，因為有些基本的轉換對(transform pair)已經存在，因此利用傅氏轉換的重要特性，可以將許多複雜的時間函數轉換成頻率信號，反之亦然。下列共計 19 項：

⑴　基本信號－矩形脈波(rectangular pulse)

$$\pi\left(\frac{t}{\tau}\right) \triangleq \begin{cases} 1 & |t| \le \dfrac{\tau}{2} \\ 0 & |t| > \dfrac{\tau}{2} \end{cases} \tag{2.17}$$

其頻譜(spectra)為：

$$\Pi(f) = \mathcal{F}\left[\pi\left(\frac{t}{\tau}\right)\right] = \tau\,\mathrm{sinc}(\tau f) \tag{2.18}$$

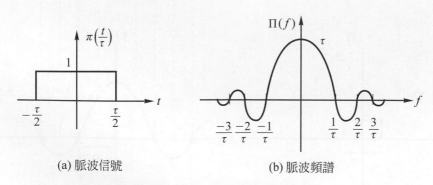

(a) 脈波信號　　　　(b) 脈波頻譜

圖 **2.7**　單脈波信號及其頻譜

$$\therefore \boxed{\pi\left(\frac{t}{\tau}\right) \overset{\mathcal{F}}{\longleftrightarrow} \tau \cdot \mathrm{sin}c(\tau f)}$$

這個轉移對(transform pair)，可直接應用式(2.15)計算而得。

(2)　傅氏轉換特性之對偶性(Duality)

若某個信號 $s(t)$ 的頻譜(spectrum)為 $S(f)$，記為

$$\boxed{s(t) \overset{\mathcal{F}}{\longleftrightarrow} S(f)}$$

則對於信號 $S(t)$ 的頻譜(spectra)則為 $s(-f)$，

$$\boxed{S(t) \overset{\mathcal{F}}{\longleftrightarrow} s(-f)}$$

(證明：直接使用式(2.15)即可。)

(3)　傅氏轉換特性之時間／頻率比例(Time/Frequency scaling)

若某個信號 $s(t)$ 的頻譜(spectrum)為 $S(f)$，記為

$$s(t) \overset{\mathcal{F}}{\longleftrightarrow} S(f)$$

則將其壓縮／擴張後的信號 $s(\alpha t)$，其頻譜為：

$$\boxed{s(\alpha t) \overset{\mathcal{F}}{\longleftrightarrow} \frac{1}{|\alpha|} S\left(\frac{f}{\alpha}\right)}$$

其物理意義為：

壓縮一個時間信號($\alpha > 1$)，則等同於伸張其頻譜，但同時信號的高度會下降(能量保持不變)。

(證明：直接使用式(2.15)即可)

(4)　基本信號－辛克函數(sinc function)

$$\mathrm{sin}c(t) \triangleq \frac{\sin(\pi t)}{\pi t} \tag{2.19}$$

則其頻譜為

$$\boxed{\mathcal{F}[\mathrm{sin}c(t)] = \Pi(f)} \tag{2.20}$$

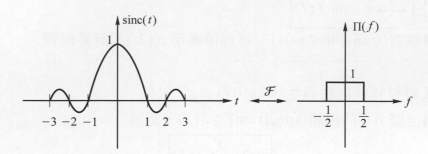

圖 **2.8** sinc 信號及其頻譜

(證明：採用基本信號(1)及特性(2)(3)即可。)

(5) 線性(重疊)特性(Linearity(superposition))

若有 2 個信號 $s_1(t)$，$s_2(t)$ 及其頻譜分別為 $S_1(f)$，$S_2(f)$，則其線性組合 $c_1s_1(t)+c_2s_2(t)$ 的頻譜為：

$$s_1(t) \xleftrightarrow{\ \mathcal{F}\ } S_1(f)$$

$$s_2(t) \xleftrightarrow{\ \mathcal{F}\ } S_2(f)$$

$$c_1s_1(t)+c_2s_2(t) \xleftrightarrow{\ \mathcal{F}\ } c_1S_1(f)+c_2S_2(f)$$

(證明：直接用式(2.15)即可)

(6) 基本信號－指數信號(exponential pulse)

又可分為兩種：

$$g_1(t) \triangleq e^{-at} \cdot u(t) \tag{2.21}$$

稱為衰減指數脈波(decaying exponential pulse)，如圖 2.9(a)。而

$$g_2(t) \triangleq e^{at} \cdot u(-t) \tag{2.22}$$

稱為上升指數脈波(rising exponential pulse)，如圖 2.9(b)。
其中

$$u(t) = \begin{cases} 1 & t \geq 0 \\ 0 & t < 0 \end{cases} \quad \text{為單位步階函數(unit step function)} \tag{2.23}$$

所以其頻譜分別為：

$$G_1(f) = \mathcal{F}[g_1(t)] = \frac{1}{a + j2\pi f} \qquad (2.24)$$

$$G_2(f) = \mathcal{F}[g_2(t)] = \frac{1}{a - j2\pi f} \qquad (2.25)$$

(證明：直接使用式(2.15)即可)

對式(2.24)而言，其頻譜的絕對值大小圖形如圖 2.10，這是一個低通濾波器(Low pass filter；LPF)的頻率響應圖。

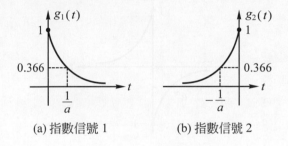

(a) 指數信號 1　　　　　(b) 指數信號 2

圖 **2.9**　指數信號

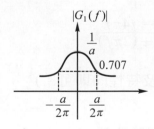

圖 **2.10**　指數信號的頻譜

(7)　基本信號－雙指數脈波(double exponential pulse)

結合上述兩種指數信號，

$$g_3(t) = \begin{cases} e^{-at} & t > 0 \quad , \quad a > 0 \\ 1 & t = 0 \\ e^{at} & t < 0 \quad\quad a > 0 \end{cases} \qquad (2.26)$$

$$= e^{-a|t|}$$

其頻譜如下，

$$G_3(f) = \mathcal{F}[g_3(t)] = \frac{2a}{a^2 + (2\pi f)^2}$$

另一種雙指數脈波信號為：

$$g_4(t) = \begin{cases} e^{-at} & t > 0 \quad, \quad a > 0 \\ 0 & t = 0 \\ -e^{at} & t < 0 \qquad a > 0 \end{cases} \tag{2.27}$$

如圖 2.11 所示。

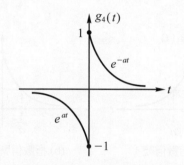

圖 2.11 double exponential 信號

其頻譜 $G_4(f)$ 為：

$$G_4(f) = \mathcal{F}[g_4(t)] = \frac{-j4\pi f}{a^2 + (2\pi f)^2}$$

(證明：利用基本信號(6)及特性(5)即可。)

(8) 基本信號－符號(正負號)函數(signum function)

符號函數為(如圖 2.12(a))：

$$sgn(t) = \begin{cases} 1 & t > 0 \\ 0 & t = 0 \\ -1 & t < 0 \end{cases} \tag{2.28}$$

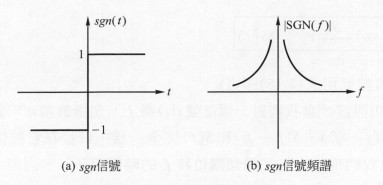

(a) *sgn*信號　　　　　　　　(b) *sgn*信號頻譜

圖 2.12　signum 信號及其頻譜

其頻譜為(如圖 2.12(b))：

$$\text{SGN}(f) = \mathcal{F}[sgn(t)] = \frac{-j}{\pi f}$$ 　(2.29)

證明：利用基本信號(7)

$$g_4(t) = sgn(t) \cdot g_3(t)$$

$$\therefore \mathcal{F}[g_4(t)] = \mathcal{F}[sgn(t) \cdot g_3(t)] = \frac{-j4\pi f}{a^2 + (2\pi f)^2}$$

$$\therefore \mathcal{F}[sgn(t)] = \lim_{a \to 0} \mathcal{F}[sgn(t) \cdot g_3(t)] = \lim_{a \to 0} \mathcal{F}[g_4(t)] = \lim_{a \to 0} \frac{-j4\pi f}{a^2 + (2\pi f)^2}$$

$$= \frac{-j}{\pi f}$$

即

$$sgn(t) \overset{\mathcal{F}}{\longleftrightarrow} \frac{1}{j\pi f}$$

(9)　傅氏轉換特性－時間／頻率遷移(Time/Frequency shifting)

假設某信號 $s(t)$ 的頻譜為 $S(f)$，記為：

$$s(t) \overset{\mathcal{F}}{\longleftrightarrow} S(f)$$

則

$$e^{j2\pi f_c t} \cdot s(t) \overset{\mathcal{F}}{\longleftrightarrow} S(f - f_c)$$ 　(2.30)

及

$$s(t - t_0) \xleftrightarrow{\mathcal{F}} e^{-j2\pi f \cdot t_0} S(f)$$ (2.31)

(證明：直接使用式(2.15)即可)

對式(2.30)而言，當我們對一個信號 $s(t)$ 乘上一個指數項 $e^{j2\pi f_c t}$ 之後，其頻譜由 $S(f)$ 變成 $S(f - f_c)$。$S(f - f_c)$ 和 $S(f)$ 完全一樣，只差在它被位移了一個 f_c 的距離，因此我們稱 $e^{j2\pi f_c t}$ 為 **"讓頻譜位移 f_c 的時間因子"**。同理，當我們對信號頻譜 $S(f)$ 乘上 $e^{-j2\pi f t_0}$ 之後，其時間信號 $s(t)$ 也產生一個 t_0 的位移，因此我們稱 $e^{-j2\pi f t_0}$ 為 **"讓時間位移 t_0 的頻率因子"**。

在式(2.30)中，$f_c > 0$ 表示頻譜要向後位移，反之表示頻譜向前移，這個理論稱之為頻率遷移(Frequency translation)或叫作複數調變(complex modulation)。

在式(2.31)中，$t_0 > 0$ 表示時間信號向後延遲 t_0 時間。

⑩傅氏轉換特性－微分(Differentiation)特性

假設某信號 $s(t)$ 的頻譜為 $S(f)$，

$$s(t) \xleftrightarrow{\mathcal{F}} S(f)$$

則

$$\frac{ds(t)}{dt} \xleftrightarrow{\mathcal{F}} j2\pi f \cdot S(f)$$ (2.32)

且

$$-j2\pi t \cdot s(t) \xleftrightarrow{\mathcal{F}} \frac{d}{df} S(f)$$ (2.33)

在式(2.32)中，我們稱 $(j2\pi f)$ 即是 **"時間軸的微分因子"**。在式(2.33)中，$(-j2\pi t)$ 是 **"頻率軸的微分因子"**。

(證明：直接使用式(2.15)即可)

⑾ 傅氏轉換特性－積分(Integration)特性

假設某信號 $s(t)$ 的頻譜為 $S(f)$，

$$s(t) \xleftrightarrow{\mathcal{F}} S(f)$$

則

$$\int_{-\infty}^{t} s(\lambda)d\lambda \overset{\mathcal{F}}{\longleftrightarrow} S(f) \cdot \left[\frac{1}{j2\pi f} + \frac{1}{2}\delta(f)\right] \qquad (2.34)$$

且

$$s(t) \cdot \left[\frac{-1}{j2\pi t} + \frac{1}{2}\delta(t)\right] \overset{\mathcal{F}}{\longleftrightarrow} \int_{-\infty}^{f} S(\lambda)d\lambda \qquad (2.35)$$

在式(2.34)中，我們稱 $\left[\frac{1}{j2\pi f} + \frac{1}{2}\delta(f)\right]$ 為 **"時間軸的積分因子"** 而在式(2.35)

中，$\left[\frac{-1}{j2\pi t} + \frac{1}{2}\delta(t)\right]$ 為 **"頻率軸的積分因子"**

(證明：式(2.34)要採用迴旋(convolution)的作法，式(2.35)則利用式(2.34)

及對偶特性即可)

⑫　基本信號－高斯脈波(Gaussian pulse)

高斯脈波信號的時域信號波形及其頻域信號波形完全相同。

$$e^{-\pi t^2} \overset{\mathcal{F}}{\longleftrightarrow} e^{-\pi f^2} \qquad (2.36)$$

⑬　傅氏轉換特性－共軛複數(Complex conjugate)

假設某信號 $s(t)$ 的頻譜為 $S(f)$，

$$s(t) \overset{\mathcal{F}}{\longleftrightarrow} S(f)$$

則

$$s^*(t) \overset{\mathcal{F}}{\longleftrightarrow} S^*(-f)$$

其中星號 * 表示共軛複數運算，如 $(a+jb)^* = a - jb$

(證明：直接使用式(2.15)即可)

⒁ 傅氏轉換特性－赫米特對稱(Hermitian Symmetry)

若 $s(t)$ 是一個實數信號，即 $s(t) \in R$，所以

$$s(t) = s*(t)$$
$$\therefore S(-f) = S*(f)$$

這個對稱現象稱為赫米特對稱。

即實數信號的頻譜大小是偶函數(對稱 y 軸)，而頻譜的相角是奇對稱(對稱原點)。

⒂ 時間反向(翻轉)(time reversal)

當信號 $s(t)$ 產生正負軸翻轉時，頻譜也正負軸翻轉。

$$s(t) \xleftrightarrow{\mathcal{F}} S(f)$$

$$s(-t) \xleftrightarrow{\mathcal{F}} S(-f)$$

(證明：利用特性⑶即可)

⒃ 基本信號－單位步階函數(unit step pulse)

步階函數是一個相當重要的信號波形，它經常扮演一個開關(switch)的動作，其定義如下：

$$u(t) = \begin{cases} 1 & t \ge 0 \\ 0 & t < 0 \end{cases}$$
$$= \frac{1}{2}(sgn(t) + 1)$$
$$= \frac{1}{2}sgn(t) + \frac{1}{2} \tag{2.37}$$

$\therefore$ 其頻譜為

$$S(f) = \mathcal{F}[u(t)] = \mathcal{F}\left[\frac{1}{2}sgn(t) + \frac{1}{2}\right]$$
$$= \frac{1}{2}\frac{1}{j\pi f} + \frac{1}{2}\delta(f) \tag{2.38}$$

$|S(f)|$ 的圖形如圖 2.13

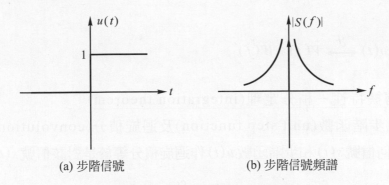

(a) 步階信號　　　　　　　　(b) 步階信號頻譜

圖 2.13　步階信號及其頻譜

(證明：不要直接用式(2.15)或藉由指數函數去證明，因為 $u(t)$ 含有一個直流成分，所以其頻譜會有一個 $\delta(f)$ 存在，參考下面的脈衝信號)

⒄　傅氏轉換特性－迴旋積分(Convolution Integral)

迴旋積分的定義如下：

$$v(t) * \omega(t) \triangleq \int_{-\infty}^{\infty} v(\lambda)\omega(t-\lambda)d\lambda \qquad (2.39)$$

注意：兩個時域信號 $v(t)$ 及 $\omega(t)$ 作 convolution 之後，仍為一個時域信號，記為：

$$s(t) = v(t) * \omega(t) = \int_{-\infty}^{\infty} v(\lambda)\omega(t-\lambda)d\lambda$$

反過來看：兩個頻域信號 $V(f)$ 及 $W(f)$ 作 convolution 之後仍為一個頻域信號，記為：

$$S(f) = V(f) * W(f) = \int_{-\infty}^{\infty} V(\lambda)W(f-\lambda)d\lambda \qquad (2.40)$$

迴旋之後的傅氏轉換特性稱為迴旋定理(convolution theorems)即：

$$v(t) \overset{\mathcal{F}}{\longleftrightarrow} V(f)$$

$$\omega(t) \overset{\mathcal{F}}{\longleftrightarrow} W(f)$$

$$v(t) * \omega(t) \xleftrightarrow{\mathcal{F}} V(f)W(f)$$

$$v(t)\omega(t) \xleftrightarrow{\mathcal{F}} V(f) * W(f)$$

⒅ 傅氏轉換特性－積分定理(integration theorem)

配合單位步階函數(unit step function)及迴旋積分(convolution integral)，我們發現"任何信號$s(t)$和步階函數$u(t)$作迴旋積分等於是對該信號$s(t)$作積分"。

$$s(t) * u(t) = \int_{-\infty}^{\infty} s(\lambda)u(t-\lambda)d\lambda = \int_{-\infty}^{t} s(\lambda)d\lambda$$

再對上式取傅氏轉換

$$\mathcal{F}[s(t) * u(t)] = \mathcal{F}[s(t)]\mathcal{F}[u(t)] = S(f) \cdot \left[\frac{1}{j2\pi f} + \frac{1}{2}\delta(f) \right]$$

$$\therefore \mathcal{F}\left[\int_{-\infty}^{t} s(\lambda)d\lambda \right] = S(f) \cdot \left[\frac{1}{j2\pi f} + \frac{1}{2}\delta(f) \right]$$

印證"時間軸的積分因子"－特性⑾。

最後，我們在處理信號中常常會碰到所謂的單位脈衝信號(unit impulse function)，戴瑞克函數(Dirac function)，其定義如下：

$$\delta(t) \triangleq \begin{cases} \infty & t=0 \\ 0 & \text{else} \end{cases} \tag{2.41}$$

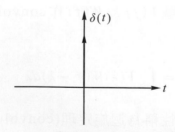

基本上，脈衝函數並不是一個嚴格的數學函數，它是一個"被指定規則"的一般函數，其特性定義為：

$$\int_{t_1}^{t_2} v(t) \cdot \delta(t)dt = \begin{cases} v(0) & t_1 < 0 < t_2 \\ 0 & \text{else} \end{cases} \tag{2.42}$$

$v(t)$ 是一個在 $t = 0$ 時保持連續的函數，由式(2.42)可以看出來脈衝函數 $\delta(t)$ 的最主要用途在於 **"擷取信號 $v(t)$ 在 $t = 0$ 的值"**。所以利用 $\delta(t - a)$ 和信號 $v(t)$ 相乘後予以積分可以獲得 $v(a)$ 的值，即

$$v(a) = \int_{-\infty}^{\infty} v(t) \cdot \delta(t - a)dt \tag{2.43}$$

詳細檢視上述所言，若 $v(t)$ 是一個直流信號且值為 1(即 $v(t) = 1$)，則利用脈衝函數來取值運算之後：

$$\int_{-\infty}^{\infty} v(t) \cdot \delta(t)dt = \int_{-\infty}^{\infty} \delta(t)dt = \int_{-\epsilon}^{\epsilon} \delta(t)dt = 1 \tag{2.44}$$

式(2.44)表示脈衝信號 $\delta(t)$ 的面積為 1，但其函數值只存在於 $t = 0$，所以當 $t = 0$ 時 $\delta(t)$ 的值為 ∞。圖 2.14 表示一個信號 $s(t)$，其面積為 A(即能量為 A^2)，但是只有當 $t = 0$ 時才有信號值存在，而且其信號值為 ∞。同理，在圖 2.15 中，信號 $s(t)$ 只存在於 $t = a$ 時，而且其面積為 A。

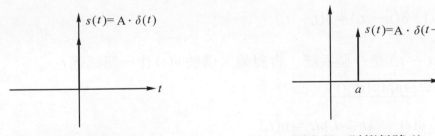

圖 **2.14**　脈衝信號 $\delta(t)$　　　　　圖 **2.15**　脈衝信號 $\delta(t - a)$

$\delta(t)$ 是一個擷取函數，但是 $\delta(t)$ 是一個理想函數，並不存在於實務應用上，我們用其他函數的極限來代替脈衝信號，這些函數記為 $\delta_\epsilon(t)$，稱為近似脈衝函數，而且要滿足下式

$$\lim_{\epsilon \to 0} \int_{-\infty}^{\infty} v(t) \cdot \delta_\epsilon(t)dt = v(0)$$

或者說

$$\delta(t) = \lim_{\epsilon \to 0} \delta_\epsilon(t) \tag{2.45}$$

一般可以用的近似脈衝函數有以下 2 種：

$$\delta_\epsilon(t) = \frac{1}{\epsilon}\pi\left(\frac{t}{\epsilon}\right)$$

$$\delta_\epsilon(t) = \frac{1}{\epsilon}\mathrm{sinc}\left(\frac{t}{\epsilon}\right)$$

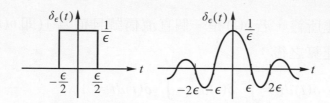

除了利用積分來作擷取運算之外，脈衝函數 $\delta(t)$ 並沒有特殊的物理意義，它只是一個無窮大但存在時間無窮短的理想信號而已。脈衝信號經常被應用在以下兩種運作中：

複製運算(系統反應運算)(replication)：

$$v(t) * \delta(t - t_d) = v(t - t_d) \tag{2.46}$$

想像 $\delta(t - t_d)$ 是一個系統，會對輸入信號 $v(t)$ 作一個延遲 t_d。

取樣運算(sampling)：

$$\int_{-\infty}^{\infty} v(t) \cdot \delta(t - t_d)dt = v(t_d) \tag{2.47}$$

這個取樣運算被大量應用在類比／數位的轉換。

以下為脈衝函數基本特性：

① $v(t) \cdot \delta(t - t_d) = v(t_d) \cdot \delta(t - t_d)$ $\tag{2.48}$

② $\delta(\alpha t) = \dfrac{1}{|\alpha|}\delta(t)$ $\qquad \alpha \neq 0$ $\tag{2.49}$

③ $\delta(-t) = \delta(t)$ $\tag{2.50}$

對特性(1)而言，脈衝函數可以將信號 $v(t)$ 變成 $\delta(t)$ 函數。對特性(2)而言，對 $\delta(t)$ 作時間軸的壓縮，即 $\alpha > 1$，等於對 $\delta(t)$ 降低信號高度。對特性(3)而言，脈衝函數 $\delta(t)$ 是一個偶函數。

⒆ 基本信號－單位脈衝函數(unit impulse function)

$$\delta(t) \overset{\mathcal{F}}{\longleftrightarrow} 1 \qquad\qquad (2.51)$$

$$1 \overset{\mathcal{F}}{\longleftrightarrow} \delta(f) \qquad\qquad (2.52)$$

(證明：利用特性⑵－對偶性即可)

我們將脈衝函數加以積分

$$\int_{-\infty}^{t} \delta(\lambda - t_d) d\lambda = \begin{cases} 1 & t \geq t_d \\ 0 & t < t_d \end{cases} \qquad\qquad (2.53)$$

上式即為一個單位步階函數(unit step function)，所以

$$\int_{-\infty}^{t} \delta(\lambda - t_d) d\lambda = u(t - t_d) \qquad\qquad (2.54)$$

即 $\qquad \delta(t - t_d) = \dfrac{d}{dt} u(t - t_d) \qquad\qquad (2.55)$

最後，將信號 $s(t)$ 對脈衝信號作迴旋積分後發現 **"任何信號和脈衝信號作迴旋積分等於是對該信號 $s(t)$ 作複製運算(系統反應運算)"**，如下所示：

$$s(t) * \delta(t - t_d) = s(t - t_d) \qquad\qquad (2.56)$$

2.5 功率頻譜

在本節我們將討論功率在頻譜上的特性，功率在通訊系統上佔有一個重要的地位，如一支無線電對講機的功率越高表示此手機的通訊距離越長。

假設有個週期信號 $s(t)$ 被加到 1Ω 的電阻上，則消耗在此電阻上的瞬間功率為：

$$s^2(t)/1 = s^2(t) \text{ watt}$$

則其正規化功率(normalized power)，可以用下式來表示之：

$$P = \frac{1}{T_0} \int_{-T_0/2}^{T_0/2} s^2(t) dt \qquad\qquad (2.57)$$

由上式可知：正規化功率即為信號的平均功率。

將 $s(t) = A_0 + \sum\limits_{n=1}^{\infty} A_n\cos(2\pi \cdot nf_0 t) + \sum\limits_{m=1}^{\infty} B_m\sin(2\pi \cdot nf_0 t)$ 代入式(2.57)，

$$P = \frac{1}{T_0}\int_{-T_0/2}^{T_0/2}\left\{A_0^2 + \sum_{n=1}^{\infty}A_n^2\cos^2(2\pi nf_0 t) + \sum_{n=1}^{\infty}B_n^2\sin^2(2\pi nf_0 t)\right.$$

$$+ A_0 \cdot \sum_{n=1}^{\infty}A_n\cos(2\pi nf_0 t) + \sum_{n \ne m}A_n\cos(2\pi nf_0 t)A_m\cos(2\pi mf_0 t)$$

$$+ A_0 \cdot \sum_{n=1}^{\infty}B_n\sin(2\pi nf_0 t) + \sum_{n \ne m}B_n\cos(2\pi nf_0 t)B_m\cos(2\pi mf_0 t)$$

$$\left.+ \sum_{n=1}^{\infty}A_n\cos(2\pi nf_0 t) \cdot \sum_{n=1}^{\infty}B_n\sin(2\pi nf_0 t)\right\}dt$$

$\because \cos(2\pi \cdot nf_0 t)$ 和 $\sin(2\pi \cdot nf_0 t)$ 具有正交性(orthogonality)

$$\therefore \quad P = \frac{1}{T_0}\int_{-T_0/2}^{T_0/2}\left[A_0^2 + \sum_{n=1}^{\infty}A_n^2\cos^2(2\pi \cdot nf_0 t) + \sum_{n=1}^{\infty}B_n^2\sin^2(2\pi \cdot nf_0 t)\right]dt$$

$$= A_0^2 + \sum_{n=1}^{\infty}\frac{1}{2}A_n^2 + \sum_{n=1}^{\infty}\frac{1}{2}B_n^2 \tag{2.58}$$

或是我們代入 $s(t) = C_0 + \sum\limits_{n=1}^{\infty} C_n \cdot \cos(2\pi \cdot nf_0 t - \phi_n)$

$$P = \frac{1}{T_0}\int_{-T_0/2}^{T_0/2}\left[C_0^2 + \sum_{n=1}^{\infty}C_n^2 \cdot \cos^2(2\pi nf_0 t - \phi_n)\right.$$

$$\left.+ \sum_{n \ne m}C_n C_m\cos(2\pi nf_0 t - \phi_n)\cos(2\pi mf_0 t - \phi_m)\right] \cdot dt$$

$$= C_0^2 + \frac{1}{2}\sum_{n=1}^{\infty}C_n^2 \tag{2.59}$$

或是我們代入 $s(t) = \sum\limits_{n=-\infty}^{\infty} V_n e^{j2\pi nf_0 t}$

$$P = \frac{1}{T_0}\int_{-T_0/2}^{T_0/2}\left[\sum_{n=-\infty}^{\infty}V_n \cdot e^{j2\pi nf_0 t} \cdot V_{-n}e^{-j2\pi f_0 t}\right.$$

$$\left.+ \sum_{n \ne -m}V_n e^{j2\pi nf_0 t} \cdot V_m e^{j2\pi mf_0 t}\right] \cdot dt$$

$$= \sum_{n=-\infty}^{\infty}V_n \cdot V_{-n} = \sum_{n=-\infty}^{\infty}V_n \cdot V_n^* = \sum_{n=-\infty}^{\infty}V_n^2 \tag{2.60}$$

由式(2.58)，式(2.59)及式(2.60)知道，某週期信號 $s(t)$ 的正規化功率(平均功率)即為其頻譜高度平方總和。即

$$P = \frac{1}{T_0} \int_{-T_0/2}^{T_0/2} s(t)^2 dt = A_0^2 + \sum_{n=1}^{\infty} \left[\frac{1}{2} A_n^2 + \frac{1}{2} B_n^2 \right]$$

$$P = \frac{1}{T_0} \int_{-T_0/2}^{T_0/2} s(t)^2 dt = C_0^2 + \sum_{n=1}^{\infty} \frac{1}{2} C_n^2$$

或是

$$P = \frac{1}{T_0} \int_{-T_0/2}^{T_0/2} s(t)^2 dt = \sum_{n=-\infty}^{\infty} V_n^2$$

以圖形表示功率頻譜則如圖 2.16：

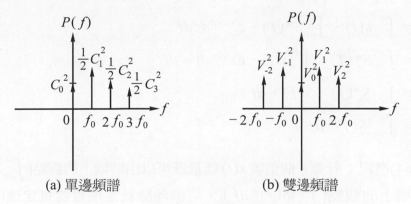

(a) 單邊頻譜　　　　　　　(b) 雙邊頻譜

圖 2.16　功率頻譜

由圖 2.16 知道：若將信號$s(t)$視為是由許多倍頻信號(f_0，$2f_0$，…)等所組成的，則其正規化功率就是這些個別頻率信號(f_0，$2f_0$，…)的功率總合。也就是說週期信號的平均功率等於其傅氏級數的係數(V_n)平方和。這就是有名的**帕薩瓦功率定理**(Parseval's power theorem)，它指出一個週期信號的平均功率等於個別相位成份(即傅氏級數的成份)的功率總和。

有些時候，我們喜歡用**功率頻譜密度**(power spectral density；PSD，有時簡稱**功率頻譜**)$G_p(f)$來表示功率的密集程度。如此一來，當我們要算某些頻率範圍之內的正規化功率時，只要用：

$$P_{f_1 \sim f_2} = \int_{-f_2}^{-f_1} G_p(f) df + \int_{f_1}^{f_2} G_p(f) df \tag{2.61}$$

將$f_1 \sim f_2$範圍中的功率頻譜密度積分起來即可。所以

$$G_p(f) \triangleq \frac{dP(f)}{df} \tag{2.62}$$

依此公式及式(2.60)可得到一個週期信號的**功率頻譜密度**為：

$$G_p(f) = \frac{dP(f)}{df} = \sum_{n=-\infty}^{\infty} |V_n|^2 \cdot \delta(f - nf_0) \quad \text{Watt/Hz} \tag{2.63}$$

同理，若我們要計算某個信號 $s(t)$ 消耗在 1Ω 電阻的能量，則可以計算：

$$\begin{aligned}
E &= \int_{-\infty}^{\infty} |s(t)|^2 \cdot dt \\
&= \int_{-\infty}^{\infty} s(t) \cdot s^*(t) dt \\
&= \int_{-\infty}^{\infty} s(t) \cdot \left[\int_{-\infty}^{\infty} S(f) \cdot e^{j2\pi ft} df \right]^* dt \\
&= \int_{-\infty}^{\infty} s(t) \cdot \int_{-\infty}^{\infty} S^*(f) \cdot e^{-j2\pi ft} df\, dt \\
&= \int_{-\infty}^{\infty} S^*(f) \cdot \int_{-\infty}^{\infty} s(t) \cdot e^{-j2\pi ft} dt \cdot df \\
&= \int_{-\infty}^{\infty} S^*(f) \cdot S(f) \cdot df \\
&= \int_{-\infty}^{\infty} |S(f)|^2 df
\end{aligned} \tag{2.64}$$

由式(2.64)發現：計算一個信號 $s(t)$ 能量既可以由時域上的觀點 $\left(\int_{-\infty}^{\infty} |s(t)|^2 dt \right)$，也可以由頻域上的觀點 $\left(\int_{-\infty}^{\infty} |S(f)|^2 df \right)$，這個理論就是**瑞雷能量定理**(Rayleigh's energy theorem)。而且由式(2.64)我們也同時可以得到**能量密度函數**(energy spectral density)：

$$G_e(f) \triangleq \frac{dE}{df} = |S(f)|^2 \quad \text{joules/Hz} \tag{2.65}$$

2.6 ▶ 線性系統與濾波器

一個系統是對輸入信號(一般稱為激勵；excitation)產生輸出反應信號(一般稱為響應；response)的實際裝置，假如一個系統的行為滿足線性(linear)的要求，則稱該系統為線性系統(Linear System)。如圖2.17，一個輸入信號 $x(t)$ 經過系統響應後產生輸出信號 $y(t)$：

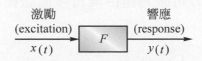

圖 **2.17**　輸出／入系統

輸出／輸入的關係記為：

$$y(t) = F[x(t)] \tag{2.66}$$

若輸入信號 $x(t)$ 是由許多信號的重疊(superposition)而得，即

$$x(t) = \sum_k a_k x_k(t)$$

且系統輸出信號亦為個別輸入信號的響應總和：

$$y(t) = F[x(t)] = F\Big[\sum_k a_k x_k(t)\Big] = \sum_k a_k \cdot F[x_k(t)]$$

所以稱系統 $F[.]$ 為線性系統(Linear System)。

　　若輸入信號 $x(t)$ 有些許的延遲，即輸入信為 $x(t - t_d)$，則系統的輸出信號也僅僅有些延遲，其他特性完全不變，即

$$F[x(t - t_d)] = y(t - t_d) \tag{2.67}$$

　　這樣的系統特性不隨著時間延遲／超前而有變化的特性，稱為非時變系統(time-invariant system)。而一個線性而且非時變的系統稱為 LTI 系統(Linear time-invariant system；LTI)。

　　對於一個系統，我們常常觀察它的脈衝響應(Impulse Respone)，也就是將脈衝信號(impulse signal) $\delta(t)$ 輸入到系統 $F[.]$ 所得到的系統響應 $h(t)$，把這個系統響應 $h(t)$ 稱為系統的**脈衝響應(Impulse Response)**。如圖 2.18：

$\delta(t)$　線性系統　$h(t)$

圖 **2.18**　線性系統示意圖

$$h(t) \triangleq F[\delta(t)] \tag{2.68}$$

因為一個輸入信號 $x(t)$ 可視為是由無數多個脈衝信號(impulse signal)所構成的，即

$$x(t) = x(t) * \delta(t) = \int_{-\infty}^{\infty} x(\lambda)\delta(t-\lambda)d\lambda \qquad (2.69)$$

所以若這個系統是一個線性非時變(LTI)系統，則重疊定理可以成立，亦即許多個脈衝輸入信號同時進入這個LTI系統時，系統的輸出響應(response)可以看成是每個個別脈衝輸入信號的系統響應(即個別脈衝的impulse response)總和。

若輸入信號為 $x(t)$，則系統輸出為：

$$\begin{aligned} y(t) &= F[x(t)] = F[x(t) * \delta(t)] \\ &= F\left[\int_{-\infty}^{\infty} x(\lambda)\delta(t-\lambda)d\lambda \right] \\ &= \int_{-\infty}^{\infty} x(\lambda)F[\delta(t-\lambda)]d\lambda \quad (\because 系統是線性的) \\ &= \int_{-\infty}^{\infty} x(\lambda)h(t-\lambda)d\lambda \quad\;\; (\because 系統是非時變的) \\ &= x(t) * h(t) \end{aligned} \qquad (2.70)$$

由式(2.70)我們知道系統的脈衝響應為 $h(t)$，所以任何信號 $x(t)$ 輸入，都可以藉由式(2.70)得到其系統輸出為何。所以我們用脈衝響應描述(代表)一個LTI系統，亦即若此系統對脈衝信號(impulse signal，delta signal) $\delta(t)$ 的響應為 $h(t)$，則我們用 $h(t)$ 表示該線性非時變(LTI)系統的脈衝響應(impulse response)。

若此系統的輸入為任意激發函數 $x(t)$，如圖 2.19。要決定系統之響應 $y(t)$，要先將 $x(t)$ 近似成由區間 $\Delta\tau$ 之矩形脈波組成的函數，再將 $\Delta\tau \to 0$ 而得到無限多個脈衝函數組成的激發函數 $x(t)$，因此利用迴旋積分(convolution integral)可以得到系統響應 $y(t)$。

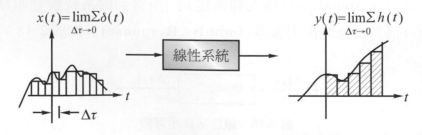

圖 **2.19**　任意激發函數 $x(t)$ 及其系統響應函數 $y(t)$

由圖 2.18 及圖 2.19，在時間軸上信號 $x(t)$ 經過系統脈衝響應 $h(t)$ 而得到系統輸出響應 $y(t)$，其關係為：

$$y(t) = x(t) * h(t) = \int_{-\infty}^{\infty} x(\tau)\, h(t - \tau)\, d\tau$$

但若將這些關係轉換到頻譜上則可得到脈衝 $Y(f) = H(f)X(f)$。一個線性系統輸出 $y(t)$ 之傅氏轉換 $Y(f)$ 等於系統之**轉移函數**(transfer function) 或稱為**頻率響應**(frequency response)$H(f)$ 乘上輸入信號 $x(t)$ 的傅氏轉換 $X(f)$。轉移函數 $H(f)$ 即是系統脈衝響應 $h(t)$ 的傅氏轉換。

$$H(f) \triangleq \mathcal{F}[h(t)] = \int_{-\infty}^{\infty} h(t)\, e^{-j2\pi ft}\, dt$$

轉移函數 $H(f)$ 是線性非時變系統的一個重要性質，通常是複數，又可表示成

$$H(f) = |H(f)| \cdot e^{j\beta(f)} \tag{2.71}$$

其中 $|H(f)|$ 稱為**振幅響應**(amplitude response)

$\beta(f)$ 稱為**相位**(phase)。

因此輸出信號頻譜的大小為轉移函數的大小值乘上輸入信號頻譜的大小值。

$$|Y(f)| = |H(f)||X(f)| \tag{2.72}$$

對於以時域觀點看待一個系統，我們說系統具有一**脈衝響應**(impulse response) $h(t)$，若以頻域觀點看待這個系統，我們說該系統具有一個**頻率響應**(frequency response)$H(f)$ 或轉移函數(transfer function)，這兩者之間的關係就是 Fourier Transform，如圖 2.20 所示。

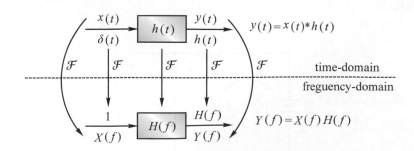

圖 **2.20**　系統的時間／頻率觀點

以時間觀點來看：

1. 輸入若是 $\delta(t)$ 或$x(t)$ 則輸出就是 $h(t)$或$y(t)$。

2. 採用迴旋積分(convolution)計算。

以頻率觀點來看：

1. 輸入若是 1 或$X(f)$ 則輸出就是 $H(f)$或$Y(f)$。

2. 採用乘法計算。

要再注意的地方就是：當輸入的頻率信號為 1，表示輸入的信號具有"每個頻率成分都有"的現象，即為一個無窮大的頻寬。

對具有如下列轉移函數圖形的系統而言，當頻率為 3 分貝頻率，$f=f_B$ 時，輸出信號的振幅響應降低了$\frac{1}{\sqrt{2}}$倍，亦即功率減少了 1/2(也就是 $-3\,\text{dB}$)，所以我們稱該函數有一頻寬f_B。即在$f < f_B$時系統輸出功率約為最大輸出，而$f > f_B$後，系統輸出功率將遞減到 1/2 以下。

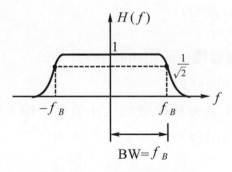

圖 **2.21** 典型的轉移函數

接下來我們要討論一下RC電路，由於RC電路是一個最基本的濾波電路，在此檢視一下它的特性：

1. RC 充電過程中的電流：

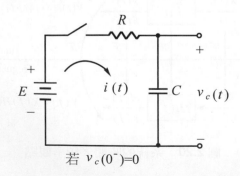

若 $v_c(0^-)=0$

$$\frac{1}{C}\int_{0^-}^{t} i(\tau)d\tau + R \cdot i(t) = E$$

$$\frac{1}{C}i(t) + R\frac{di(t)}{dt} = 0$$

$$\therefore \quad i(t) = a_0 \cdot e^{-t/RC} \quad \text{且由於}$$

$$i(0^+) = \frac{E}{R} \text{註}$$

$$\therefore \quad i(t) = \frac{E}{R}e^{-t/RC}$$

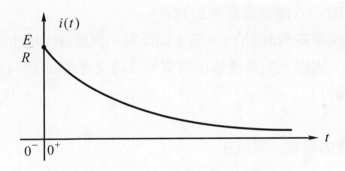

注意： (1)$i(0^+) = \dfrac{E}{R}$，而 $i(0^-) = 0$　$\therefore$電流瞬間跳高。

(2) RC 越大，充電速率越慢。

註：由 $\dfrac{1}{C}\int_{0^-}^{0^-} i(t)dt + R \cdot i(0^+) = E$

$\because \dfrac{1}{C}\int_{0^-}^{0^-} i(t)dt = 0$　$\therefore Ri(0^+) = E$，即 $i(0^+) = \dfrac{E}{R}$

---

2. RC 充電過程的電壓：

$$v_c(t) = \frac{1}{C}\int_0^t i(\tau)d\tau = \frac{1}{C} \cdot \frac{E}{R}\int_0^t e^{-\tau/RC}d\tau$$

$$= \frac{E}{RC} \cdot (-RC)e^{-\tau/RC}\Big|_0^t$$

$$= -E(e^{-t/RC} - 1)$$

$$= E(1 - e^{-t/RC})$$

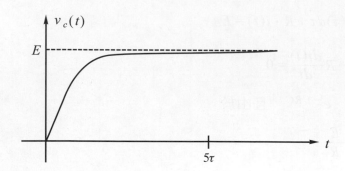

注意：(1)$v(0^-) = 0$，而$v(0^+) = E(1 - e^0) = 0$電壓不會突然變動。

(2)電容電壓$v_c(t)$隨時間而增加到E。

(3)充電完成需要5τ時間($\tau = RC$)，因此對一個脈波(即數位信號中的"1")的輸入，實際上的系統輸出需要一段的反應時間(也可以看成脈波波形發生扭曲)。

3. RC 放電過程的電壓／電流：

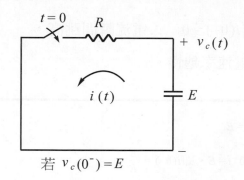

若 $v_c(0^-) = E$

$$v_c(t) = i(t) \cdot R$$

$$-\frac{1}{C}\int i(t)dt = i(t) \cdot R$$

$$\therefore i(t) = a_0 \cdot e^{-t/RC}$$

$$i(0^+) = a_0 \cdot e^0 = \frac{E}{R}$$

$$\therefore i(t) = \frac{E}{R}e^{-t/RC}$$

$$v_c(t) = i(t) \cdot R = Ee^{-t/RC}$$

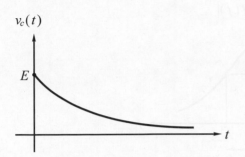 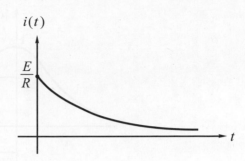

注意：⑴ RC 越大，放電速率越慢。

⑵由RC充放電的過程可以看出來：當一個數位脈波信號經過一個系統或
是傳輸線後，不論是脈波前緣(發生充電過程)或是後緣(發生放電過程)
均會發生扭曲、延遲等現象。

4. RC 電路的頻率響應特性：

以頻譜的觀點來看：

$$II(f) = \frac{V_0(j\omega)}{V_i(j\omega)} = \frac{\frac{1}{j\omega C}}{R + \frac{1}{j\omega C}} = \frac{1}{1 + j\omega RC} = \frac{1}{1 + j\frac{f}{\frac{1}{2\pi RC}}} = \frac{1}{1 + j\frac{f}{f_{3dB}}}$$

(2.73)

式中，$f_{3dB} = \frac{1}{2\pi RC}$。

我們將 $|H(f)|$ 繪在圖 2.22，當 $f = f_{3dB}$ 時，$|H(f)|$ 已經降到 $\frac{1}{\sqrt{2}} = 0.707$，即
功率下降了一半，稱 f_{3dB} 為此電路的 **3 分貝頻率**。由圖 2.22 可以看出來，低
頻信號的頻率響應會比高頻信號的頻率響應來得大，因此我們稱頻率響應
如圖 2.22 的 RC 電路為**低通濾波器**(Low Pass Filter；LPF)。

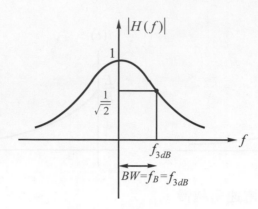

圖 **2.22** RC 低通濾波器的頻率響應

　　上述的 RC 低通濾波器(LPF)並不是一個理想的濾波器，一個理想濾波器應該具有以下 2 個特性：

(1)　在傳輸的頻帶上，濾波器必須讓屬於本頻段的信號無任何失真地通過。

(2)　在禁止的頻帶(forbidden band，stop band)上，濾波器系統必須完全衰減本頻段的信號。

所以一個理想的帶通濾波器(bandpass filter)的頻率響應為：

$$H(f) = \begin{cases} ke^{-j2\pi f \cdot t_d} & f_\ell \leq |f| \leq f_u \\ 0 & \text{其他} \end{cases} \tag{2.74}$$

由式(2.74)中清楚知道，當某個信號通過這個濾波器時，凡是頻段不在 $f_\ell \sim f_u$ 之間的信號通通被消除掉了，而在這個帶通段之內的信號都會被乘上 $ke^{-j2\pi f \cdot t_d}$，k 表示每個頻率的信號都將被衰減 k 倍。(若 $k = 1$，則不會發生衰減)。在此要強調一點就是：任何被動性系統都會衰減信號，但若是該系統對信號的每個成分衰減量都一樣，則信號通過本系統時並沒有失真(distortion)，衰減的部分可以利用放大器加以回復。式(2.74)中還會對信號乘上 $e^{-j2\pi f_u}$ 項，這項會造成信號的時間延遲 t_d，信號通過系統都會發生延遲(delay)現象。

　　對於理想濾波器式(2.74)還有幾項要點：

(1)　本濾波器的頻寬(bandwidth)為 $BW = f_u - f_\ell$。

(2)　本濾波器若為理想低通波器(Low pass filter；LPF)，則 $f_\ell = 0$，$f_u > 0$。

(3)　本濾波器若為理想高通濾波器(High pas filter；HPF)，則 $f_\ell > 0$，$f_u = \infty$。

(4)　本濾波器若為帶通濾波器(band-pass filter；BPF)，則 $f_\ell > 0$，$f_u > f_\ell > 0$。

(5)　若本濾波器為帶拒波器(band reject，band stop，notch filter)，則

$$H(f) = \begin{cases} 0 & f_\ell \le |f| \le f_u \\ ke^{-j2\pi ft_d} & \text{其他} \end{cases} \tag{2.75}$$

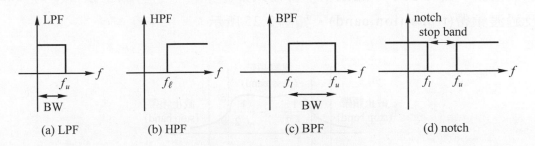

(a) LPF　　(b) HPF　　(c) BPF　　(d) notch

圖 **2.23**　各種形式的濾波器

理想濾波器是不可實現的，以理想低通濾波器而言，

$$H(f) = ke^{-j2\pi ft_d} \Pi\left(\frac{f}{2B}\right) \tag{2.76}$$

∴其脈衝響應(impulse response)為：

$$h(t) = \mathcal{F}^{-1}[H(f)] = 2Bk \cdot \mathrm{sinc}(2B(t - t_d)) \tag{2.77}$$

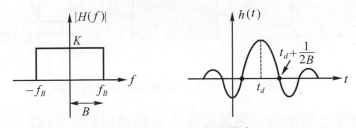

(a) 頻率響應(frequency response)　　(b) 脈衝響應(impulse response)

圖 **2.24**　理想低通濾波器

　　由理想低通濾波的脈衝響應(impulse response)看來，這個系統的時間自 t $= -\infty$ 到 $t = \infty$，也就是即使信號尚未進到本系統，本系統仍有輸出響應，這是不可能的！由於理想濾波器的脈衝響應並非 "時間有限" (time-limited)的，因此理想濾波器是不可實現的。因此一個實際濾波器的頻率響應就如同 RC LPF 一樣(參考圖 2.22)，它具有一個無限長的頻率響應(因此它的脈衝響應才會是時

間有限的，即 time-limited)，但除了主要頻段的信號允許通過之外，其他信號的大小值都被衰減至少 $\frac{1}{\sqrt{2}}$ 以上(即功率被衰減 $\frac{1}{2}$ 以上)，因此我們可以定義一個低通濾波器的頻寬為**半功率頻寬**或稱為 **3dB 頻寬**(3dB Bandwidth)。對一般的濾波器而言，都定義了三種區域：傳輸頻帶(pass band)，截止頻帶(stop band)以及過渡頻帶(transition band)。如圖 2.25 所示：

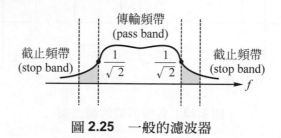

圖 2.25　一般的濾波器

一般而言，一個傳輸通道(transmission channel)被視為一個低通濾波器，因此我們來看看方波信號通過低通濾波器所發生的現象。假設有一個數位方波信號 $s(t)$，經過一個RC低通濾波器後，濾波器輸出一個變形的方波 $s'(t)$，如圖 2.26。

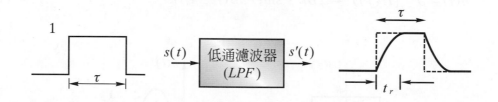

圖 2.26　一數位信號通過低通濾波器

在脈波信號前緣，通過低通濾波器後，其輸出信號 $s'(t)$ 從 0.1 爬昇到 0.9 所經歷的時間稱為上昇時間(rise time) t_r，由充電公式 $v_c(t) = E(1 - e^{-t/RC})$ 可以證明出來：

$$t_r \cdot f_B = 0.35 \quad (頻寬 f_B \ 即是 f_{3\text{dB}}) \tag{2.78}$$

同理，若改採用一個理想低通濾波器(假設此理想濾波器的特性為：當 $0 \le f \le f_B$ 時，$H(f) = k = 1$，當 $f > f_B$ 時，$H(f) = 0$，如圖 2.24。)則其上昇時間－傳輸頻寬的關係為：

$$t_r \cdot f_B = 0.44 \text{。} \tag{2.79}$$

一般對任意的低通濾波器，我們估計其上昇時間－傳輸頻寬的關係為：

$$t_r \cdot f_B \approx 0.5 \tag{2.80}$$

至於脈波的後緣部分，在脈波通過低通濾波器之後，會發生緩慢下降的情形，如圖 2.26。一個脈波通過一個理想低通濾波器時，其脈波會發生變形，變形的程度和脈波寬度 τ 及濾波器的頻寬 f_B 有密切關係。如圖 2.27 所示：

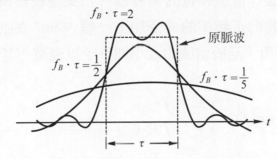

圖 2.27　脈波通過低通濾波器的情形

可見脈波寬度 τ 越大或者低通濾波器的頻寬 f_B 越寬，則濾波器的輸出波形越接近脈波波形，也就是變形的程度越小。但是在數位通訊的要求之下，只要接收端可以辨識所收到的波形是否足以代表一個脈波即可，並不像類比通訊般需要收到一個完整的波形，因此若數位信號脈波寬度為 τ 時間，於是有一個通則：若想要使脈波通過低通的傳輸通道而能保持一個合理的傳輸(即不致於使脈波波形嚴重失真、變形，以致於在接收端發生誤判，換言之，希望波形在接收端是可辨認的。)則傳輸通道的頻寬 f_B 至少要大到滿足

$$f_B \cdot \tau \geq \frac{1}{2} \quad \Rightarrow \quad f_B \geq \frac{1}{2\tau} \tag{2.81}$$

在傳輸頻寬大於 $\frac{1}{2\tau}$ 的情形，只保證接收端可以正確偵測到是否有一脈波傳送過來。至於若希望能夠在接收端重建原來的脈波波形，則需要更大一點的傳輸頻寬，一般而言傳輸頻寬至少要：

$$f_B \cdot \tau \gg 1 \tag{2.82}$$

由上述的討論我們知道：由於一般傳輸通道可以被視為一個低通濾波器，因此在數位傳輸的過程中，經常發生當發射端發出一個方波(表示位元 " 1 ")而在接收端卻接收到一個扭曲變形的方波(如圖 2.26)，嚴重時造成接收機誤判為 0。因此 $f_{3dB} \cdot \tau \geq \dfrac{1}{2}$ 是數位信號傳輸時對傳輸通道頻寬的最低要求，由此也可以看得出來，傳輸線的頻寬越寬(f_B 越大)則可以容許更多的小脈寬(τ 較小)數位信號，即每秒可以傳送的位元數(bps)更多，這就是為什麼有些場合位元傳輸率又叫頻寬的緣故了。

最後，介紹一個操作信號相位的濾波器－正交濾波器(quadrature filter)。它的作用是對輸入信號的正頻率的成分加上一個 $-90°$ 的相角，而負頻率部分則加上一個 $+90°$ 的相角，至於信號的大小則不予以衰減，其頻率響應(frequency response)如下：

$$H_Q(f) = -jsgn(f) = \begin{cases} -j & f > 0 \\ +j & f < 0 \end{cases} \tag{2.83}$$

所以這個正交濾波器（quadrature filter）的脈衝響應(impulse response) $h_Q(t)$ 為：

$$h_Q(t) = \mathcal{F}^{-1}[H_Q(f)] = \frac{1}{\pi t} \tag{2.84}$$

(證明：要利用特性(2)及基本信號(8)即可)

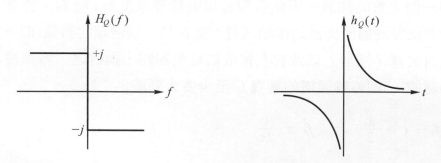

(a) 正交濾波器(quadrature filter)的頻率響應 (b) 正交濾波器(quadrature filter)的脈衝響應

圖 2.28　正交濾波器特性

就時域的觀點來看，將一個任意信號 $x(t)$ 輸入正交濾波器，則其輸出為 $y(t) = x(t) * h_Q(t)$，我們將這個輸出 $y(t)$ 定義為 $x(t)$ 的**依伯特轉換**(Hilbert Transform)，並將 $y(t)$ 標示為 $\hat{x}(t)$。所以：

$$\hat{x}(t) \triangleq x(t) * h_Q(t) = \frac{1}{\pi} \int_{-\infty}^{\infty} x(\lambda) \cdot \frac{1}{t-\lambda} d\lambda$$

$$= \frac{1}{\pi} \int_{-\infty}^{\infty} \frac{x(\lambda)}{t-\lambda} d\lambda \tag{2.85}$$

而以頻譜觀點來看，依伯特轉換(Hilbert Transform)即為：

$$\mathcal{F}[\hat{x}(t)] = X(f) \cdot [-j\,sgn(f)] \tag{2.86}$$

所以依伯特轉換和傅氏轉換的關係如圖 2.29：

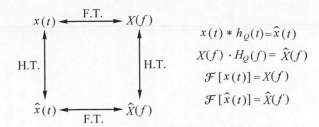

圖 2.29　依伯特轉換和傅氏轉換關係圖

總結正交濾波器(quadrature filter)(依伯特轉換(Hilbert Transform)) 的特性為：

(1)　因為 $h_Q(t)$ 是非因果(noncausal(即非時間有限的(time-limited)))，這表示正交濾波器是不可實現的。

(2)　假設輸入信號 $x(t) \in R$，則 $x(t)$ 和 $\hat{x}(t)$ 具有相同的頻譜($\because |X(f)| = |\hat{X}(f)|$)且他們的能量／功率密度函數也相同。

2.7 信號的正交性(orthogonality)及可區別性(distinguishability)

信號正交性的特性經常在數位通訊系統中被使用到，由於信號的正交性，因此我們可以將許多可區別性高的信號同時傳送，在接收端要區別這些信號將會相當容易。信號函數 $s_1(t)$，$s_2(t)$ 在區間 T_0 之內正交(orthogonal)的定義可以表示為：

$$\int_0^{T_0} s_1(t) \cdot s_2(t)dt = 0 \tag{2.87}$$

但是

$$\int_0^{T_0} s_1(t) \cdot s_1(t)dt = 1 \quad 且 \quad \int_0^{T_0} s_2(t) \cdot s_2(t)dt = 1$$

在 2.2 節中提到傅氏級數中的 $\cos(2\pi nf_0 t)$ 及 $\sin(2\pi nf_0 t)$ 就是一對最典型的正交信號函數。

例題 10

試証明

1. $\int_0^{T_0} \cos(2\pi nf_0 t) \cdot \sin(2\pi nf_0 t)dt = 0$

2. $\int_0^{T_0} \cos(2\pi nf_0 t) \cdot \cos(2\pi mf_0 t)dt = 0$，$m \neq n$

答：

1. $\displaystyle\int_0^{T_0} \cos(2\pi nf_0 t) \cdot \sin(2\pi nf_0 t)dt$

$$= \int_0^{T_0} \frac{1}{2}(\sin(2\pi \cdot 2nf_0 t))dt = \frac{1}{2}\frac{(-1)}{4\pi nf_0}\cos(2\pi \cdot 2nf_0 t)\bigg|_0^{T_0} = 0$$

2. $\displaystyle\int_0^{T_0} \cos(2\pi nf_0 t)\cos(2\pi mf_0 t)dt$

$$= \int_0^{T_0} \frac{1}{2}[\cos(2\pi \cdot (m+n)f_0 t) + \cos(2\pi \cdot (m-n)f_0 t)]dt$$

$$= 0$$

針對兩個獨立的信號 $s_1(t)$ 及 $s_2(t)$，一般而言，可以將它們如圖 2.30 一般地以幾何方式用一組正交函數 $\phi_1(t)$、$\phi_2(t)$ 加以展開來表示它們之間的正交化程度。

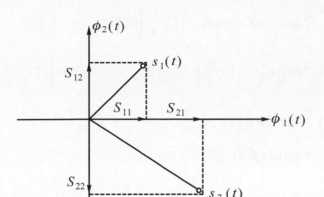

圖 2.30　兩個獨立信號的正交化程度

　　假如有 N 個信號波形 $s_1(t)$，$s_2(t)$，…，$s_N(t)$ 可用來代表 N 種準備從甲傳送到乙的訊息，對接收的一方而言，可能會收到的信號波形是已知的(即 $s_1(t)$，$s_2(t)$，…，$s_N(t)$ 中的某一個信號)。接收端要做的只是如何將收到的信號，分辨出是這些可能的信號 $s_1(t)$，$s_2(t)$，…，$s_N(t)$ 中的那一種。而由於傳送信號的過程中有雜訊(noise)的干擾，終將造成接收端誤判的機會，因此為了減少這樣出差錯的機率，應該讓這些信號($s_1(t)$，$s_2(t)$，…$s_N(t)$)彼此之間有愈大差異愈好(正交化程度越高越好)；這就是可區別性(distinguishability)。而這種可區別性是經由 $s_i(t)$ 與 $s_j(t)$ 座標間的 "距離" 來量度的。

$$|s_i(t) - s_j(t)| = (|s_{i1} - s_{j1}|^2 + |s_{i2} - s_{j2}|^2)^{\frac{1}{2}} \tag{2.88}$$

例題 11

考慮下式所表示的四個信號 $s_1(t)$、$s_2(t)$、$s_3(t)$ 及 $s_4(t)$

$$s_i(t) = \sqrt{2}\cos\left[2\pi f_0 t + (2i - 1)\frac{\pi}{4}\right]$$

$i = 1、2、3、4$　for　$0 \le t \le T_0$

(1)　利用一組正交座標表示這四個信號

(2)　繪出此四個向量

答： (1)　將$s_i(t) = \sqrt{2}\cos\left[2\pi f_0 t + (2i - 1)\dfrac{\pi}{4}\right]$展開

$$= \sqrt{2}\cos\left[(2i - 1)\dfrac{\pi}{4}\right] \cdot \cos(2\pi f_0 t) - \sqrt{2}\sin\left[(2i - 1)\dfrac{\pi}{4}\right]\sin(2\pi f_0 t)$$

$\therefore$ 令$\phi_1(t) = \cos(2\pi f_0 t)$

$\phi_2(t) = \sin(2\pi f_0 t)$

則　　$s_1(t) = \sqrt{2} \cdot \dfrac{\sqrt{2}}{2} \cdot \phi_1(t) - \sqrt{2} \cdot \dfrac{\sqrt{2}}{2} \cdot \phi_2(t) = \phi_1(t) - \phi_2(t)$

$s_2(t) = \sqrt{2} \cdot \left(-\dfrac{\sqrt{2}}{2}\right) \cdot \phi_1(t) - \sqrt{2} \cdot \dfrac{\sqrt{2}}{2} \cdot \phi_2(t) = -\phi_1(t) - \phi_2(t)$

$s_3(t) = \sqrt{2} \cdot \left(-\dfrac{\sqrt{2}}{2}\right) \cdot \phi_1(t) + \sqrt{2} \cdot \dfrac{\sqrt{2}}{2} \cdot \phi_2(t) = -\phi_1(t) + \phi_2(t)$

$s_4(t) = \sqrt{2} \cdot \dfrac{\sqrt{2}}{2} \cdot \phi_1(t) + \sqrt{2} \cdot \dfrac{\sqrt{2}}{2} \cdot \phi_2(t) = \phi_1(t) + \phi_2(t)$

(2)　將$\phi_1(t)$及$\phi_2(t)$當作是座標基底，則

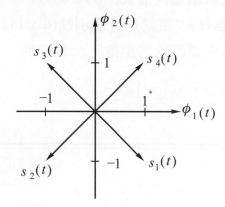

本章習題

2.2-1　試證明偶函數的傅氏級數沒有B_n項，奇函數的傅氏級數缺乏A_n項。

2.2-2　求下列週期脈波函數的傅氏級數

(a)

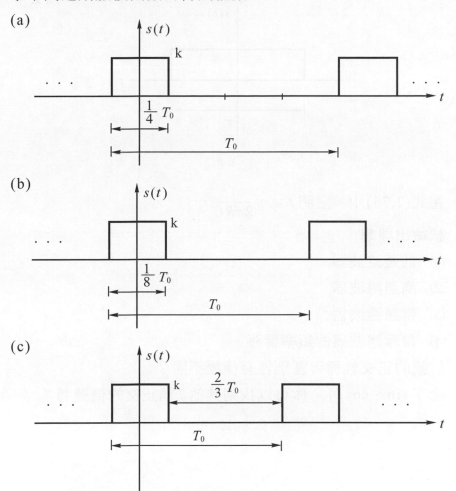

(b)

(c)

2.3-1　傅氏級數和傅氏轉換有何不同的地方？

2.3-2　求下面脈波信號的傅氏轉換，並繪出其頻譜。

2.3-3　何謂調變定理(modulation theorem)？

2.4-1　若時間信號$s(t)$是一個實數信號，則試著證明其雙邊振幅頻譜V_n存在有$V_{-n} = V_n^*$的關係(稱為 Hermitian Symmetry)。

2.4-2　試證明式(2.24)，式(2.25)，式(2.26)及式(2.27)。

2.4-3　試導出式(2.30)及式(2.31)。

2.5-1 試利用$\cos(2\pi \cdot nf_0 \cdot t)$和$\sin(2\pi \cdot nf_0 \cdot t)$具有正交性來導出式(2.58)。

2.5-2 試導出正交濾波器（quadrature filter）的脈衝響應(impulse response)
－即式(2.84)。

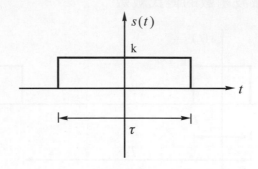

2.6-1 在式(2.73)中，証明$f_{3dB} = \dfrac{1}{2\pi RC}$。

2.6-2 試繪出理想

(1) 低通濾波器

(2) 高通濾波器

(3) 帶通濾波器

(4) 帶斥濾波器的頻率響應。

2.7-1 信號的正交性與可區別性有什麼不同？

2.7-2 除了sin、cos外，你可以找到其他2個正交的信號嗎？

第 3 章　振幅調變

3.1 前言

本章所要討論的**振幅調變**(Amplitude Modulation；AM)是最基本的調變方式，也可說是各種調變方式的基礎。調變中通常含有兩種波形信號：一為我們希望傳送給對方的訊息叫作**調變信號**(modulated signal)、**基頻信號**(baseband signal)或是**訊息信號**(message signal)，另一為適合在傳輸通道上傳送的**載波信號**(carrier signal)。在調變(modulation)過程中，載波的某個特性會隨著調變信號而變，而載波通常為正弦波，這種調變，我們稱為**連續波調變**(continuous wave modulation)。例如在電話系統中，基頻信號就是音頻(audio)信號，頻寬約為 300 ~ 3kHz，此原始信號的頻寬就叫作**基頻**(baseband)。而在電視系統中，基頻信號就是視頻(video)信號，頻寬約為 0 ~ 4.3MHz(當然了，電視系統中的語音也是屬於基頻信號)。

3.2 頻率遷移(frequency shift)

調變可以說就是頻率遷移。將每一個訊息遷移到頻譜上的不同位置上去，以達成多個訊息同時在同一條通道傳輸的目的；這種多工的方式叫**分頻多工**(Frequency Division Multiplexing；FDM)如：有線電視。當然了，多工(multiplexing)的用意是讓許多個訊息同時在同一條通道上傳輸，所以不一定要用分割頻率的分頻多工，其他還有如**分時多工**(Time Division Multiplexing；TDM)如：有線電話及**分碼多工**(Code Divison Multiplexing；CDM)。

一個信號可以被乘上一個弦式載波信號而被遷移到另一新的頻譜範圍上。假設有一正弦基頻信號$s(t)$

$$s(t) = A_m \cos(2\pi \cdot f_m t) = \frac{A_m}{2}(e^{j2\pi \cdot f_m t} + e^{-j2\pi \cdot f_m t})$$

其頻譜圖為圖 3.1(a)。

將此基頻信號乘上另一載波信號$s_c(t)$

$$s_c(t) = \cos(2\pi \cdot f_c t)$$

得到$\phi(t)$(稱為已調變信號，AM 調變信號，…)：

$$\phi(t) = s(t) \cdot s_c(t) = A_m \cos(2\pi \cdot f_m t)\cos(2\pi \cdot f_c t)$$

$$= \frac{A_m}{2}[\cos(2\pi \cdot (f_c + f_m)t) + \cos(2\pi \cdot (f_c - f_m)t)]$$

$$= \frac{A_m}{4}[e^{j2\pi \cdot (f_c + f_m)t} + e^{-j2\pi \cdot (f_c + f_m)t} + e^{j2\pi \cdot (f_c - f_m)t} +$$

$$e^{-j2\pi \cdot (f_c - f_m)t}]$$

$\phi(t)$的頻譜$\Phi(f) = \mathcal{F}[\phi(t)]$，如圖 3.1(b)。

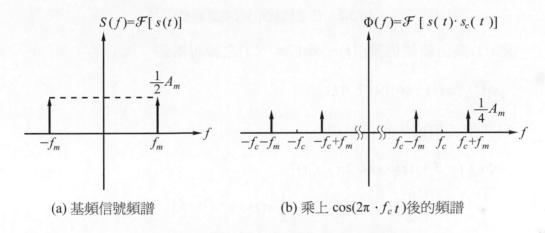

(a) 基頻信號頻譜　　　　　　　　(b) 乘上 $\cos(2\pi \cdot f_c t)$後的頻譜

圖 3.1　基頻信號頻譜及已調變信號頻譜

注意：在原始的基頻信號頻譜中，如圖 3.1(a)的兩條譜線f_m、$-f_m$。經過和一個載波正弦信號$s_c(t)$相乘的過程之後，分別向正、負方向移動f_c、$-f_c$而得到四條譜線。即f_m、$-f_m$向正方向移動f_c，可得到$f_c + f_m$和$f_c - f_m$。f_m、$-f_m$向負方向移動f_c可得到$-f_c + f_m$和$-f_c - f_m$，而且遷移後的譜線高度降了一半，由$A_m/2$變成$A_m/4$。

再考慮一基頻信號$s(t)$不是一個正弦波形，而且此信號的頻寬被限制在 0 和f_m之間。假設某信號$s(t)$的傅氏轉換是$S(f) = \mathcal{F}[s(t)]$，其頻譜圖如下：

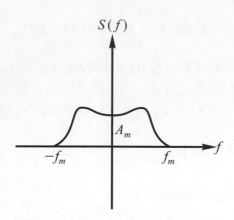

圖 **3.2** 任意信號$s(t)$的頻譜圖形

將$s(t)$乘上載波信號$s_c(t) = \cos(2\pi \cdot f_c t)$之後可得到

$$\phi(t) = s(t) \cdot \cos(2\pi \cdot f_c t)$$

取其傅氏轉換，可得頻譜

$$\Phi(f) = \mathcal{F}[s(t) \cdot \cos(2\pi \cdot f_c t)]$$

$$= \mathcal{F}\left[\frac{1}{2}s(t) \cdot e^{j2\pi \cdot f_c t} + \frac{1}{2}s(t) \cdot e^{-j2\pi \cdot f_c t}\right]$$

$$= \frac{1}{2}S(f - f_c) + \frac{1}{2}S(f + f_c)$$

其頻譜圖如圖 3.3。

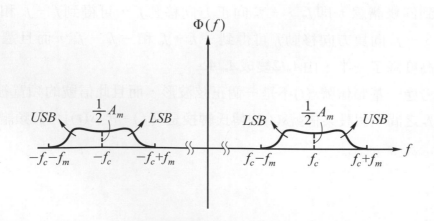

圖 **3.3** 信號$s(t)$乘上載波信號$s_c(t)$之後的頻譜

和先前的分析同樣地：

1.　原來信號$s(t)$所佔的頻譜範圍$0 \sim f_m$，被稱為基本頻率範圍(baseband frequency range)或簡稱基頻(baseband)。

2.　所以有時我們稱這個帶有訊息的原始信號為基頻信號(baseband signal)。

3.　將一個基頻信號$s(t)$乘上一個正弦載波信號$s_c(t)$的運算過程被稱為**混波**(mixing)或者**外差**(heterodyning)。

4.　在遷移了原始基頻信號後，由載波頻率f_c以上到$f_c + f_m$這範圍內的頻譜分量，稱為**上邊帶**(Upper SideBand；USB)，而由f_c以下到$f_c - f_m$這部分則被稱為**下邊帶**(Lower SideBand；LSB)。

5.　頻率f_c的載波信號$s_c(t)$依各種不同應用環境被稱為**局部振盪信號**、**本地振盪信號**(local oscillator signal)、**混合信號**(mixing signal)、**外差信號**(heterodyning signal)或者**載波信號**(carrier signal)。

6.　由圖 3.1 或是由圖 3.2、圖 3.3，可知原始基頻信號頻寬$0 \sim f_m$，一被載波遷移到f_c之後，頻寬變成 2 倍(由$0 \sim f_m$變成$f_c - f_m \sim f_c + f_m$)且原始頻譜波形不變，只是頻譜高度縮小成原基頻信號的 1/2。

7.　換言之，一個基頻信號乘上一個載波信號後(被遷移)，頻譜波形向左右"移動"一個載波頻率f_c，且波形大小變成原基頻信號大小的 1/2。注意：在這裡所說的都是在頻譜空間上，即：

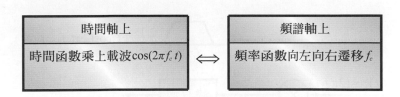

8.　一個基頻信號乘上載波信號，則頻譜向左、向右遷移。那麼要還原基頻信號可將已遷移的調變信號再乘上載波信號，則可預見的頻譜又會回到原來的範圍，如圖 3.4。這種遷移／反遷移的觀點就是雙旁波帶抑制載波調變(Double SideBand Supressed Carrier；DSB-SC)的精神。

9.　上述遷移／反遷移方法的要求是：還原時要有一個和第一次作乘法時完全同步(synchronous)的本地振盪信號，此振盪信號與未被調變前的載波信號的頻率、相位完全相同。這樣的調變／解調系統稱為**同步**或**同調**(coherent)系統。

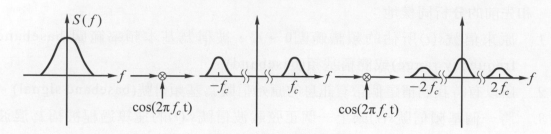

圖 3.4　頻率遷移／反遷移

10. 上述頻率的遷移是以弦波乘法為開始，

例如：$s(t) \cdot \cos(2\pi f_1 t)$。

而頻率的反遷移是亦是乘上一個弦波，例如

$$s(t)\cos(2\pi f_1 t) \cdot \cos(2\pi f_2 t)$$
$$= \frac{1}{2} s(t)[\cos(2\pi \cdot (f_1 + f_2)t) + \cos(2\pi \cdot (f_1 - f_2)t)]$$

此乘積包含了"和頻率"及"差頻率"，$f_1 + f_2$ 與 $f_1 - f_2$。所以乘上一個弦波可將單一頻譜遷移成為兩個頻譜，若有適當的濾波器可濾得"和頻率"或"差頻率"。完成這種操作的裝置稱為**頻率轉換器**(frequency converter)或**混波器**(mixer)。

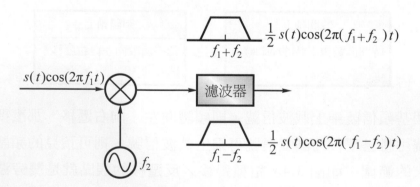

圖 3.5　頻率變換器／混波器

適當選擇濾波器可以用來保留"和頻率 $f_1 + f_2$"或"差頻率 $f_1 - f_2$"，一般的混波器多採用低通濾波器(lowpass filter)以保留"差頻率 $f_1 - f_2$"信號。

振幅調變(Amplitude Modulation；AM)的基本精神即是基於頻率遷移的原理，且大致上可以分為下列幾種：

1. 雙旁波帶—大載波調變(Double SideBand Large Carrier；DSB-LC)，即一般的振幅調變(Amplitude Modulation；AM)。
2. 雙旁波帶—抑制載波調變(Double SideBand Supressed Carrier；DSB-SC)。
3. 單旁波帶調變(Single SideBand；SSB)。
4. 殘邊帶調變(Vestigial SideBand；VSB)。

3.3　雙旁波帶大載波調變(Double SideBand Large Carrier；DSB-LC)—振幅調變(Amplitude Modulation；AM)

振幅調變(AM)的定義為載波的振幅與調變信號$s(t)$大小呈線性變化。由於載波信號適合於特定介質上傳輸，但我們希望傳送的是基頻信號(調變信號)，因此我們將基頻信號放在載波信號之上，亦即載波信號調變後的振幅變動情形就是基頻信號。

假設一振幅調變的載波信號為：

$$s_c(t) = A_c \cos(2\pi \cdot f_c\, t)$$

若該載波信號的振幅A_c隨著調變信號$s(t)$而變，則我們可以將A_c寫成：

$$A_c(t) = A_c[1 + K_a s(t)]$$

其中K_a稱為此調變器的**振幅靈敏度**(amplitude sensitivity)

因此一個廣義的調幅(AM)信號為(也就是雙旁波帶大載波調變，Double SideBand Large Carrier；DSB-LC)：

$$\phi_{AM}(t) = \phi_{DSB-LC}(t) = A_c[1 + K_a s(t)]\cos(2\pi \cdot f_c\, t) \tag{3.1}$$

我們希望在 DSB-LC 信號中，基頻(調變)信號能表現在$\phi_{DSB-LC}(t)$的包線(envelope)上，因此有 2 個條件必須考慮到：

1.   原載波頻率 f_c 要比調變信號 $s(t)$ 的頻寬大很多

   $$f_c \gg f_m$$

   f_m 是調變信號 $s(t)$ 的頻寬,如圖 3.6。

2.   希望 $K_a s(t)$ 的絕對值永遠小於 1,即

   $$|K_a s(t)| < 1 \quad \therefore 1 + K_a s(t) > 0$$

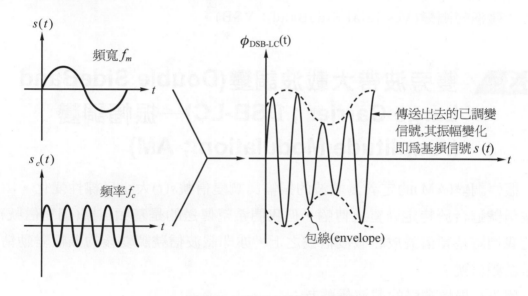

圖 **3.6**   DSB-LC 調變示意圖

　　在條件 1. 中,我們希望載波頻率 f_c 遠大於基頻信號的頻寬(或是說載波頻率 f_c 遠大於基頻信號的最高頻率),如此之下,包線(envelope,亦即基頻信號所在)容易被觀察到。圖 3.7 的 AM 信號利用一簡單的二極體電路如圖 3.8 可以將基頻信號恢復回來。這個過程稱為**解調**(demodulation)或**檢波**(detection)。

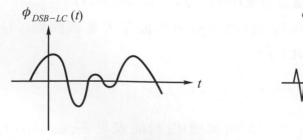

(a) $f_c > f_m$,$\therefore$ 包線不易被檢測出來

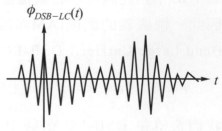

(b) $f_c \gg f_m$,$\therefore$ 包線容易被檢測出來

圖 **3.7**   兩種不同的 DSB-LC 調變信號(Ⅰ)

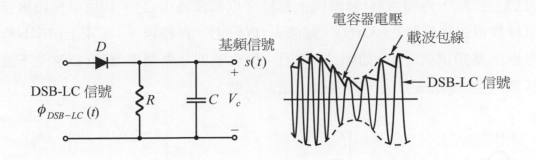

圖 **3.8**　二極體檢波電路

在圖 3.8 中，二極體假設是理想的，當 DSB-LC 信號達到峰值時，二極體導通將電容器充電到峰值電壓。而當 DSB-LC 信號的振幅降低時，為了讓電容器的電壓能追隨 DSB-LC 信號的另一個峰值，必須利用電阻 R，以便電容器能放電。此 RC 放電電路的時間常數 $\tau = RC$ 必需適當選擇，使 V_c 能夠追隨 DSB-LC 信號的峰值變化(即 V_c 能檢出 DSB-LC 信號的包線(envelope))。

在條件 2. 中，因為我們想採用簡單的二極體檢波電路如圖 3.8 來解調 DSB-LC 信號，因此我們希望 DSB-LC 信號中的包線均大於 0，如圖 3.9。

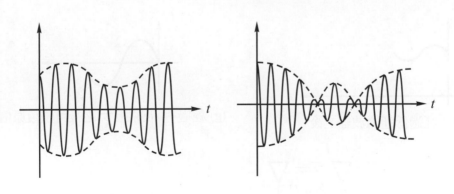

(a) 包線均在 0 以上　　　　　　　(b) 包線發生小於 0 的現象

圖 **3.9**　兩種不同的 DSB-LC 調變信號(Ⅱ)

要達到包線大於 0 的要求，即是要求 $A_c[1 + K_a s(t)] > 0$ 即 $1 + K_a s(t) > 0$ $\therefore |K_a s(t)| < 1$。如圖 3.10，我們先將調變信號 $s(t)$ 乘上倍率 K_a，再加上 1 使其信號振幅提高到 0 以上，如圖 3.10(c)，再將 $1 + K_a s(t)$ 信號乘上載波信號 $s_c(t) = A_c \cos(2\pi \cdot f_c t)$，而得到 AM 信號 $\phi_{\text{DSB-LC}}(t)$，如圖 3.10(d)。也就是信號先壓縮

，再加上直流，再頻遷移(頻譜向上遷移至以載波為中心)。利用二極體檢波電路可以檢得包線信號 $1+K_a s(t)$，如圖 3.10(e)(f)，再經過 -1，乘上倍率 $1/K_a$，可得原始基頻信號 $s(t)$，如圖 3.10(g)。接收端則是先頻率遷移(頻譜向下遷移至基頻)，然後減去直流，再擴張，還原信號。

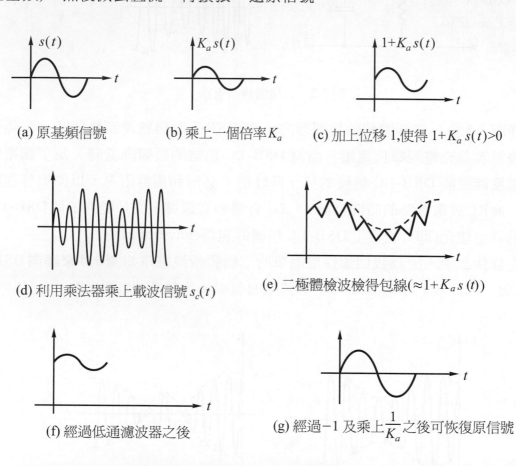

(a) 原基頻信號　　(b) 乘上一個倍率 K_a　　(c) 加上位移 1,使得 $1+K_a s(t)>0$

(d) 利用乘法器乘上載波信號 $s_c(t)$　　(e) 二極體檢波檢得包線($\approx 1+K_a s(t)$)

(f) 經過低通濾波器之後　　(g) 經過 -1 及乘上 $\dfrac{1}{K_a}$ 之後可恢復原信號

(h) DSB-LC 調變過程

圖 **3.10**

圖 3.10　DSB-LC 調變方塊／信號圖

在式(3.1)中，我們希望保持$|K_a s(t)|<1$以使得包線大於 0。若$|K_a s(t)|>1$，則載波信號會被過度調變(overmodulation)導致$1+K_a s(t)$在交越零值時，載波相位被反相，造成 DSB-LC 信號的包線失真，如圖 3.11。

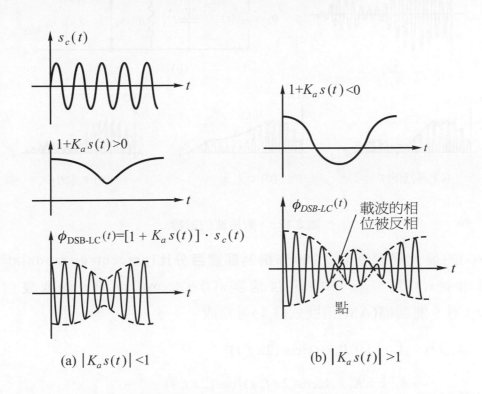

(a) $|K_a s(t)|<1$　　　　　　　　(b) $|K_a s(t)|>1$

圖 3.11　兩種不同 DSB-LC 調變信號

為求得二極體檢波電路的最佳操作，放電時間常數τ應該調整使得包線的最大下降速率不可以超過指數式的電容放電速率。若τ太大，檢波電路可能漏掉載波的某些正半週，如圖 3.12(d)，如此將無法精確地重現包線。但若τ太小，檢波電路產生極不調和的波形，即變動過於激烈，如圖3.12(e)，而損失一些效率。

因而在檢波電路之後，通常需要一個低通濾波器來消除不必要的高頻諧波分量。圖中電路的最後一個耦合電容C_2可用來移除由載波所引起的dc準位，這個dc準位的移除動作將導致DSB-LC的調變方式不適用於頻譜信號中具有直流($f=0$)成分的信號，如數位信號就不適合作 DSB-LC 調變。

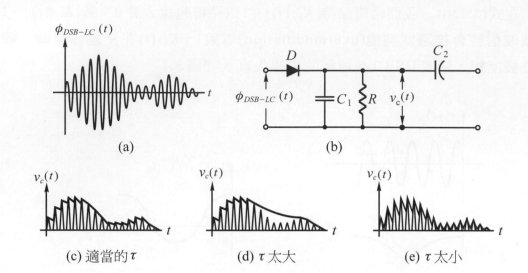

圖 **3.12** τ 對檢波的影響

$K_a s(t)$的最大絕對值乘以 100 ％稱為**調變百分比**(percentage modulation)。若基頻信號$s(t)$為一簡單的正弦信號$s(t) = A_m \cos(2\pi f_m t)$，而載波信號為$A_c \cos(2\pi f_c t)$，則調幅(AM)信號式(3.1)可寫成

$$\phi_{AM}(t) = A_c \cdot [1 + K_a s(t)] \cos(2\pi f_c t)$$

$$= A_c [1 + K_a \cdot A_m \cos(2\pi f_m t)] \cos(2\pi f_c t) \tag{3.2}$$

我們可以令$m = K_a A_m$稱為**調變指數**(modulation index)，所以若$|m| < 1$則$|K_a s(t)| < 1$即可用簡單二極體檢波作解調。對$\phi_{AM}(t)$而言，最大振幅A_{max}和最小振幅A_{min}的比值為：

$$\frac{A_{max}}{A_{min}} = \frac{A_c(1 + m)}{A_c(1 - m)}$$

即 $$m = \frac{A_{max} - A_{min}}{A_{max} + A_{min}} \tag{3.3}$$

若$m > 1$，我們稱這種 AM 調變是過度調變(overmodulation)。這是一種我們不希望的現象，因為在$\phi_{AM}(t)$的包線經過零點時(如圖 3.11 中的 c 點)會發生相位反轉的現象。在這種情形之下，二極體檢波電路無法檢得包線信號，即解調失敗。當$m = 1$時，是調變指數m的最大允許量，此時我們稱這種調變為**全振幅**

調變(full AM)，如圖 3.13。調變指數 m 也可由已調變載波信號 $\phi_{AM}(t)$ 的峰對峰值 (peak-to-peak) 直接量測而得，請參考習題。

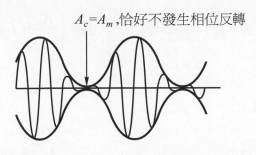
$A_c = A_m$,恰好不發生相位反轉

圖 **3.13**　全振幅調變

例題 1

對於右圖所示的 AM 信
號波形，試求：
(1)調變指數。
(2)調變百分比。

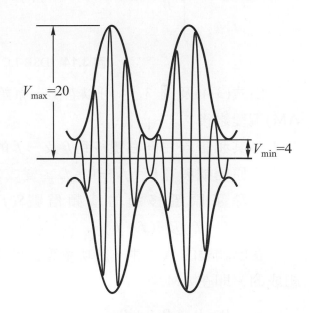

$V_{\max}=20$

$V_{\min}=4$

答：(1)$m = \dfrac{20-4}{20+4} = \dfrac{2}{3} = 0.67$

　　(2)調變百分比為 $0.67 \times 100\% = 67\%$

　　接下來我們要來檢視一下 DSB-LC 信號的頻譜。將式(3.1)取傅氏轉換，可
得 AM 信號的頻譜函數：

$$\Phi_{DSB-LC}(f) = \mathcal{F}[A_c(1 + K_a s(t))\cos(2\pi \cdot f_c t)]$$

$$= \frac{A_c}{2}[\delta(f - f_c) + \delta(f + f_c)] + \frac{K_a A_c}{2}[S(f - f_c) + S(f + f_c)]$$

$$= \left[\frac{A_c}{2}\delta(f - f_c) + \frac{K_a A_c}{2}S(f - f_c)\right] + \left[\frac{A_c}{2}\delta(f + f_c) + \frac{K_a A_c}{2}S(f + f_c)\right]$$

$$(3.4)$$

其頻譜圖如圖 3.14。

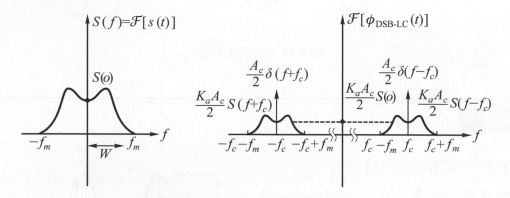

圖 3.14　DSB-LC 信號的頻譜圖

由式(3.4)及圖 3.14 可以看出，原始基頻信號$s(t)$經過 DSB-LC(亦即一般 AM)調變之後：

1.　其頻譜向左向右遷移到f_c及$-f_c$的位置。

2.　原信號頻寬$W = f_m - 0 = f_m$，變成 2 倍為$(f_c + f_m) - (f_c - f_m) = 2 f_m$。

3.　除 了 原 遷 移 過 的 基 頻 信 號$S(f - f_c)$及$S(f + f_c)$外，尚 有 載 波 頻 譜 $\delta(f - f_c)$及$\delta(f + f_c)$。

在已調變的 AM 中，總功率等於是由載波功率，上下旁波帶功率三部分所組成的。即在 AM 中

$$P = P_C + P_{USB} + P_{LSB}$$

$$(3.5)$$

其中P：AM 的總功率

　　P_C：載波功率

　　P_{USB}：上旁波帶功率

　　P_{LSB}：下旁波帶功率

若基頻信號是一正弦波時，

由式(3.2)，

$$\phi_{AM}(t) = A_c\cos(2\pi f_c\, t) + k_a A_c A_m\cos(2\pi f_m\, t)\cos(2\pi f_c\, t)$$

$$= A_c\cos(2\pi f_c\, t) + \frac{1}{2}k_a A_c A_m[\cos(2\pi(f_c + f_m)t)$$

$$+ \cos(2\pi(f_c - f_m)t)]$$

$$\therefore P = \frac{1}{2}A_C^2 + \frac{1}{2}\cdot\frac{1}{4}k_a^2 A_c^2 A_m^2 + \frac{1}{2}\cdot\frac{1}{4}k_a^2 A_c^2 A_m^2$$

$$= P_c + \frac{1}{4}P_c\cdot m^2 + \frac{1}{4}P_c\cdot m^2$$

$$P_{\text{USB}} = P_{\text{LSB}} = \frac{m^2}{4}\cdot P_C \tag{3.6}$$

所以 AM 的總功率 P 為：

$$P = P_c + \frac{m^2}{4}P_c + \frac{m^2}{4}P_c = \left(1 + \frac{m^2}{2}\right)P_c \tag{3.7}$$

可以看出來：

1. 已調變 AM 信號中的載波功率和未調變前 AM 信號的載波功率是相同的。很明顯的，調變過程並不影響載波功率。

2. 對百分之百調變而言 $m = 1$，上下旁波帶的功率僅等於載波功率的 $\frac{1}{4}$。即傳送訊息的旁波帶功率為載波功率的一半，而當調變指數 m 下降時，旁波帶功率佔整體功率的比例也跟著下降。

3. 故知，AM調變時的一個明顯缺點即在於**欲傳送的訊息雖然包含在旁波帶之內，然而整個 AM 信號的功率卻集中在載波，形同功率的浪費。**

4. 雖然AM調變中大部分的功率浪費在載波上，但是AM調變允許接收機能使用一個相當簡單便宜的二極體檢波電路。

5. 提高調變指數 m 可以增加功率使用效率。實際上總發射功率主要是由載波功率所構成，m 的改變並不會造成其功率有顯著的影響。但是負有傳送訊息部分的功率(即旁波帶功率)卻會受 m 影響。因為這樣的緣故，AM系統皆盡量維持調變指數 m 在 0.9 至 0.95 之間($90\,\%$ 至 $95\,\%$ 調變)，使 AM 調變中的基頻信號有較大的功率成分。

例題 2

有一正弦調變的 AM 信號具有$V_c = 10$的未調變前載波峰值電壓，且負載電阻 $R_L = 20\Omega$，及調變指數$m = 1$，試求：

(1)載波及上下旁波帶的功率。

(2)總旁波帶功率。

(3)已調變信號的總功率。

(4)劃出功率頻譜。

(5)當$m = 0.5$時，重覆(1)至(4)的步驟。

答：(1)載波功率如下：

有效值是最大值的 0.707 倍

$$V_{\text{eff}} = \frac{V_{\max}}{\sqrt{2}}$$

$$P_C = \frac{V_{\text{eff}}^2}{R} = \frac{V_{\max}^2}{2 \cdot R_L} = \frac{10^2}{2(20)} = \frac{100}{40} = 2.5\,\text{W}$$

另代入式(3.6)，則可得上下旁波帶功率如下：

$$P_{\text{USB}} = P_{\text{LSB}} = \frac{(1^2)(2.5)}{4} = 0.625\,\text{W}$$

(2)總旁波帶功率為：

$$0.625 + 0.625 = 1.25\,\text{W}$$

(3)可求得已調變信號的總功率為：

$$2.5 + 1.25 = 3.75\,\text{W}$$

(4)所求得的功率頻譜如下圖所示。

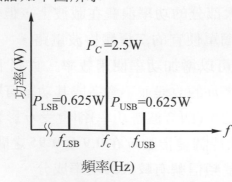

頻率(Hz)

(5)載波功率為：

$$P_C = \frac{10^2}{2(20)} = \frac{100}{40} = 2.5\,\text{W}$$

代入式(3.6)，可求得上下旁波功率如下：

$$P_{\text{USB}} = P_{\text{LSB}} = \frac{(0.5)^2(2.5)}{4} = 0.15625\,\text{W}$$

總旁波帶功率則為

$$0.15625 \times 2 = 0.3125\,\text{W}$$

已調變信號的總功率為：

$$2.5 + 0.3125 = 2.8125\,\text{W}$$

功率頻譜則顯示在下圖。

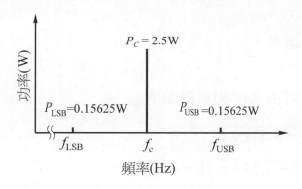

前面的分析都針對只有一個單一頻率的調變信號(即$s(t) = A_m\cos(2\pi f_m t)$)對載波$s_c(t) = A_c\cos(2\pi f_c t)$作調變。實際上調變信號往往是由許多不同振幅與頻率的正弦波所組合而成(即$s(t) = A_1\cos(2\pi f_1 t) + A_2\cos(2\pi f_2 t) + \cdots$)，若假設調變信號 $s(t) = A_1\cos(2\pi f_1 t) + A_2\cos(2\pi f_2 t)$，則對載波作 AM 調變後可得 AM 信號為：

$$\begin{aligned}
\phi_{\text{AM}}(t) &= A_c\left[1 + K_a s(t)\right]\cos(2\pi f_c t) \\
&= A_c\cos(2\pi f_c t) + A_c \cdot K_a \cdot A_1\cos(2\pi f_1 t)\cos(2\pi f_c t) + \\
&\quad A_c \cdot K_a \cdot A_2\cos(2\pi f_2 t)\cos(2\pi f_c t)
\end{aligned}$$

$$= A_c \cos(2\pi f_c\, t) + A_c \cdot m_1 \cdot \cos(2\pi f_1\, t)\cos(2\pi f_c\, t) +$$

$$A_c \cdot m_2 \cdot \cos(2\pi f_2\, t)\cos(2\pi f_c\, t)$$

$$= A_c \cos(2\pi f_c\, t) + A_c \cdot m_t \cdot \cos(2\pi f_t + \phi_t) \cdot \cos(2\pi f_c\, t)$$

所以，調變指數為 $m_t = \sqrt{m_1^2 + m_2^2}$ (3.8)

當 n 個不同頻率的信號同時對一個載波作AM調變時，其整體的調變指數 m_t 等於個別信號對載波作調變的調變指數 m_i 平方和再開根號，即：

$$m_t = \sqrt{m_1^2 + m_2^2 + \cdots + m_n^2}$$ (3.9)

例題 3

有一未調變前載波功率 $P_c = 100\,W$ 的AM發射機，同時由三個基頻信號對其做 DSB-LC 調變，其調變係數各為 $m_1 = 0.5$，$m_2 = 0.5$，$m_3 = 0.6$。試求：

(1)總調變係數。

(2)上下旁波帶功率。

(3)總發射率。

答：(1)總調變係數可由式(3.9)求得如下：

$$m_t = \sqrt{0.5^2 + 0.5^2 + 0.6^2}$$

$$= \sqrt{0.25 + 0.25 + 0.36} = \sqrt{0.86}$$

$$\doteqdot 0.927 \quad (\text{介於 } 0.9 \text{ 與 } 0.95 \text{ 之間})$$

(2)將此值代入式(3.6)，則知總旁波帶功率為：

$$P_{USB} + P_{LSB} = \frac{(0.927)^2(100)}{2} = \frac{(\sqrt{0.86})^2(100)}{2} = 43\,W$$

(3)最後總發射功率可代入式(3.7)，得

$$P_t = 100\left[1 + \frac{0.927^2}{2}\right] = 143\,W$$

DSB-LC的調變方式又稱廣義的AM調變，早在1920年代就已經被應用在廣播系統上，因此一般我們提及 AM 調變多半指得就是雙旁波帶大載波(DSB-LC)調變。

典型的 AM 信號如圖 3.15，其中基頻信號為

$$s(t) = 0.2\sin(2\pi \cdot 400 \cdot t) + \sin(2\pi \cdot 800 \cdot t)$$

$$+ 0.8\sin(2\pi \cdot 1.2k \cdot t) + 0.6\sin(1\pi \cdot 2k \cdot t)$$

而載波頻率為 20MHz，圖 3.15(b)為這個 AM 信號的頻譜。

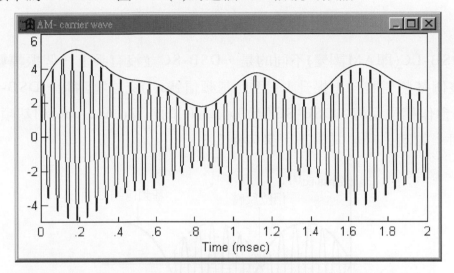

(a) AM 信號波形

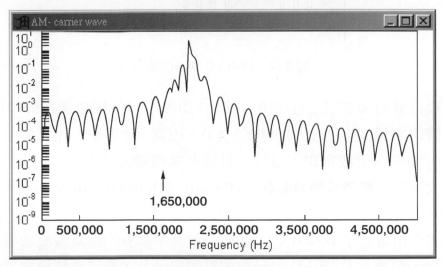

(b) AM 信號頻譜

圖 3.15　典型的 AM 調變信號／頻譜圖形

3.4 雙旁波帶抑制載波調變(Double SideBand Suppressed Carrier；DSB-SC)

基本上，雙旁波帶抑制載波調變(DSB-SC)就是**基頻信號$s(t)$和載波信號$s_c(t)$的乘積，亦即頻率遷移**。原始基頻信號$s(t)$的頻譜$S(f)$如圖 3.2，經過載波信號$s_c(t)$乘積調變之後，可得 DSB-SC 信號$\phi_{DSB-SC}(t)$及頻譜$\Phi_{DSB-SC}(f)$如圖 3.3。

$$\phi_{DSB-SC}(t) = s(t) \cdot s_c(t)$$

$$= s(t) \cdot \cos(2\pi f_c t) \tag{3.10}$$

和 DSB-LC(即 AM 調變)不同的是，DSB-SC 並沒有乘上一個振幅靈敏度K_a以及將整個基頻信號向上提升 1。因此基頻信號$s(t)$交越零點時，DSB-SC 信號$\phi_{DSB-SC}(t)$會作相位反轉。DSB-SC 信號$\phi_{DSB-SC}(t)$的包線(envelope)和基頻信號$s(t)$並不相同，如圖 3.16，其頻譜可參考圖 3.3。

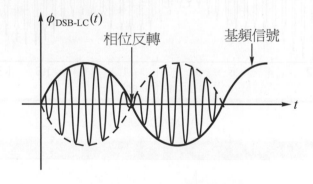

圖 **3.16** DSB-SC 調變信號圖

由一般信號的頻譜圖上看起來，圖 3.3 和圖 3.14 不同之處在於 DSB-SC 少了載波信號的頻譜(即$\delta(f - f_c)$和$\delta(f + f_c)$)。由圖 3.3 看來，在這個頻譜中，我們有兩個旁波帶—上波帶和下波帶，且沒有其他載波存在於$\phi_{DSB-SC}(t)$中，這種調變的方式稱為：**雙旁波帶抑制載波(Double SideBand Suppressed Carrier；DSB-SC)**。

DSB-SC 中避免了 DSB-LC 的載波信號功率浪費，因為載波功率並沒有攜帶任何資訊。載波在 DSB-LC 中存在的原因只是為了讓二極體檢波電路容易解調出基頻信號而已，因此 DSB-SC 捨棄了載波信號，將可大大節省功率的浪費，其代價則是必須使用較複雜的檢波電路。當然了，由圖3.3和圖3.14可知，DSB-SC和DSB-LC在傳輸頻寬上同樣需要$2f_m$。

在DSB-SC解調方面，我們知道由於在頻率遷移時，一個基頻信號$s(t)$乘上一載波信號$s_c(t) = \cos(2\pi \cdot f_c t)$，其結果為$s(t)$的頻譜波形向左右各遷移$f_c$。所以將一DSB-SC信號$\phi_{DSB-SC}(t)$再乘上一相同載波信號$s_c(t) = \cos(2\pi \cdot f_c t)$後，$\phi_{DSB-SC}(t)$的頻譜波形將向左右各遷移$f_c$，所以可以得到原基頻信號$s(t)$，如圖3.17說明。

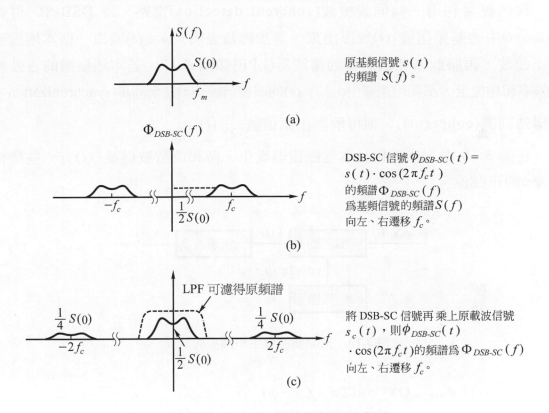

圖 **3.17**　DSB-SC 信號的解調示意圖

其數學表示式為

$$\phi_{DSB-SC}(t) \cos(2\pi \cdot f_c t) = s(t) \cdot \cos(2\pi \cdot f_c t) \cdot \cos(2\pi \cdot f_c t)$$

$$= s(t) \cdot \frac{1}{2} \cdot (1 + \cos(4\pi \cdot f_c t))$$

$$= \frac{1}{2} \cdot s(t) + \frac{1}{2} \cdot s(t) \cdot \cos(4\pi \cdot f_c t)$$

利用一個低通濾波器(Low Pass Filter；LPF)濾掉高頻部分 $\frac{1}{2} \cdot s(t) \cdot \cos(4\pi \cdot f_c\, t)$，可得到原基頻信號 $\frac{1}{2} s(t)$。

而由圖 3.17 可以清楚看出來，信號 $s(t)$ 經過頻率為 f_c 的載波作 DSB-SC 調變後，能夠被解調回原信號的條件是 $f_c > 2\, f_m$(為什麼？)。因此訊息信號 $s(t)$ 相對於載波信號 $\cos(2\pi f_c\, t)$ 而言，其變化是緩慢的。

我們經常利用一個同調檢波(coherent detection)電路，將 DSB-SC 信號 $\phi_{\text{DSB-SC}}(t)$ 中的基頻信號 $s(t)$ 恢復出來。其步驟為先將 $\phi_{\text{DSB-SC}}(t)$ 乘以一個本地振盪的正弦波，再將此乘積通過低通濾波器(LPF)如圖 3.17。若本地振盪的正弦波在頻率和相位上，都與用來產生 $\phi_{\text{DSB-SC}}(t)$ 的載波信號 $s_c(t)$ 完全同步(synchronization，亦稱為同調(coherent))，則可解調出原信號 $\frac{1}{2} s(t)$。

在圖 3.18 中，我們假設本地振盪器產生一個和原載波信號 $s_c(t)$ 有一些微相角差 ϕ 的正弦波。

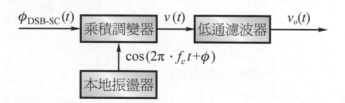

圖 **3.18** 同調檢波發生不同步的狀況

$$\therefore \quad v(t) = \phi_{\text{DSB-SC}}(t) \cdot \cos(2\pi \cdot f_c\, t + \phi)$$

$$= s(t) \cdot \cos(2\pi \cdot f_c\, t) \cdot \cos(2\pi \cdot f_c\, t + \phi)$$

$$= s(t) \cdot \left[\frac{1}{2}\cos(\phi) + \frac{1}{2}\cos(4\pi \cdot f_c\, t + \phi) \right]$$

假如低通濾波器的截止頻率高於 f_m(∵ $s(t)$ 可以通過)且低於 $2f_c - f_m$ (∵ $s(t) \cdot \cos(4\pi \cdot f_c\, t + \phi)$ 無法通過)則濾波器的輸出為

$$v_0(t) = \frac{1}{2} s(t) \cdot \cos(\phi)$$

解調出來的信號$v_0(t)$之振幅在$\phi = 0$時最大，可得$\frac{1}{2}s(t)$，而在$\phi = 90°$時無法得到$v_0(t)$信號，因此在$\phi = \pm\frac{\pi}{2}$時並無法輸出解調信號，稱為同調檢波器(coherent detector)的**正交空效應**(quadrature null effect)。由於還原出來的波形與$s(t)\cos\phi$成正比，除非ϕ保持為不變，否則當ϕ隨時間不斷漂動時，還原出來的信號就會忽強忽弱。

另外，假設振盪信號和原載波信號的頻率不是剛好相等，而是相差Δf。此時解調出來的信號將與$s(t)\cos(2\pi\Delta ft)$成正比(這部分的推論留著當作習題)，其輸出結果為：

$$v_0(t) = \frac{1}{2}s(t) \cdot \cos(2\pi\Delta ft) \tag{3.11}$$

除非$\Delta f = 0$，否則$v_0(t)$不是我們所要回復的原來信號$s(t)$，而是原信號$s(t)$乘上一個低頻正弦波$\cos(2\pi\Delta ft)$，這類似調變的失真將導致不必要且不可接受的結果，在電話或無線電系統中，$\Delta f \leq 30\text{Hz}$被認為是可接受的。

可見接收器的本地振盪信號不論在相位或頻率都必須與發射機中產生DSB-SC信號所用的載波信號完全相同，因此要抑止載波而節省傳輸功率，要付出的代價就是系統需採用較複雜的同步解調(同調檢波)系統。

在上述頻率遷移中，不必一定要用弦波來當作載波信號。只要$s(t)$乘上的是一個頻率為f_c的週期信號，如脈波信號、三角波信號，即可被用來將基頻信號$s(t)$的頻譜作遷移的動作。

頻率遷移的處理又稱為**頻率轉換**(frequency conversion)，**頻率混合**(frequency mixing)或**外差**(heterodyning)。而執行這項操作的系統又稱為**頻率轉換器**(frequency converter)或**混波器**(mixer)，如圖3.19。

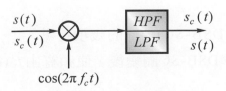

圖 3.19　混波器方塊圖

　　利用混波的特性，我們經常以此用來測試線性放大器的優劣。利用將2kHz
及100Hz的信號混合輸入此放大器，若此放大器有任何非2kHz及100Hz的信
號輸出(尤其是觀測是否有2100Hz或1900Hz的混波信號)，則該放大器存在有
非線性的特性。這種測試稱為**互調測試**(intermodulation test)，經常被用來測
試高傳真(High Fidelity；Hi-Fi)音響設備。

　　前面提到的一些乘法器及混波器乃是將 2 個信號輸入而輸出一個相乘值的
元件，但事實上沒有一個元件只產生一個乘積結果，相反的，由於元件的非線
性特性，它們不只產生乘積項，至少還輸出這 2 個原輸入信號。假設輸入
$s(t)$和$s_c(t)$，則這些乘法器或混波器將至少輸出$s(t) \cdot s_c(t)$與$s(t)$及$s_c(t)$三項信號，
整體而言，現有乘法器或混波器乃產生載波及上、下旁波帶信號，而這結果就
是一個 AM 信號。有時候，我們很需要一個只單純輸出乘積項的乘法器，而這
就是一個DSB-SC調變。要完成上述的要求，一個平衡調變器(balanced modulator)
經常在通訊系統中使用，其結構如圖 3.20。

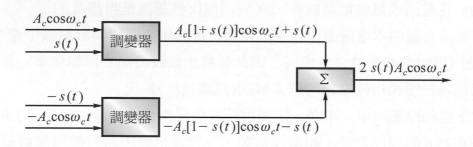

圖 3.20　平衡調變器結構圖

　　在平衡調變器的電路實作方面，常用到的有截波調變器(chopper modulator)
及雙平衡環式調變器(double-balanced ring modulator)。至於經常用到的各種
AM調變器有平方律調變器(square-law modulator)及分段線性調變器(piecewise
linear modulator)等。

　　雙旁波帶抑制載波(DSB-SC)調變的幾項特點：

1.　和DSB-LC相同，DSB-SC調變後，使頻寬由f_m (基頻信號)變成$2f_m$ (DSB-
　　SC 信號)。

2.　DSB-SC比DSB-LC減少載波功率的浪費。

3. 由於調變信號 $s(t)$ 是實數信號，故 $S(f)$ 對稱於 $f = 0$，而經過 DSB-SC 調變後，上下邊帶對稱於 $f = f_c$。

4. DSB-SC的解調無法採用二極體檢波器等簡單電路，必須採用較複雜的同調檢波方式。

3.5 ◣ 單旁波帶調變(Single SideBand；SSB)

無論是 DSB-LC 或是 DSB-SC 信號，雙旁波帶調變(Double SideBand；DSB)所佔用的頻寬為基頻信號頻寬 f_m 的 2 倍，如圖 3.21。但是由於任何實數信號的頻譜密度一定是對稱性，因此，很自然的只要傳送雙旁波帶(DSB)的一半頻寬(即上邊帶或是下邊帶)，就已包含了相關信號的所有訊息了，這就是**單旁波帶調變**(Single SideBand；SSB)的基本精神。

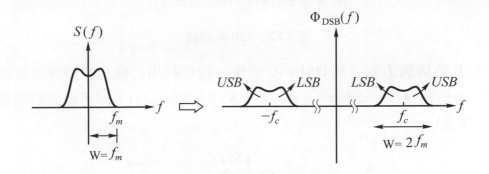

圖 3.21 雙旁波帶(DSB)信號頻譜圖

從圖3.21中DSB信號的頻譜我們發現：

1. 由於原始基頻信號 $s(t)$ 是實數信號，因此其頻譜對稱於 0 點。

2. 由於DSB調變是將基頻信號 $s(t)$ 乘上 $\cos(2\pi \cdot f_c t)$。等於是將 $S(f)$ 頻譜向左向右移動 f_c，因此 $s(t)$ 的DSB調變後頻譜波形不變，且上邊帶(Upper SideBand；USB)和下邊帶(Lower SideBand；LSB)對稱於載波頻率 f_c。

若我們使用一個具有非常陡峭截止頻率特性(截止頻率在 f_c)的帶通濾波器(bandpass filter)來排除 f_c 以下的頻率(下邊帶)而接受 f_c 以上的頻率(上邊帶)則我們可以得到一個單旁波帶調變(Single SideBand；SSB)信號，如圖 3.22：

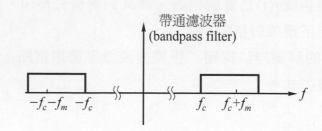

(a) 一個非常陡峭的帶通濾波用來拒斥 f_c 以下的頻率

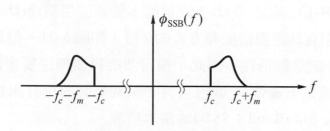

(b) 單旁波帶(SSB)信號頻譜圖形

圖 3.22　SSB 頻譜圖

在 SSB 的解調方面，和 DSB-SC 很像，我們利用一個和調變時的載波信號 "同調" 的信號 $s_c(t) = \cos(2\pi \cdot f_c t)$，乘上 SSB 信號 $\phi_{SSB}(t)$，即可得到原始基頻信號，如圖 3.23：

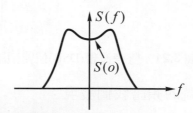

(a) 原始基頻信號 $s(t)$ 的頻譜圖形 $S(f)$。

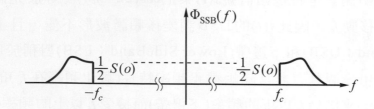

(b) SSB 調變後 $\phi_{SSB}(t)$ 的頻譜圖形。

圖 3.23　SSB 信號的解調

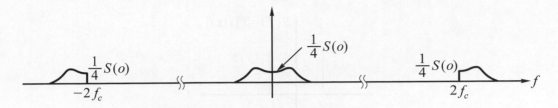

(c) 將 SSB 信號 $\phi_{SSB}(t)$ 乘上同調載波 $\cos(2\pi \cdot f_c t)$ 後，
　　可得原基頻頻譜及高頻($2f_c$)上邊帶。

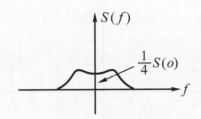

(d) 利用一低通濾波器(LPF)將基頻信號保留下來。

圖 3.23 SSB 信號的解調(續)

調變／解調的方塊圖如下：

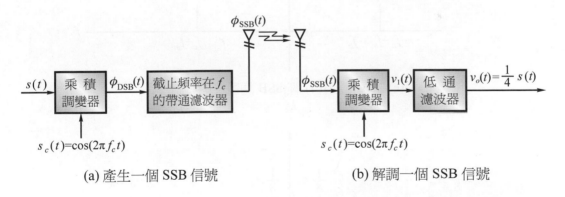

(a) 產生一個 SSB 信號　　　　　　(b) 解調一個 SSB 信號

圖 3.24 SSB 調變／解調方塊圖

SSB 解調原理和 DSB-SC 很接近，只不過我們需要利用一陡峭的帶通濾波器，削掉了 DSB 信號的下邊帶(LSB)。

利用一個 $s(t) = A_m \cos(2\pi \cdot f_m t)$ 的正弦基頻信號說明 SSB 的數學基礎：

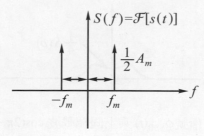

(a) 正弦基頻信號 $s(t)=A_m\cos(2\pi f_m t)$ 的頻譜 $S(f)$

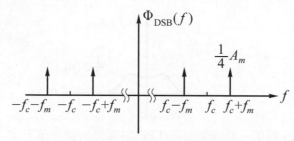

(b) $s(t)$ 信號經 DSB-SC 調變後頻譜

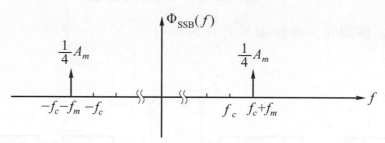

(c) 基頻信號 $s(t)$ 經 SSB 調變後的頻譜

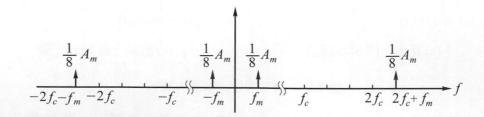

(d) SSB 信號 $\phi_{\text{SSB}}(t)$ 乘上載波信號 $s_c(t)$

圖 **3.25** 正弦基頻信號的 SSB 調變／解調過程

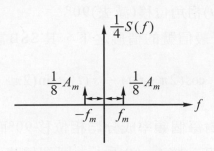

(e) 濾掉高頻而得原基頻信號

圖 **3.25**　正弦基頻信號的 SSB 調變／解調過程(續)

在圖 3.25(a)中，基頻信號 $s(t) = A_m \cos(2\pi \cdot f_m t)$ 的頻譜為

$$S(f) = \frac{1}{2} A_m [\delta(f - f_m) + \delta(f + f_m)]$$

在圖 3.25(b)中，將基頻信號 $s(t)$ 乘上載波信號 $s_c(t) = \cos(2\pi \cdot f_c t)$ 以產生 $\phi_{DSB-SC}(t) = s(t) \cdot s_c(t)$，其頻譜為：

$$\Phi_{DSB-SC}(f) = \mathcal{F}[s(t) \cdot s_c(t)]$$

$$= \frac{1}{4} A_m [\delta(f - (f_c + f_m)) + \delta(f - (f_c - f_m))]$$

$$+ \frac{1}{4} A_m [\delta(f + (f_c + f_m)) + \delta(f + (f_c - f_m))] \qquad (3.12)$$

在圖 3.25(c)中利用帶通濾波器削去下邊帶

$$\therefore \quad \Phi_{SSB}(f) = \frac{1}{4} A_m [\delta(f - (f_c + f_m))] + \frac{1}{4} A_m [\delta(f + (f_c + f_m))]$$

$$\qquad (3.13)$$

$$\therefore \quad \phi_{SSB}(t) = \mathcal{F}^{-1}[\Phi_{SSB}(f)] = \frac{1}{4} A_m [e^{j2\pi(f_c + f_m)t} + e^{-j2\pi(f_c + f_m)t}]$$

$$= \frac{1}{2} A_m \cos(2\pi(f_c + f_m)t)$$

$$= \frac{1}{2} A_m [\cos(2\pi \cdot f_m t)\cos(2\pi \cdot f_c t)$$

$$- \sin(2\pi \cdot f_m t)\sin(2\pi \cdot f_c t)]$$

$$= \frac{1}{2}[s(t)\cos(2\pi f_c t) - \hat{s}(t)\sin(2\pi f_c t)] \qquad (3.14)$$

其中$\hat{s}(t)$為原信號$s(t)$相角位移(減去)$90°$

所以若基頻信號是一般信號的情形之下,其SSB調變信號為

$$\phi_{SSB}(t) = \frac{1}{2}[s(t) \cdot \cos(2\pi \cdot f_c\,t) - \hat{s}(t) \cdot \sin(2\pi \cdot f_c\,t)] \qquad (3.15)$$

其中$\hat{s}(t)$是基頻信號$s(t)$對每個頻率成分均相位移$90°$而得。

圖3.25(d)為對SSB解調時,將$\phi_{SSB}(t)$乘上一同調信號$s_c(t) = \cos(2\pi \cdot f_c\,t)$可得:

$$v_1(t) = \frac{1}{2}A_m \cdot \cos(2\pi \cdot f_m\,t) \cdot \cos^2(2\pi \cdot f_c\,t)$$

$$- \frac{1}{2}A_m \cdot \sin(2\pi \cdot f_m\,t) \cdot \sin(2\pi \cdot f_c\,t)\cos(2\pi \cdot f_c\,t)$$

$$= \frac{1}{2}A_m \cdot \cos(2\pi \cdot f_m\,t) \cdot \frac{1}{2} \cdot (1 + \cos(2\pi \cdot 2f_c\,t))$$

$$- \frac{1}{2}A_m \cdot \sin(2\pi \cdot f_m\,t) \cdot \frac{1}{2} \cdot \sin(2\pi \cdot 2f_c\,t) \qquad (3.16)$$

圖3.25(e)中利用一低通濾波器,將高頻部分$(2f_c)$濾掉而得$v_0(t)$

$$v_0(t) = \frac{1}{4}A_m\cos(2\pi \cdot f_m\,t) = \frac{1}{4}s(t)$$

對一般的基頻信號的SSB調變／解調亦是如此

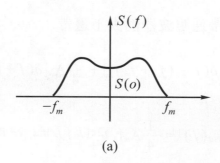

(a)

圖 **3.26** 一般基頻信號的SSB調變／解調過程

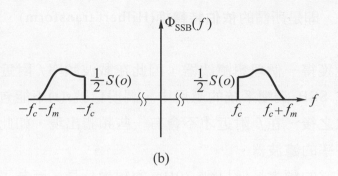

(b)

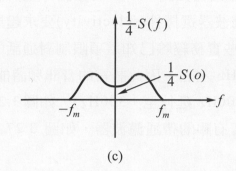

(c)

圖 3.26　一般基頻信號的 SSB 調變／解調過程(續)

圖 3.26 的說明如下：

1. 一般基頻信號 $s(t)$ 的頻譜，如圖 3.26(a)所示。

2. SSB 信號 $\phi_{\text{SSB}}(t) = \dfrac{1}{2}\left[s(t) \cdot \cos(2\pi \cdot f_c\, t) - \hat{s}(t) \cdot \sin(2\pi \cdot f_c\, t)\right]$ 的頻譜為 $\Phi_{\text{SSB}}(f) = \mathcal{F}[\phi_{\text{SSB}}(t)]$ 如圖 3.26(b)。

3. 將 $\phi_{\text{SSB}}(t)$ 乘上同調信號 $\cos(2\pi \cdot f_c\, t)$，可得

$$\phi_{\text{SSB}}(t) \cdot \cos(2\pi \cdot f_c\, t)$$

$$= \frac{1}{2}\left[s(t) \cdot \frac{1}{2}(1 + \cos(2\pi \cdot 2f_c\, t) - \hat{s}(t) \cdot \frac{1}{2} \cdot \sin(2\pi \cdot 2f_c\, t)\right]$$

並利用低通濾波器除去高頻部分，$\therefore v_0(t) = s(t) \cdot \dfrac{1}{4}$，如圖 3.26(c)。

最後，在 SSB 調變中，經常要將信號 $s(t)$ 作 $90°$ 相位移以得到 $\hat{s}(t)$，我們常利用到下式：由 $S(f) = \mathcal{F}(s(t))$，$\hat{S}(f) = \mathcal{F}(\hat{s}(t))$

$$\hat{S}(f) = \begin{cases} -jS(f) & f > 0 \\ jS(f) & f < 0 \end{cases} = -jS(f) \cdot sgn(f) \tag{3.17}$$

$$\therefore \hat{s}(t) = \mathcal{F}^{-1}(\hat{S}(f))$$

上式的定義，即是所謂的**依伯特轉換**(Hilbert transform)，即$\hat{s}(t)$是信號$s(t)$的依伯特轉換。

因為不可能獲得一個理想濾波器，因此在載波頻率f_c附近無法陡峭地濾去下邊帶。所以在 SSB 調變系統的應用中，調變信號$s(t)$不能包含"有意義的低頻成分"。調變之後，在f_c附近才不會有一些頻譜出現，如此才可以允許系統使用較不陡峭斜率的濾波器。

幸好人類語言的頻率最低只到 70Hz 的頻譜分量。而為了減輕在單旁波帶(SSB)系統中對於帶通濾波器選擇性(selectivity)要求起見，通常將低頻極限設在300Hz 左右，經過一些實務經驗已知這項限制對通話的清晰性並無影響。同樣地，高頻極限設在3kHz 左右。因此語言的音訊頻譜能在低頻有一間隙(gap)約為600Hz 寬(即由－300Hz 延伸至＋300Hz)，如圖 3.27。因此我們可以用一個頻率響應與載波頻率f_c有關的帶通濾波器，如圖 3.27，來產生含有上邊帶的SSB 信號。

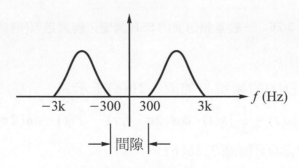

(a) 人聲的基本頻譜圖

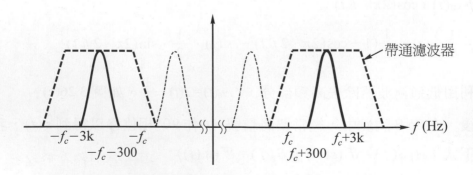

(b) 經過帶通濾波器的 SSB 信號

圖 3.27 人聲信號及其 SSB 調變示意圖

和 DSB 系統比較起來：

1. SSB 所需的頻寬僅為 DSB 系統的 1/2。故 SSB 的雜訊功率亦為 DSB 系統的 1/2 以下。

2. 由於 SSB 所需的頻寬較小，頻率使用效率較好，因此 SSB 多利用能以電離層反射的短波(HF)來作遠距離通訊。

3. 以發射功率而言，SSB 所發射的功率僅為 DSB-SC 的一半。而 DSB-SC 所需功率是百分之百調變下 DSB-LC 的 1/3(即 $\frac{1}{2}:\left(1+\frac{1}{2}\right)=1:3$)。

4. 不同頻率信號經過傳輸介質後，會有不同的接收電場強度，這種變化稱為**選擇性衰落**(selectivity fading)，在 DSB 傳輸方面，兩個旁波帶與載波通過傳輸介質會因不同路徑的傳遞而有不同程度的損失。由於 SSB 所需頻寬僅為 DSB 的 1/2，因此這種影響亦少 1/2。

5. 由於 SSB 在調變時才發射信號，不像 DSB-LC 無論有無調變均發射功率(沒有基頻信號時，仍會發射載波信號)。因此 SSB 功率效率較高。

6. 解調時，SSB 需有同步的本地振盪器，因此若本地振盪頻率不準則接收的失真率會增加，所以 SSB 所需的硬體線路較複雜。

7. SSB 無法以 DSB-LC 的包線檢波電路解調，通訊隱私性較高。

由於單旁波帶(SSB)較雙旁波帶(DSB)減少一半頻寬。因此單旁波帶調變系統經常是被使用在需要節省功率的應用領域及通訊頻寬的使用需要額外付費的情形。如陸上、海上、空中的汽車、船舶及飛機的移動通訊、無線電導航、業餘無線電台等。

美國聯邦通訊委員會(Federal Communications Commission；FCC)並於 1977 年規定，2～30MHz 內的通信傳輸必需採用 SSB 方式，以節省頻寬利用。SSB 的特點就是系統設備比較昂貴，因為系統對電壓調節、穩定性、可靠度及振盪頻率的要求相當嚴格，否則容易造成失真現象。SSB 有一個重要的特色是：在 DSB-SC 系統中常用平方電路還原已調變載波信號中的頻率及相位資料，但是在 SSB 中無法使用。明顯可見的，SSB 調變中一項主要困難在於必須為接收機提供一個準確的同步載波。

另外，在軍事通信中經常使用 "獨立旁波帶"(Independent SideBand；ISB)系統。它包括兩個獨立旁波帶，而每一旁波帶卻承載著不同的情報訊息，也是 SSB 系統發展的應用。

　　對 SSB 和 DSB-SC 系統而言，解調所需的本地振盪信號需要和原載波信號同步，若沒有同步將會產生極大的問題。但兩者缺乏同步的情形卻不相同，以基頻信號為正弦波而言：

$$s(t) = A_m \cos(2\pi \cdot f_m t)$$

$$\phi_{\text{DSB-SC}}(t) = \frac{A_m}{2}[\cos(2\pi(f_c + f_m)t) + \cos(2\pi(f_c - f_m)t)] \tag{3.18}$$

$$\phi_{\text{SSB}}(t) = \frac{A_m}{2}[\cos(2\pi \cdot f_m t)\cos(2\pi \cdot f_c t) - \sin(2\pi \cdot f_m t)\sin(2\pi \cdot f_c t)]$$

$$= \frac{A_m}{2}\cos(2\pi(f_c + f_m)t) \tag{3.19}$$

　　假設本地振盪信號有一小的頻率誤差 Δf 及相位誤差 $\Delta \theta$，則對 DSB-SC 的解調而言：

　　將　$\phi_{\text{DSB-SC}}(t)$ 乘上 $\cos(2\pi(f_c + \Delta f)t) + \Delta \theta)$ 可得

$$v_1(t) = \frac{A_m}{2}[\cos(2\pi(f_c + f_m)t) + \cos(2\pi(f_c - f_m)t)]$$

$$\cdot \cos(2\pi(f_c + \Delta f)t + \Delta \theta)$$

$$= \frac{A_m}{2}\left[\frac{1}{2}\cos(2\pi(f_m - \Delta f)t - \Delta \theta) \right.$$

$$+ \frac{1}{2}\cos(2\pi(2f_c + f_m + \Delta f)t + \Delta \theta)$$

$$+ \frac{1}{2}\cos(2\pi(f_m + \Delta f)t + \Delta \theta)$$

$$\left. + \frac{1}{2}\cos(2\pi(2f_c - f_m + \Delta f)t + \Delta \theta) \right] \tag{3.20}$$

經過低通濾波器後可得

$$v_0(t) = \frac{A_m}{4}[\cos(2\pi(f_m - \Delta f)t - \Delta \theta) + \cos(2\pi(f_m + \Delta f)t + \Delta \theta)]$$

$$= \frac{A_m}{2} \cdot \cos(2\pi \cdot f_m t) \cdot \cos(2\pi \Delta f \cdot t + \Delta \theta) \tag{3.21}$$

而對 SSB 的解調而言：

將 $\phi_{SSB}(t)$ 乘上 $\cos(2\pi(f_c + \Delta f)t + \Delta\theta)$ 可得

$$v_1(t) = \frac{A_m}{2} \cdot \cos(2\pi(f_c + f_m)t) \cdot \cos(2\pi(f_c + \Delta f)t + \Delta\theta)$$

$$= \frac{A_m}{2} \cdot \frac{1}{2} \cdot [\cos(2\pi(f_m - \Delta f)t - \Delta\theta)$$

$$+ \cos(2\pi(2f_c + f_m + \Delta f)t + \Delta\theta)] \tag{3.22}$$

經過低通濾波器之後可得

$$v_0(t) = \frac{A_m}{2} \cdot \frac{1}{2} \cdot \cos(2\pi \cdot (f_m - \Delta f)t - \Delta\theta) \tag{3.23}$$

比較式(3.21)和式(3.23)。對於沒有達到同步的本地振盪信號：

DSB-SC 解調出來的信號為：

$$\left[\frac{A_m}{2} \cdot \cos(2\pi \cdot f_m t)\right] \cdot \cos(2\pi\Delta f \cdot t + \Delta\theta)$$

SSB 解調出來的信號為：

$$\frac{1}{2} \cdot \frac{A_m}{2} \cdot \cos(2\pi \cdot (f_m - \Delta f)t - \Delta\theta)$$

以下我們討論一下這兩種因不同步而解調出來的信號：

1.　假設 $\Delta f = 0$，$\Delta\theta \neq 0$，即本地振盪有一小小的相角誤差。對 DSB-SC 的系統而言，解調出來的信號和原基頻信號只相差一個振幅衰減(若 $\Delta\theta \neq 90°$)，對於原信號重現而言沒有太大影響。而對 SSB 的系統而，解調出來的信號和原基頻信號相差一個相位差 $\Delta\theta$，兩種情形並不相同。所幸，當 SSB 被用來傳輸人聲或是音樂時，這種相角的失真(phase distortion)尚不至於產生重大的影響，因為人的耳朵對於相角的失真似乎並不靈敏，可是對其他資料信號—尤其是數位信號，這種失真限制了 SSB 系統的使用。例如，在影像資料的應用，SSB 就不適用。

2.　假設 $\Delta f \neq 0$，$\Delta\theta = 0$，即本地振盪器有一小小的頻率失真。對 DSB-SC 系統而言，解調出來的信號為原基頻信號乘上一低頻(Δf)的正弦波。這個基頻信號 $\cos(2\pi \cdot f_m t)$ 的振幅，以 $\cos(2\pi\Delta f \cdot t)$ 的變化率在變動，這個情形有些類似$\cos(2\pi\Delta f \cdot t)$調變了$\cos(2\pi f_m t)$，這將導致一不必要且不可接受的失真。而對SSB系統而言，解調出來的信號為頻率偏移了Δf的原基頻信號。

在SSB解調中，若原基頻信號頻率偏移了Δf，且這項頻率誤差和基頻信號本身的頻率成正比，即$\Delta f \propto f_m$，則聽起來的信號就會像原基頻信號一樣，只是音調較高或較低，這失真引起唐老鴨效應。但若是頻率誤差是固定的，所以原基頻信號中各頻率分量的關係，在解調後不再具有原來的關係。這種頻率偏差將影響通話品質的清晰程度，在音樂方面是不能忍受的。由經驗上知道Δf為30Hz的誤差對人耳而言是可以接受的範圍。

當頻率誤差$\Delta f \approx$基頻信號的頻寬f_m時，我們發現這系統變成頻譜反相器，高低頻的頻譜成分被互相交換如圖3.28。所有的信號能量仍存在但已重新安排，這種頻譜倒轉，使得原音無法辨認的原理可被應用在語音頻率擾亂(speech scramblers)上，以確保通訊保密。

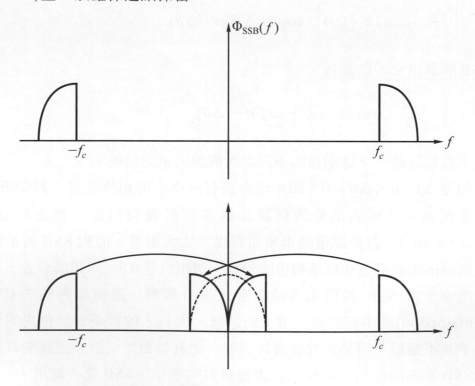

圖 3.28　SSB 的擾頻原理

由前面的描述可知頻率誤差Δf和相位誤差$\Delta\theta$導致信號的解調無法完成，因此必須使用精確的同步振盪器將"已調變信號$\phi_{SSB}(t)$"回復成原來的基頻信號

$s(t)$。我們稱之為**同步檢波**(synchronous detection)或**同調檢波**(coherent detection)。由於要求載波之間頻率偏差 Δf 必須保持很小，這點對通訊系統的本地振盪器要求非常嚴格，因為假定我們規定 Δf 要保持 10Hz 以下，同時我們的系統使用的載波頻率是 10MHz 的話，本地振盪器的頻率偏差就不能超過百萬分之一。有一種人為調節方式以減少單旁波帶(SSB)接收的頻率偏差，操作者調整接收機的載波頻率，直到收到聽起來"正常"為止。有經驗的操作者可以正確地將頻率偏差調到 10 ~ 20Hz 之內。

當載波頻率很高時，即使石英晶體振盪器都難以維持適當的穩定性，另有一種解決之道是將載波本身和 SSB 信號一起傳送過，在接收端可以用一個濾波器將載波分離出來而當作本地載波同步信號之用。這種調變方式又稱單旁波帶大載波(SSB-LC)，而作為這種同步之用的載波又被稱為**嚮導載波**(pilot carrier)。

3.6　殘邊帶調變(Vestigial SideBand；VSB)

在基頻信號頻寬很寬，或是基頻信號有不能夠忽略的低頻成分時，例如影像信號，產生 SSB 信號可能有困難，而若不想用浪費 2 倍頻寬的 DSB 調變時，殘邊帶調變(VSB)可以說是 SSB 與 DSB 間的折衷方案。殘邊帶(VSB)調變中，其一個邊帶(上邊帶(LSB))幾乎完全通過，而另一個邊帶只有一點點殘跡通過。因此其需要的通道頻帶寬比信號頻寬多了這麼一點點的殘邊。這種調變方式適合寬頻信號的傳輸，如含有大量極低頻的電視信號。

VSB 不像 SSB 嚴格抑止下邊帶，VSB 允許殘留部分的下邊帶，圖 3.29 顯示基頻信號及相對應的 DSB，SSB 及 VSB 信號的頻譜。

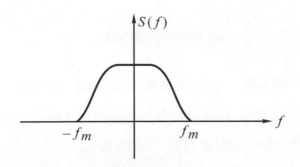

(a) 原基頻信號頻譜

圖 3.29　三種不同調變方式的頻寬比較

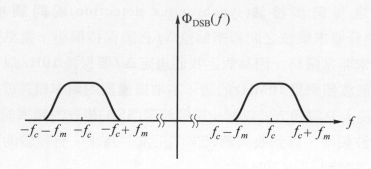

(b) 雙旁波帶調變(DSB)

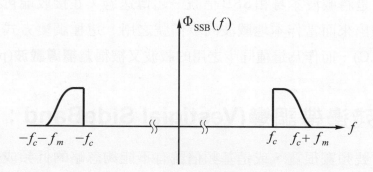

(c) 單旁波帶調變(SSB)

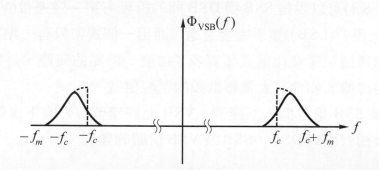

(d) 殘邊帶調變(VSB)

圖 3.29　三種不同調變方式的頻寬比較(續)

　　為了要將 VSB 信號忠實的解調回來，要求 VSB 所使用的濾波器 (我們稱它為整形濾波器)如圖 3.30，必須要有如下式的特性：

$$H_v(f - f_c) + H_v(f + f_c) = K，K 是一常數$$

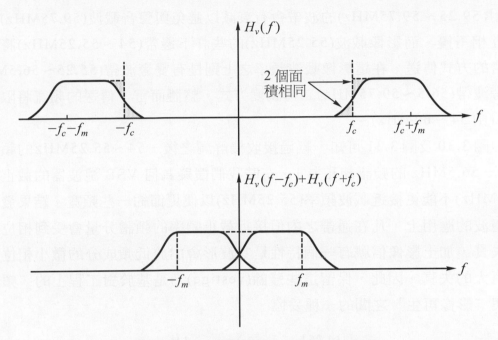

圖 3.30　殘邊帶所需的整形濾波器特性

　　由於 VSB 將$\Phi_{VSB}(f)$遷移、濾波後的頻譜和恰好與原基頻信號頻譜相同(如圖 3.30)，因此基頻信號可恢復回來。和 SSB 相同的，要將 VSB 的調變信號$\Phi_{VSB}(f)$解調回來只要將上下兩個殘邊帶遷移到中央(如圖 3.30)即可，所以 VSB 的解調和 SSB 的解調都可採用同步解調，但是 VSB 所需的頻寬會比 SSB 大，約多 25 %。

　　殘邊帶調變 VSB 有利於電視廣播系統的視頻部分，在電視傳輸上，每送 525 線的一個視頻畫面需 1/30 秒(即每秒 15,750 線的水平掃描頻率)。為了時間上的再掃描及同步，這需要 4.5MHz 的最小視頻頻寬以傳送畫面。典型視頻的頻譜不是均勻的，而是偏重於低頻部分，若採用 DSB 調變需要浪費 9MHz 的頻寬，採用 VSB 調變可減少所需的視頻頻寬至大約 5MHz，而一般北美所用的電視廣播頻道寬為 6MHz。這樣的頻寬不僅符合 VSB 調變視訊信號的要求，同時也可以容納了使用個別載波的音訊信號。圖 3.31 說明了電視信號傳輸之理想頻譜及 VSB 整形濾波器的頻率響應，除了視訊頻譜(54MHz ～ 59.75MHz)外，電視的聲音載波位於 59.75MHz 且是利用 FM 調變，聲音載波兩側各 100kHz 的頻率範圍可供聲音的旁波帶使用。原基頻信號的上邊帶(55.25 ～ 59.75MHz)的 4.5MHz 中，VSB 濾波器允許 56.5 ～ 59.25MHz 可以無衰減地傳送出去，在這以上(由 59.25～59.75MHz)的波帶會有衰減以避免與聲音載波(59.75MHz)的下邊帶互相干擾。而影像載波(55.25MHz)的些許下邊帶(54～55.25MHz)將以雙旁波帶的方式傳送，在這影像載波頻率之上則是有雙旁波帶(55.25～56.5MHz)及單旁波帶(56.5～59.75MHz)二種調變方式。整體而言，傳送的頻寬將限制在6MHz(由 54～60MHz)。

　　由圖 3.30 及圖 3.31 可知，經過接收機解調之後，54～55.25MHz 的頻譜及55.25～56.5MHz 的頻譜總和為 1。有時我們懷疑為何 VSB 濾波器的截止頻率(即 54MHz)不能更接近載波頻率(55.25MHz)以便更節約一些頻寬。結果發現在真實濾波的應用上，凡在通帶之內但接近截止頻率的頻譜分量會受到相位移而產生失真，加上影像信號有一個特性是其波形會由於低頻成分的微小相位移而產生巨大的失真。因此，保留這些殘餘(vestige)乃是基於對工程上的"頻寬節約"與"影像再生"之間的一種妥協。

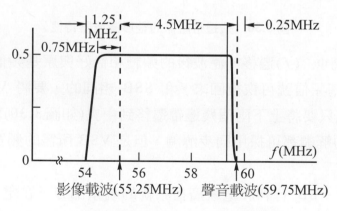

(a)電視傳輸信號之理想化振幅頻譜

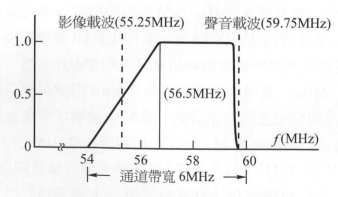

(b)接收器中 VSB 整形濾波器之頻率響應

圖 3.31 視訊系統的頻譜及 VSB 濾波器的頻率響應

　　現代數位壓縮碼技術的進步，促成了數位電視的實現。數位電視將影像聲音信號編成一串資料，使得 VSB 調變信號的頻譜在 54.5MHz 下降地更陡峭，更趨近圖 3.31(a)的理想化頻譜。

3.7　分頻多工(Frequency Division Multiplexing；FDM)

　　由於頻率遷移的可行性，我們可以將不同訊息的基頻信號遷移到頻譜上的不同位置上去，以達成多個信號同時在同一時間、同一條通道傳輸的目的。

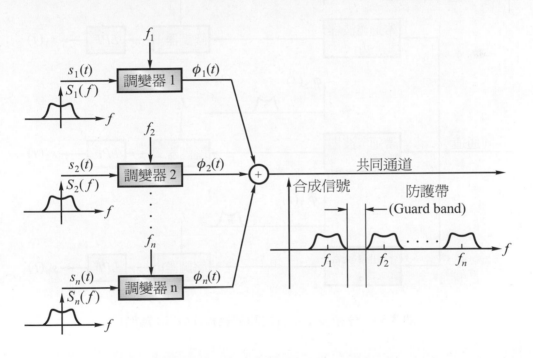

圖 3.32　頻率多工的發射端(此處以 DSB 系統為例)

　　如圖 3.32 所示，各個基頻信號 $s_1(t)$，$s_2(t)$，$\cdots s_n(t)$，每個信號的頻寬都限制在 f_m 以下，對不同的基頻信號 $s_i(t)$，送往不同載波頻率 f_i 的調變器。如此各個調變器會將基頻信號遷移到各自的載波頻率上以當作輸出，載波頻率的選擇必須保証彼此之間的頻譜不會互相重疊。事實上為了使各信號能夠區隔開來，各載波頻寬之間尚須留下一段頻帶空隙，稱之為**防護帶**(guard band)。

在接收端，收到合成信號後加入一組帶通濾波器，其頻寬設在 f_1，f_2，⋯，f_n 處，每個帶通濾波器 f_i 只讓已調變信號 $\phi_i(t)$ 通過。再將這些信號送到個別的解調器上，從中解調出個別的基頻信號來。要注意的是只有做同步解調時，解調器才需要輸入載波，否則是不需要載波的。圖 3.33 顯示多工的解調過程。最後一個動作是將解調後的輸出送往一個基頻濾波器，其為低通且截止頻率設在 f_m，這個低通濾波器在二極體檢波電路中是用來將基頻信號作 "平滑化" 的動作，在同步檢波中則是用來濾除高頻的複製信號。

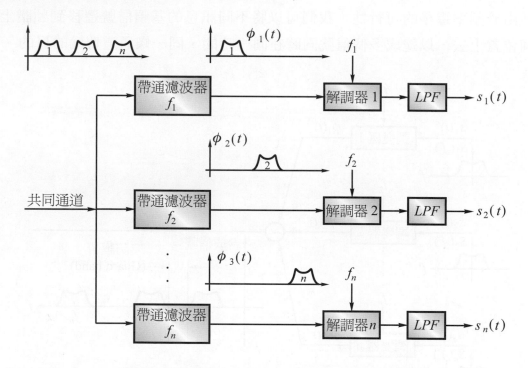

圖 3.33　分頻多工系統之解調過程(以 DSB 為例)

例題 4

以 AM 調變為例，若要在 500k～1000k 的頻道中設立 AM 電台，問最多可設立幾個電台？若聲音頻寬設為 4kHz，防護帶為 2kHz。繪出共同通道的頻道使用圖。

答：AM調變後每個聲音信號將佔據 4k × 2 = 8kHz，加上防護帶 2k，∴每個電
台將佔掉 2k + 8k = 10k

∴(1000k − 500k)/10k = 50 個電台

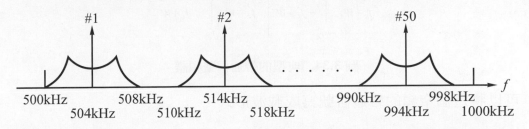

3.8 帶通傳輸分析(bandpass Transmission)

　　瞭解了調變的精神就是作頻率遷移之後，我們知道：大部分的訊息資訊被
視為低頻的信號，這些信號又叫作低通信號(Lowpass signal)。當我們為了傳輸
上的理由將它們遷移到不同的高頻頻段，並以載波傳送出去時，對這些載波信
號而言，它們都是存在於某個小頻段的帶通信號(bandpass signal)。就像 3.7 節
分頻多工所描述的，每對傳送／接收系統都只處理它們所分配的頻段信號(例如
$f_\ell \sim f_u$)，因此它們需要的帶通濾波器、射頻放大器等電路元件都必須工作於
$f_\ell \sim f_u$ 頻段。這些工作於某特定頻帶(bandpass)的信號與傳輸系統和工作於基
頻段(lowpass)的系統，它們的原理並無不同，只不過由於分析理論上的需要，
對於帶通系統與信號而言，因為含有一個載波的頻率f_c，所以分析描述比較麻
煩。例如如何描述一個 SSB 的帶通信號ϕ_{SSB}？一般要分析一個帶通傳輸，我們
常常先將帶通(bandpass)系統類比作低通(Lowpass)系統，這是因為低通的系統
與信號比較容易描述與分析，等到等效的低通系統分析完畢，再將低通系統所
得的低通信號類比回帶通系統。簡言之，作帶通傳輸／信號的分析，就是要找
出其等效低通傳輸／信號。

　　假設對一個帶通信號(bandpass signal) $s_{BP}(t)$ 而言，其特性是該信號的頻譜
只局限於f_c附近的頻寬 W 之內，如圖 3.34，若載波中心頻率$f_c \gg 2W$
，則稱這個帶通信號是一個窄頻信號(narrow band signal)。

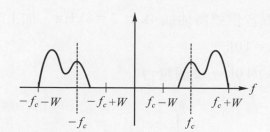

$$圖 3.34 \quad 典型的帶通信號頻譜$$

可以將這個窄頻的帶通信號寫成載波形式：

$$s_{BP}(t) = A_c(t)\cos(2\pi f_c t + \phi(t)) \tag{3.24}$$

其中 $A_c(t)$ 是帶通信號(載波)的包線(envelope)，f_c 是載波的頻率，$\phi(t)$ 為載波的相位角。

式(3.24)類似於前面章節所提到的調變載波信號，但在這裡我們要注意：載波(即帶通信號)有相角 $\phi(t)$ 存在，包線(envelope)是一個時變信號，有時也稱 $A_c(t)$ 為自然包線(natural envelope)。由前幾節的調變原理可以看來，低頻(基頻)信號就存在於包線(envelope)上。將式(3.24)展開：

$$\begin{aligned} s_{BP}(t) &= A_c(t)\cos(2\pi f_c t + \phi(t)) \\ &= A_c(t)\cos\phi(t) \cdot \cos(2\pi f_c t) - A_c(t)\sin\phi(t) \cdot \sin(2\pi f_c t) \\ &= v_i(t) \cdot \cos(2\pi f_c t) - v_q(t) \cdot \sin(2\pi f_c t) \end{aligned} \tag{3.25}$$

兩邊取 Fourier Transform：

$$\begin{aligned} s_{BP}(f) &= \frac{1}{2}[V_i(f - f_c) + V_i(f + f_c)] \\ &\quad - \frac{1}{2j}[V_q(f - f_c) - V_q(f + f_c)] \\ &= \frac{1}{2}[V_i(f - f_c) + jV_q(f - f_c)] \\ &\quad + \frac{1}{2}[V_i(f + f_c) - jV_q(f + f_c)] \end{aligned} \tag{3.26}$$

在這其中：

$$v_i(t) = A_c(t)\cos\phi(t) \quad 稱為帶通信號的同相部分(\text{in-phase}) \tag{3.27}$$

$$v_q(t) = A_c(t)\sin\phi(t) \quad 稱為帶通信號的正交部分(\text{quadrature}) \tag{3.28}$$

這對同相－正交信號$(v_i(t)，v_q(t))$是由包線及載波相角所構成的，和載波的頻率f_c無關，可見$v_i(t)$及$v_q(t)$信號是屬於低通的信號(lowpass)。因此一個帶通信號(或想像它是一個已調變信號)可以用包線形式表示：

$$s_{BP}(t) = A_c(t)\cos(2\pi f_c\, t + \phi(t)) \tag{3.29}$$

或是用同相－正交形式表示：

$$s_{BP}(t) = v_i(t)\cos(2\pi f_c\, t) - v_q(t)\sin(2\pi f_c\, t) \tag{3.30}$$

檢視這個帶通信號的頻譜部分：

$$V_i(f) = \mathcal{F}[v_i(t)] \quad 同相信號\ v_i(t)\ 的頻譜 \tag{3.31}$$

$$V_q(f) = \mathcal{F}[v_q(t)] \quad 正交信號\ v_q(t)\ 的頻譜 \tag{3.32}$$

所以在式(3.26)中，$V_i(f - f_c)$ 及 $V_q(f - f_c)$ 表示將低通信號 $v_i(t)$ 及 $v_q(t)$ 的頻譜向後邅移到 f_c 的位置，因此我們說：它是屬於帶通信號的正頻率部分。而 $V_i(f + f_c)$ 及 $V_q(f + f_c)$ 表示將低通信號 $v_i(t)$ 及 $v_q(t)$ 的頻譜向前移到 $-f_c$ 的位置，所以它們屬於帶通信號的負頻率部分。

若我們已知一個帶通信號 $s_{BP}(t)$，可能表示成式(3.29)或者式(3.30)，我們可以輕易求得其 **"等效的低通信號"** $s_{LP}(t)$，

$$s_{LP}(t) \triangleq \frac{1}{2}[v_i(t) + j v_q(t)] = \frac{1}{2}A_c(t)e^{j\phi(t)} \tag{3.33}$$

$$\therefore S_{LP}(f) = \mathcal{F}[s_{LP}(t)] \tag{3.34}$$

<u>從頻譜的角度來看</u>：

若已知帶通信號 $s_{BP}(t)$ 的頻譜 $S_{BP}(f)$，想求得這個帶通信號(bandpass signal)的 **"低通等效頻譜(lowpass equivalent spectrum)"**，即這個低通信號的頻譜波形和帶通信號的正頻率部分的頻譜波形完全相同，其作法是將 $S_{BP}(f)$ 的頻譜向左移 f_c 再利用一個濾波器將其低頻的成分濾出來就可以了，參看圖 3.35。

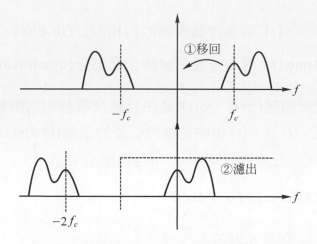

圖 **3.35**　如何將帶通信號轉成低通等效信號

不論是系統或是信號，其原理都是一樣，在此我們用符號 $v(t)／V(f)$ 代替說明。在過程中會使用到帶通(bandpass)→低通(lowpass)轉換及其反轉換，以下就這兩種情形整理說明：

一、由帶通(bandpass)→低通(lowpass)

共可分 3 種情形：

情形 **1**

已知信號(系統)的頻譜(頻率響應)為 $V_{BP}(f)$，則其等效低通信號(系統)的頻譜(頻率響應)為：

$$V_{LP}(f) = V_{BP}(f + f_c) \cdot U(f + f_c) \tag{3.35}$$

若想計算時域信號，則

$$v_{LP}(t) = \mathcal{F}^{-1}[V_{LP}(f)]$$

情形 **2**

若已知信號(系統)的時間函數(脈衝函數) $v_{BP}(t)$ 為包線形式，則其等效低通信號(系統)的求解作法為：

先將函數化成複數型式：

$$v_{BP}(t) = A(t)\cos(2\pi f_c t + \phi(t)) = Re[A(t)e^{j\phi(t)} e^{j2\pi f_c t}] \tag{3.36}$$

則其等效低通信號為：

$$v_{LP}(t) = \frac{1}{2} A(t)\, e^{j\phi(t)} \tag{3.37}$$

若想計算頻譜(頻率響應)，則

$$V_{LP}(f) = \mathcal{F}\left[v_{LP}(t)\right]$$

這些信號之間的關係如圖 3.36 所示

所以我們將一個帶通信號的 "等效低通信號" 的頻譜寫成：

$$S_{LP}(f) \triangleq \underbrace{S_{BP}(f + f_c)}_{\text{移回原點}} \cdot \underbrace{U(f + f_c)}_{\text{濾出低頻部分}} \tag{3.38}$$

∴等效低通信號為

$$s_{LP}(t) \triangleq \mathcal{F}^{-1}\left[S_{LP}(f)\right] = \mathcal{F}^{-1}\left[S_{BP}(f + f_c) \cdot U(f + f_c)\right] \tag{3.39}$$

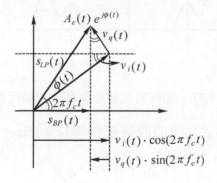

圖 3.36　帶通信號－低通信號關係相量圖

反過來說，若我們已知一個低通信號(lowpass signal)，$s_{LP}(t)$，如何求它的 "等效帶通信號 $s_{BP}(t)$" ？由圖 3.36 及式(3.30)：

$$s_{BP}(t) = v_i(t)\cos(2\pi f_c t) - v_q \sin(2\pi f_c t)$$

$$= Re\left[A_c(t)\, e^{j\phi(t)} \cdot e^{2\pi f_c t}\right]$$

$$= 2Re\left[\frac{1}{2} A_c(t)\, e^{j\phi(t)} \cdot e^{2\pi f_c t}\right]$$

$$= 2Re\left[s_{LP}(t) \cdot e^{j2\pi f_c t}\right] \tag{3.40}$$

　　同樣的，從頻譜的觀點來看，若已知低通信號 $s_{LP}(t)$ 的頻譜 $S_{LP}(f)$，如何求得其 "等效帶通信號" 的頻譜，其作法就是將 $S_{LP}(f)$ 複製一份並遷移到 f_c 位置上(正頻率部分)，另外再將另一個 $S_{LP}(f)$ 移到 $-f_c$ 位置上(負頻率部分)。不過由於正負頻率的對稱問題，必須將負頻率的頻譜予以翻轉，如圖 3.37：

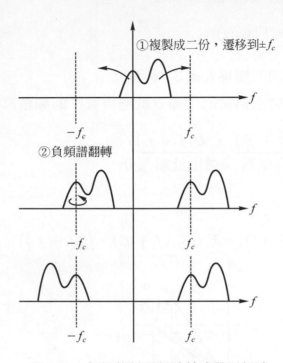

圖 3.37　如何將低通信號轉成帶通信號

其描述式只要直接將式(3.40)取傅氏轉換(Fourier Transform)即可：

$$S_{BP}(f) = \underset{\text{(正頻率部分)}}{S_{LP}(f - f_c)} + \underset{\text{(負頻率部分)}}{S_{LP}^*(-f - f_c)}{}^{註} \tag{3.41}$$

若這個低頻信號是一個實數信號，即 $s_{LP}(t) \in R$，則只作頻譜的上下遷移即可。

$$S_{BP}(f) = \underset{\text{(遷移到 } f_c)}{S_{LP}(f - f_c)} + \underset{\text{(遷移到} - f_c)}{S_{LP}(f + f_c)} \tag{3.42}$$

註：以下的傅氏轉換對(Fourier Transform pair)可直接用式(2-15)及式(2-16)即可證明：

若　$s(t) \overset{\mathcal{F}}{\longleftrightarrow} S(f)$

則　$Re[s(t)] \overset{\mathcal{F}}{\longleftrightarrow} \dfrac{1}{2}[S(f) + S^*(-f)]$

且　$Re[s(t)e^{-j2\pi f_c t}] \overset{\mathcal{F}}{\longleftrightarrow} \dfrac{1}{2}[S(f-f_c) + S^*(-f-f_c)]$

　　前面已經詳細分析了帶通信號(bandpass signal)及其等效低通信號(equivalent lowpass signal)之間的轉換關係,對一個帶通系統(bandpass)而言,它也存在一個 "等效低通系統"。因此我們將一個帶通系統的輸入信號 $x_{BP}(t)$ 及系統響應 $h_{BP}(t)$ 轉成等效的低通信號:輸入信號 $x_{\ell P}(t)$ 及系統響應 $h_{LP}(t)$。利用比較容易推導的低通系統描述,可以很輕易求出低通系統的輸出信號 $y_{LP}(t)$,再將這個等效低通信號 $y_{LP}(t)$ 轉回帶通信號 $y_{BP}(t)$ 即可。其操作流程如圖 3.38:

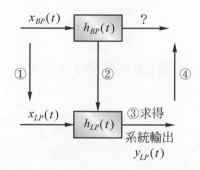

圖 3.38　時域觀點的帶通－低通轉換

同樣地,若是以頻域觀點來看亦同,如圖 3.39:

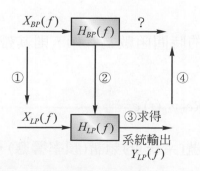

圖 3.39　頻域觀點的帶通－低通轉換

情形 **3**

若已知信號的時間函數 $v_{BP}(t)$ 為同相-正交形式，則其等效低通信號的求解作法為：

整理 $v_{BP}(t)$ 為：

$$v_{BP}(t) = v_i(t)\cos(2\pi f_c\, t) - v_q(t)\sin(2\pi f_c\, t) \tag{3.43}$$

則其等效低通信號為

$$v_{LP}(t) = \frac{1}{2}[v_i(t) + jv_q(t)] \tag{3.44}$$

若想計算頻譜(頻率響應)，則

$$V_{LP}(f) = \mathcal{F}[v_{LP}(t)]$$

二、由低通(lowpass)→帶通(bandpass)轉換

共分成 2 種情形：

情形 **1**

已知信號(系統)的頻譜(頻率響應)為 $V_{LP}(f)$，則其帶通信號(系統)的頻譜(頻率響應)為：

$$V_{BP}(f) = V_{LP}(f - f_c) + V_{LP}^*(-f - f_c) \tag{3.45}$$

若想計算時間函數，則

$$v_{BP}(t) = \mathcal{F}^{-1}[V_{BP}(f)]$$

情形 **2**

已知信號(系統)的時間函數為 $v_{LP}(t)$，則其帶通信號(系統)的時間函數(脈衝響應)為：

$$v_{BP}(t) = 2 \cdot Re[v_{LP}(t)\, e^{j2\pi f_c t}] \tag{3.46}$$

若想計算帶通信號(系統)的頻譜(頻率響應)，則

$$V_{BP}(f) = \mathcal{F}[v_{BP}(t)]$$

以下我們利用上述 "等效低通信號" 的技巧，求 SSB 及 VSB 的調變後信號。

SSB 信號：

我們如何產生一個 SSB 信號？參考 P.3-25～P.3-26，我們利用一個具有非常陡峭截止頻率(f_c)的帶通濾波器去排除掉一個 DSB 信號的下邊帶而只使用上邊帶的信號，所以得到一個單邊帶(SSB)信號。因此一個帶通(bandpass)的系統如下：

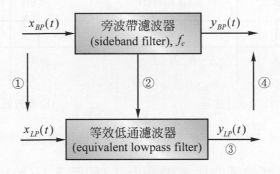

圖 **3.40**　帶通系統分析

由圖 3.40，假設輸入這個帶通系統的 DSB 信號是：

$$x_{BP}(t) = s(t)\cos(2\pi f_c t) \tag{3.47}$$

所以

①找出這個帶通信號 $x_{BP}(t)$ 的 "等效低通信號(equivalent lowpass signal)"

$$\because x_{BP}(t) = s(t)\cos(2\pi f_c t) = v_i(t)\cos(2\pi f_c t) - v_q(t)\sin(2\pi f_c t) \tag{3.48}$$

$$\therefore v_i(t) = s(t) \quad 且 \quad v_q(t) = 0 \tag{3.49}$$

$\therefore$ 等效低通信號為：

$$x_{LP}(t) = \frac{1}{2}[v_i(t) + jv_q(t)] = \frac{1}{2}s(t) \tag{3.50}$$

其頻譜為：

$$X_{LP}(f) = \frac{1}{2}S(f) \tag{3.51}$$

②將帶通濾波器的"等效低通濾波器"找出來。

帶通濾波的頻率響應為：(如圖 3.41(a))

$$H_{BP}(f) = \begin{cases} 1 & f_c - W < |f| < f_c + W \\ 0 & \text{其他} \end{cases}$$

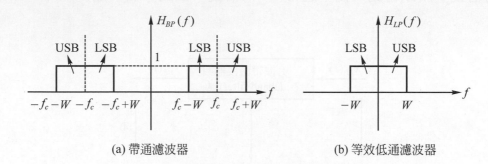

(a) 帶通濾波器　　　　　　　　(b) 等效低通濾波器

圖 3.41　帶通濾波器及等效低通濾波器

因此其等效低通濾波器的頻率響應為：(如圖 3.41(b))

$$H_{LP}(f) = H_{BP}(f + f_c) \cdot U(f + f_c) = U(f) - U(f - W)$$

(只使用 USB) (3.52)

或

$$= H_{BP}(f - f_c) \cdot U(-f + f_c) = U(f + W) - U(f)$$

(只使用 LSB) (3.53)

即

$$H_{LP}(f) = \frac{1}{2}(1 \pm sgn(f)) \qquad |f| \le W \qquad \begin{matrix} + : \text{USB} \\ - : \text{LSB} \end{matrix}$$ (3.54)

③求等效低通濾波器的輸出信號 $y_{LP}(t)$

等效低通濾波器的輸出為

$$Y_{LP}(f) = H_{LP}(f) \cdot X_{LP}(f)$$

$$= \frac{1}{2}[1 \pm sgn(f)] \cdot \frac{1}{2}S(f)$$

$$= \frac{1}{4}[S(f) \pm sgn(f)S(f)]$$ (3.55)

∴時間信號為

$$y_{LP}(t) = \mathcal{F}^{-1}\left[\frac{1}{4}(S(f) \pm sgn(f) \cdot S(f))\right]$$

$$= \frac{1}{4}(s(t) \pm j\hat{s}(t)) \tag{3.56}$$

④將這個低通信號 $y_{LP}(t)$ 轉換成對應的帶通信號 $y_{BP}(t)$：

$$\therefore y_{BP}(t) = 2Re[y_{LP}(t) \cdot e^{j2\pi f_c t}]$$

$$= 2 \cdot \frac{1}{4} \cdot Re[s(t)e^{j2\pi f_c t} \pm j\hat{s}(t)e^{j2\pi f_c t}]$$

$$= \frac{1}{2} \cdot \left[s(t)\cos 2(\pi f_c t) \mp \hat{s}(t)\sin(2\pi f_c t)\right] \begin{matrix} - : \text{USB} \\ + : \text{LSB} \end{matrix} \tag{3.57}$$

所以我們得到單邊帶調變的信號

$$\phi_{\text{SSB}}(t) = \frac{1}{2}\left[s(t)\cos 2(\pi f_c t) \mp \hat{s}(t)\sin(2\pi f_c t)\right] \tag{3.58}$$

VSB 信號：

　　會採用殘邊帶調變是因為基頻信號有重要且不能被忽略的低頻成分存在，要產生 SSB 信號有相當的困難，又不想使用會浪費 2 倍的基頻信號頻寬的 DSB 調變。VSB 調變的重要精神就是它使用了"整形濾波器"，這個整形濾波器並不嚴厲地抑止下邊帶，而是允許殘留部分的下邊帶，它的頻率響應如 3.6 節所描述的，在這裡我們再詳細檢視這個"整形濾波器"的特性。一個單邊帶濾波器的頻率響應 $H_{\text{SSB}}(f)$ 如圖 3.42(a)所示，為方便說明我們只描述正頻率部分，負頻率部分的原理亦同。圖 3.42(b)表示某個殘邊函數 $H_P(f - f_c)$ 的頻率響應，將這兩個頻率響應相減，就得到整形濾波器的頻率響應，如圖 3.42(c)，這個整形濾波器的頻率響應為：

$$H_{BP}(f) = \begin{cases} U(f - f_c) - U(f - (f_c + W)) - H_P(f - f_c) & f > 0 \\ U(-f - f_c) - U(-f - (f_c + W)) - H_P(-f - f_c) & f < 0 \end{cases}$$

$$\tag{3.59}$$

其圖形如圖 3.43。

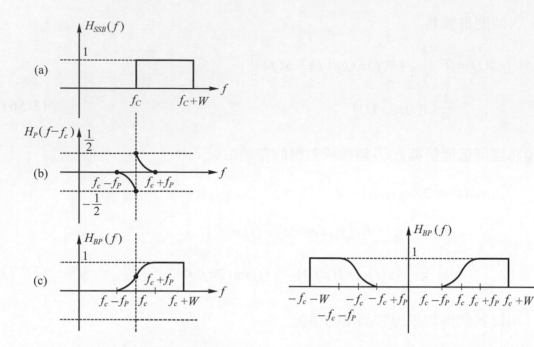

圖 **3.42** 單邊帶信號及整形濾波器　　　圖 **3.43** 完整的 VSB 整形濾波器特性

先補充一下殘邊濾波器函數 $H_P(f)$ 的特性，它是一個奇對稱函數，特性為：
(如圖 3.44 所示)

$$\begin{cases} H_P(-f)=-H_P(f) & |f| \le f_P \\ H_P(f)=0 & |f|>f_P \end{cases} \tag{3.60}$$

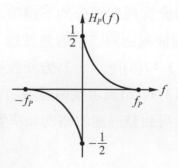

圖 **3.44** 殘邊函數 $H_P(f)$

假設輸入到 VSB 帶通系統的 DSB 信號是：

$$x_{BP}(t) = s(t)\cos(2\pi f_c t) \tag{3.61}$$

所以

①等效低通信號(equivalent lowpass signal)為：

$$x_{LP}(t) = \frac{1}{2}s(t) \tag{3.62}$$

其頻譜為：

$$X_{LP}(f) = \frac{1}{2}S(f) \tag{3.63}$$

②等效低通濾波器的特性為：

$$
\begin{aligned}
H_{LP}(f) &= H_{BP}(f + f_c) \cdot U(f + f_c) \\
&= [U(f) - U(f - W) - H_P(f)] \cdot U(f + f_c) \\
&= U(f) - U(f - W) - H_P(f) \qquad -f_P < f < W \\
&= \frac{1}{2}(1 + sgn(f)) - H_P(f) \qquad -f_P < f < W
\end{aligned}
\tag{3.64}
$$

③等效低通濾波器的輸出信號 $y_{LP}(t)$ 為：

$$
\begin{aligned}
Y_{LP}(f) &= H_{LP}(f) \cdot X_{LP}(f) \\
&= \left[\frac{1}{2}(1 + sgn(f)) - H_P(f)\right] \cdot \frac{1}{2}S(f) \\
&= \frac{1}{4}[S(f) + sgn(f)S(f)] + \frac{1}{2}[-S(f) \cdot H_P(f)] \\
&= \frac{1}{4}[S(f) + sgn(f)S(f)] + \frac{1}{4}[-2S(f) \cdot H_P(f)]
\end{aligned}
\tag{3.65}
$$

取 $\mathcal{F}^{-1}$

$$
\begin{aligned}
\therefore y_{LP}(t) &= \frac{1}{4}[s(t) + j\hat{s}(t)] + \frac{1}{4} \cdot js_P(t) \\
&= \frac{1}{4}[s(t) + j(\hat{s}(t) + s_P(t))] \\
&= \frac{1}{4}[s(t) + js_q(t)]
\end{aligned}
\tag{3.66}
$$

在式(3.65)及式(3.66)之中，我們定義：

$$js_P(t) \triangleq \mathcal{F}^{-1}[-2S(f)H_P(f)]$$

是一個正交(quadrature)項！ (3.67)

$$\therefore s_P(t) = j\mathcal{F}^{-1}[S(f)(2H_P(f))]$$

$$= js(t) * (2h_P(t)) \tag{3.68}$$

④將低通信號 $y_{LP}(t)$ 轉換成對應的帶通信號 $y_{BP}(t)$：

$$\therefore y_{BP}(t) = 2Re[y_{LP}(t)e^{j2\pi f_c t}]$$

$$= 2 \cdot Re\left[\frac{1}{4}(s(t) + js_q(t)) \cdot e^{j2\pi f_c t}\right]$$

$$= \frac{1}{2}[s(t) \cdot \cos(2\pi f_c t) - s_q(t) \cdot \sin(2\pi f_c t)] \tag{3.69}$$

其中

$$s_q(t) = \hat{s}(t) + s_P(t)$$

$$\hat{s}(t) = s(t) * h_Q(t) \quad h_Q(t)：正交濾波器的脈衝響應 \tag{3.70}$$

$$s_P(t) = js(t) * 2h_P(t) \quad h_P(t)：殘邊濾波器的脈衝響應 \tag{3.71}$$

所以我們得到殘邊帶調變的信號

$$\phi_{\text{VSB}}(t) = \frac{1}{2}[s(t) \cdot \cos(2\pi f_c t) - (\hat{s}(t) + s_P(t)) \cdot \sin(2\pi f_c t)] \tag{3.72}$$

最後，若所用的殘邊濾波器 $H_P(t)$ 的截止頻率 $f_P = 0$，則 VSB 調變退化成 SSB 調變，若截止頻率 $f_P = W$，而且

$$H_P(f) = \begin{cases} \dfrac{1}{2} & 0 < f < W \\ -\dfrac{1}{2} & -W < f < 0 \end{cases} = \frac{1}{2}sgn(f) \tag{3.73}$$

則 VSB 調變就是一個 DSB 調變。

3.9　結論

回顧本章所提及的四種調變方式，我們將其基本精神繪成下圖：

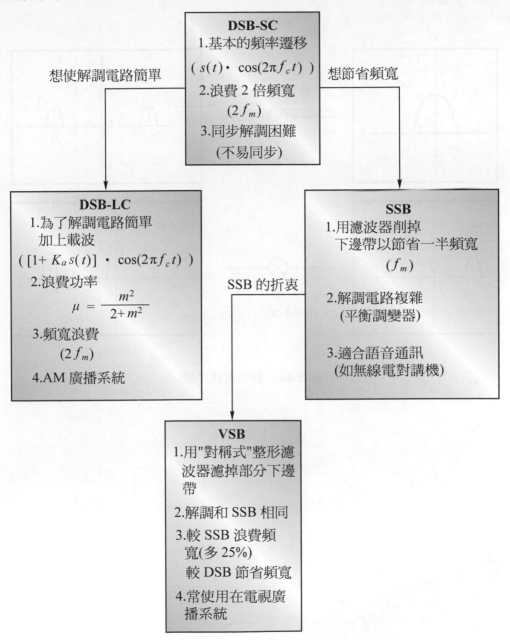

圖 3.45　AM 調變的總結

接下來，我們整理了本章提及的四種調變的系統方塊圖及其信號頻譜圖：

1. 頻率遷移：基本上，將信號乘上 $\cos(2\pi f_c t)$ 就是將該信號的頻譜向左、向右遷移 f_c。

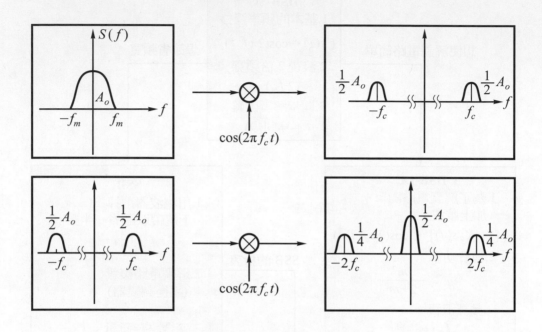

圖 **3.46** 頻率遷移系統

2.　DSB-LC 調變：這個調變方式可利用二極體電路檢出包線。

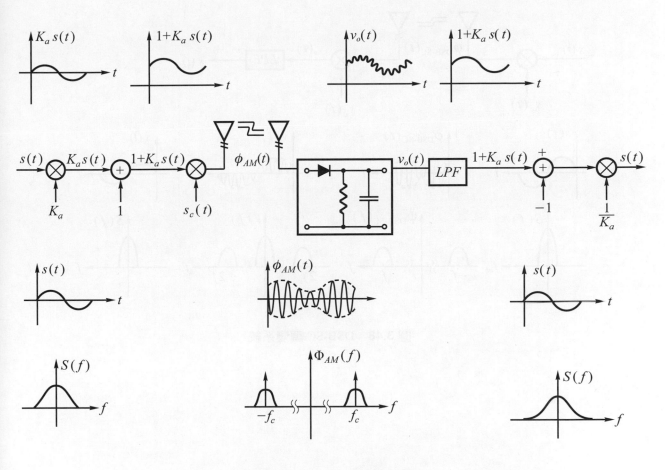

圖 **3.47**　DSB-LC 調變系統

3. DSB-SC調變：基本上就是頻率遷移，需利用同調方式解調信號。

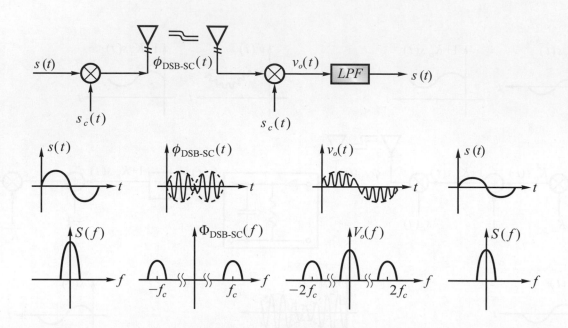

圖 **3.48** DSB-SC 調變系統

4. SSB調變：頻寬只有DSB的一半，需用同調方式解調。

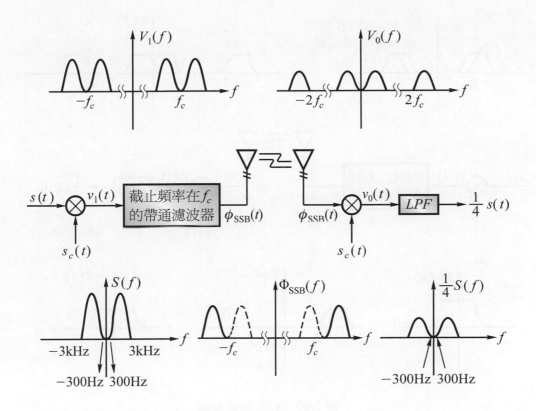

圖 3.49 SSB 調變系統

5. VSB 調變：SSB 的折衷方案，也是克服 SSB 缺點的調變方式。

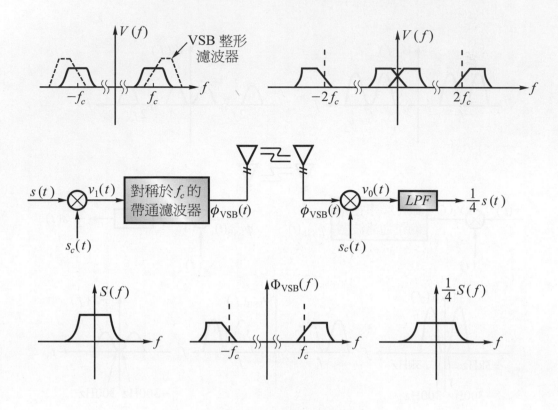

圖 3.50 VSB 調變系統

本章習題

3.2-1 何謂同調檢波(同步解調)？

3.2-2 振幅調變大致可以分為那幾種？

3.3-1 基頻信號 $s(t) = A_m \cos(2\pi f_m t)$，而載波信號 $s_c(t) = A_c \cos(2\pi f_c t)$，已調變載波信號如下圖所示，則調變指數 m 可以藉由量測載波振幅最大值 A 及最小值 B(峰對峰值)而得，$m = \dfrac{A - B}{A + B}$ 試証明之。

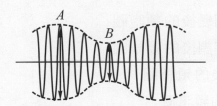

3.3-2 AM調變中，若使用載波頻率為 1000kHz，而基頻信號為一正弦信號且頻率為 2kHz。試繪出其調變後的頻譜圖。試問其傳輸所需頻寬為何？

3.3-3 試由式(3.2)推導出式(3.4)。

3.4-1 為什麼說DSB-SC調變中，載波信號的頻率 f_c 至少要大於 2 倍信號頻寬 $2f_m$，才能保證解調過程能檢出原信號 $s(t)$ 而不產生失真？

3.4-2 在利用同調檢波時，若本地振盪出來的載波頻率，產生 Δf 的誤差，試推導出式(3.11)。

3.4-3 利用正弦與餘弦的正交性，可以使得兩個不同的信號 $s_1(t)$、$s_2(t)$ 以相同的頻率 f_c 同時傳送接收而不致於相互干擾，如下圖。試証明之！且說明低通濾波器的設計應該如何？

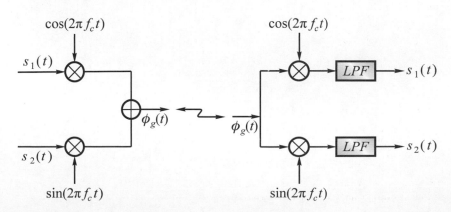

3.5-1 若原始基頻信號的頻譜圖如下：

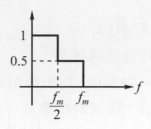

試繪出載波為f_c的

(1) DSB-SC 調變後的頻譜圖

(2) DSB-SC 解調後的頻譜圖

(3) SSB 調變後的頻譜圖

(4) SSB 調後的頻譜圖

3.5-2 何謂選擇性衰落(selectivity fading)？

3.6-1 為了節省頻寬，並且能處理含有大量低頻成份的電視信號，發展出那一種振幅調變？它所需要的整形濾波器有何特性？

3.7-1 商用 AM 廣播電台中，通常的頻率範圍為540kHz 至 1600kHz，每個電台的傳輸頻寬為10kHz。試問AM收音機的射頻濾波器頻寬應該在什麼頻率範圍。

第 4 章　頻率調變

4.1 角度調變(angle modulation)

頻率調變(Frequency Modulation；FM)及**相位調變**(Phase Modulation；PM)兩種調變方式，均是以調變信號(即訊息、基頻信號)改變載波的相位角度，因此 FM/PM 又稱**角度調變**(angle modulation)。在角度調變中，載波的振幅保持固定，而相位(phase)或頻率(frequency)隨著調變信號而變。角度調變的一個特性為：它比振幅調變(AM)更能抗拒雜訊(noise)和干擾(disturbance)，然而此性能改善的代價是以增加傳輸頻寬換來的。

調頻(FM)和調相(PM)均為類比調變的一種。在調頻中基頻信號的振幅會造成調頻載波的頻率偏移(由 $f_c \rightarrow f_c \pm \Delta f$)，該頻率偏移 Δf 含有基頻信號的訊息。同理在調相中，頻率和相位的偏移都含有基頻信號的訊息。

假設一個角度調變的載波信號為

$$s_c(t) = A_c \cos(\theta(t)) \tag{4.1}$$

所以載波信號 $s_c(t)$ 的瞬間頻率為：

$$f_i(t) = \lim_{\Delta t \to 0} \frac{\Delta\theta(t)}{2\pi\Delta t} = \lim_{\Delta t \to 0} \frac{\theta(t+\Delta t) - \theta(t)}{2\pi\Delta t} = \frac{1}{2\pi}\frac{d\theta(t)}{dt} \tag{4.2}$$

即 $\theta(t) = 2\pi \int f_i(\tau)\, d\tau$ \hfill (4.3)

1. 在相位調變中(PM)，載波信號的角度 $\theta(t)$ 隨著調變信號 $s(t)$ 呈線性變化，即

    $$\theta(t) = 2\pi \cdot f_c t + k_p s(t) \tag{4.4}$$

    其中 f_c 為調變前載波的頻率，常數 k_p 表示此調變的相位靈敏度(phase sensitivity)。

    ∴調變後的載波信號為

    $$s_c(t) = \phi_{\mathrm{PM}}(t) = A_c \cos(2\pi \cdot f_c t + k_p s(t)) \tag{4.5}$$

2. 在頻率調變中(又稱調頻，FM)載波信號的瞬間頻率 $f_i(t)$ 隨著調變信號 $s(t)$ 呈線性變化，即

$$f_i(t) = f_c + k_f s(t) \tag{4.6}$$

其中 f_c 為調變前載波的頻率，常數 k_f 為頻率調變的頻率靈敏度(frequency sensitivity)。

∴載波的相角為

$$\theta(t) = 2\pi \int_0^t f_i(\tau) d\tau = 2\pi \cdot f_c t + 2\pi \cdot k_f \int_0^t s(\tau) d\tau \tag{4.7}$$

調變後的載波信號為

$$s_c(t) = \phi_{\mathrm{FM}}(t) = A_c \cos(2\pi \cdot f_c t + 2\pi \cdot k_f \int_0^t s(\tau) d\tau) \tag{4.8}$$

由PM/FM定義中，我們發現FM調變可以看成先將調變信號作積分 $\int_0^t s(\tau) d\tau$ 再作相角調變。而PM調變可以看成先將調變信號作微分後再作頻率調變而得，如圖4.1。

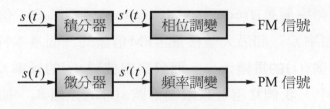

$s(t)$ → 積分器 → $s'(t)$ → 相位調變 → FM 信號

$s(t)$ → 微分器 → $s'(t)$ → 頻率調變 → PM 信號

圖 **4.1**　PM/FM 比較

和 AM 不一樣的地方為：

1.　不論是相位和調變信號有關(PM)或是瞬間頻率和調變信號有關(FM)，角度調變後的載波不再是固定週期信號。

2.　角度調變載波的包線(envelope)是常數，等於未調變前載波振幅，而AM信號的包線則與調變信號大小成正比。

3.　FM 的雜訊消除能力較 AM 為佳，所以在相同頻率及發射功率之下，調頻的發射距離較 AM 遠。

由於PM和FM基本上的定義是相同的。因此一般類比調變都僅止於討論FM。

4.2 頻率調變(Frequency Modulation；FM)

由於FM信號$\phi_{FM}(t)$是調變信號$s(t)$的非線性函數。因此調頻不像振幅調變，其FM信號 $\phi_{FM}(t)$ 的頻譜(spectrum)$\Phi_{FM}(f)$和調變信號$s(t)$的頻譜$s(f)$並沒有簡單的關係。

調頻是一種非線性調變，在不易求得一般信號的 FM 頻譜情形之下，我們考慮當調變信號為正弦函數時：

$$s(t) = A_m \cos(2\pi \cdot f_m t) \tag{4.9}$$

將此調變信號拿來作FM調變後，可得FM信號$\phi_{FM}(t)$，且$\phi_{FM}(t)$的瞬間頻率為：

$$f_i(t) = f_c + k_f A_m \cos(2\pi \cdot f_m t)$$
$$= f_c + \Delta f \cdot \cos(2\pi \cdot f_m t) \tag{4.10}$$

其中Δf稱為頻率偏差(frequency deviation)，表示 FM 信號的 "瞬間頻率f_i" 和 "原載波頻率f_c" 間最大偏移量，FM信號的一個基本特性為其**頻率偏差Δf正比於調變信號$s(t)$的振幅大小，而與調變信號$s(t)$的頻率f_m(看成是頻寬)無關**。在 FM 調變中，我們常用 k_f 來限制信號 $s(t)$ 的振幅 A_m，使其局限在某範圍之內，即Δf 被限制在某範圍之內。所以Δf 是可以被看成是限制後的信號振幅 A_m。

因此，FM 信號的角度$\theta(t)$為

$$\theta(t) = 2\pi \int_0^t f_i(\tau)d\tau$$
$$= 2\pi \cdot f_c t + \frac{\Delta f}{f_m}\sin(2\pi \cdot f_m t) \tag{4.11}$$

其中頻率偏差Δf和調變信號的頻寬f_m 的比例，通常被稱為FM信號的**調變指數**(modulation index)，為$\beta = \dfrac{\Delta f}{f_m}$。

調變指數β和FM信號的頻率偏差有關係，當基頻信號的頻寬固定時，調變指數β越大表示FM信號的頻率偏差Δf越大。此外在這裏要強調一點：FM調變是非線性調變，雖然是用單頻的正弦信號來分析，但是不可以應用重疊原理推

論一般信號的 FM 調變情形。

由式(4.8)～式(4.11)我們將 FM 信號寫成：

$$\phi_{\text{FM}}(t) = A_c \cos(2\pi \cdot f_c\, t + \beta \cdot \sin(2\pi \cdot f_m\, t)) \tag{4.12}$$

根據調變指數 β 的值，調頻可分為兩種情況：

1. 窄頻帶 FM (Narrow-Band FM, NBFM)：其 $\beta \ll 1$。
2. 寬頻帶 FM (Wide-Band FM, WBFM)：其 $\beta \gg 1$。

由 $\beta = \dfrac{\Delta f}{f_m} = \dfrac{k_f A_m}{f_m}$，可知道若調變信號 $s(t)$ 的頻率 f_m 固定，則其振幅 A_m 和靈敏度 k_f 決定了 FM 信號中 "瞬間頻率 f_i" 和 "原載波頻率 f_c" 的最大偏移量 Δf。即 $\beta \ll 1$ 時表示瞬間頻率偏離中心頻率 f_c 不遠，所以稱為窄頻帶 FM (NBFM)。反之 $\beta \gg 1$ 表示瞬間頻率偏離中心頻率 f_c 很遠(Δf 很大)，故稱為寬頻帶 FM (WBFM)[註]。

4.2.1　窄頻帶 FM (NBFM)

考慮式(4.12)，將此式展開可得

$$\phi_{\text{FM}}(t) = A_c \cos(2\pi \cdot f_c\, t) \cdot \cos[\,\beta \sin(2\pi \cdot f_m\, t)\,]$$
$$- A_c \sin(2\pi \cdot f_c\, t) \cdot \sin[\,\beta \sin(2\pi \cdot f_m\, t)\,] \tag{4.13}$$

由於是 NBFM $\therefore \beta \ll 1$，因此可將式(4.13)簡化為

$$\phi_{\text{NBFM}}(t) \approx A_c \cos(2\pi \cdot f_c\, t) - \beta A_c \sin(2\pi \cdot f_c\, t)\sin(2\pi \cdot f_m\, t) \tag{4.14}$$

式(4.14)是一調變信號 $s(t) = A_m \cos(2\pi \cdot f_m\, t)$ 經過 NBFM 調變而成的一個窄頻帶 FM 信號 $\phi_{\text{NBFM}}(t)$。因此可用下圖表示：

註：這個寬／窄頻帶 FM 的區別是指：以原載波頻率 f_c 為中心，瞬間最大頻率偏離中心頻率的遠近，這個遠近的度量單位是以 "偏離幾個 f_m" 為基準，當瞬間偏移頻率 Δf 是基頻頻寬 f_m 的數十(佰)倍以上時($\beta \gg 1$)，稱這種 FM 為寬頻帶 FM。

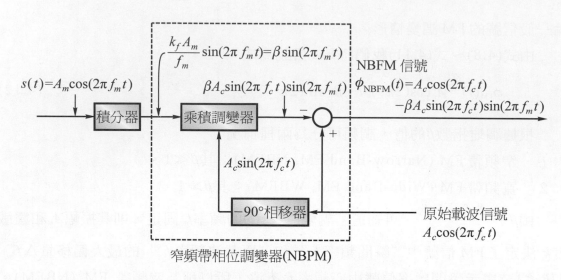

$s(t)=A_m\cos(2\pi f_m t)$

$\dfrac{k_f A_m}{f_m}\sin(2\pi f_m t)=\beta\sin(2\pi f_m t)$

$\beta A_c\sin(2\pi f_c t)\sin(2\pi f_m t)$

積分器　乘積調變器

$A_c\sin(2\pi f_c t)$

$-90°$相移器

原始載波信號
$A_c\cos(2\pi f_c t)$

NBFM 信號
$\phi_{\mathrm{NBFM}}(t)=A_c\cos(2\pi f_c t)$
$\qquad -\beta A_c\sin(2\pi f_c t)\sin(2\pi f_m t)$

窄頻帶相位調變器(NBPM)

圖 4.2　窄頻帶 FM 功能方塊圖

圖 4.2 中先將信號 $s(t)$ 積分再送入窄頻帶相位調變器(NBPM)，這其中的窄頻帶相位調變器(NBPM)，在商業調頻系統中有一個用來產生窄頻帶相位調變信號的電路叫阿姆斯壯系統(Armstrong system)，如下圖 4.3：

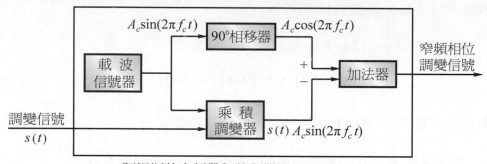

$A_c\sin(2\pi f_c t)$　90°相移器　$A_c\cos(2\pi f_c t)$

載　波
信號器

調變信號
$s(t)$

乘　積
調變器　$s(t)\,A_c\sin(2\pi f_c t)$

加法器

窄頻相位
調變信號

阿姆斯壯窄頻帶相位調變器(NBPM)

圖 4.3　阿姆斯壯窄頻帶相位調變器

在阿姆斯壯系統中產生的是窄頻帶相位調變信號，因此若我們希望得到窄頻帶調頻(NBFM)信號的話，參考圖 4.1 與圖 4.2 的作法，只要預先將調變信號 $s(t)$ 加以積分，再送入阿姆斯壯系統即可。

理想的調頻(FM)信號有固定的包線(envelope)，而且在正弦基頻調變信號的頻率為 f_m 情況之下，其載波角度 $\theta(t)$ 亦為正弦波，$\theta(t)\propto\sin(2\pi f_m t)$，參考式(4.11)。但是由圖 4.2 及式(4.14)所產生的窄頻帶調頻信號(NBFM)與理想 FM 有些不同：

1. 　其包線有一些殘餘的振幅調變現象。

2. 　角度 $\theta(t)$ 包含了調變頻率 f_m 的三次或更高次的諧波失真。

　　若是將調變指數限制在 $\beta < 1/\sqrt{10} = 0.316$，則殘餘 AM 及諧波 PM 效果都可以忽略不計。

　　將式(4.14)展開可得到：

$$\phi_{\text{NBFM}}(t) = A_c\cos(2\pi f_c\,t) - \beta A_c\sin(2\pi f_c\,t)\sin(2\pi f_m\,t)$$

$$= A_c\cos(2\pi \cdot f_c\,t)$$

$$+ \frac{1}{2}\beta A_c\{\cos(2\pi(f_c + f_m)t) - \cos(2\pi(f_c - f_m)t)\} \qquad (4.15)$$

如圖 4.4(a)。

　　和 AM 信號(由式(3.2))比較，兩者非常相似

$$\phi_{\text{AM}}(t) = A_c\cos(2\pi f_c\,t) + K_a A_c\cos(2\pi f_c\,t)\cos(2\pi f_m\,t)$$

$$= A_c\cos(2\pi \cdot f_c\,t)$$

$$+ \frac{1}{2}K_a A_c\{\cos(2\pi(f_c + f_m)t) + \cos(2\pi(f_c - f_m)t)\}$$

如圖 4.4(b)。

　　因此，窄頻帶調頻(NBFM)信號，基本上與調頻(AM)信號一樣，都需要相同的傳輸頻寬(即 $2f_m$)。

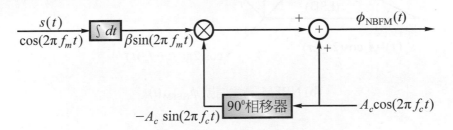

(a) 產生 NBFM 信號的方塊圖

圖 4.4　利用平衡調變器產生 NBFM 及 AM 信號

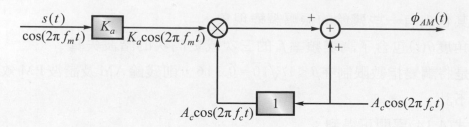

(b) 產生 AM 信號的方塊圖

圖 4.4 利用平衡調變器產生 NBFM 及 AM 信號(續)

　　圖 4.5 說明了正弦信號調變時,窄頻帶 FM (NBFM)及 AM 信號之相量比較。而圖 4.6 說明了傳輸兩者所需的頻寬是相同的($2\,f_m$)。

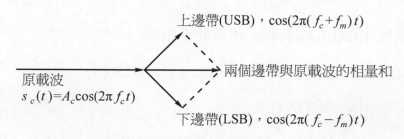

(a) AM 調變信號 $\phi_{AM}(t)$

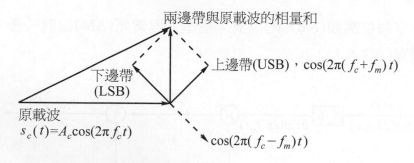

(b) NBFM 調變信號 $\phi_{NBFM}(t)$

圖 4.5 正弦調變之 NBFM 及 AM 調變相量比較

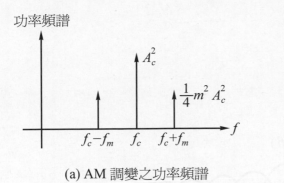
(a) AM 調變之功率頻譜

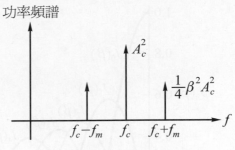
(b) NBFM 調變之功率頻譜

圖 **4.6**　正弦調變之 NBFM 及 AM 調變功率頻譜比較(只列出正頻率的部分)

4.2.2　寬頻帶 FM (WBFM)

若調變指數 $\beta \ll 1$ 的關係不成立，那麼我們將面臨一個寬頻帶 FM (Wide-Band FM；WBFM)調變。由於不容易求得一般信號波形的 WBFM 頻譜，所以在此我們仍只考慮基頻信號為正弦信號 $s(t) = A_m \cos(2\pi f_m t)$ 的狀況。

由式(4.13)

$$\phi_{FM}(t) = A_c \cos(2\pi f_c t)\cos[\beta \sin(2\pi f_m t)]$$
$$- A_c \sin(2\pi f_c t)\sin[\beta \sin(2\pi f_m t)]$$

將之改寫成複數形式：

$$\phi_{FM}(t) = R_e\{A_c e^{j2\pi f_c t} \cdot e^{j\beta \sin(2\pi f_m t)}\} \tag{4.16}$$

其中 $e^{j\beta \sin(2\pi f_m t)}$ 可以寫成傅氏級數的形式

$$e^{j\beta \sin(2\pi f_m t)} = \sum_{n=-\infty}^{\infty} V_n e^{j2\pi n f_m t} \tag{4.17}$$

$$V_n = \frac{1}{T_m}\int_{-T_m/2}^{T_m/2} e^{j\beta \sin(2\pi f_m t)} \cdot e^{-j2\pi n f_m t} dt \triangleq \frac{1}{2\pi}\int_{-\pi}^{\pi} e^{j(\beta \sin\lambda - n\lambda)} d\lambda \tag{4.18}$$

其中 $T_m = 1/f_m$

V_n 的表示法，即式(4.18)，是一個與 n、β 有關的常數，是一個很有名的特殊函數叫**第一類 n 階貝色函數**(nth order Bessel function of the first kind)，我們常把它記作 $J_n(\beta)$，其典型函數圖形如圖 4.7。

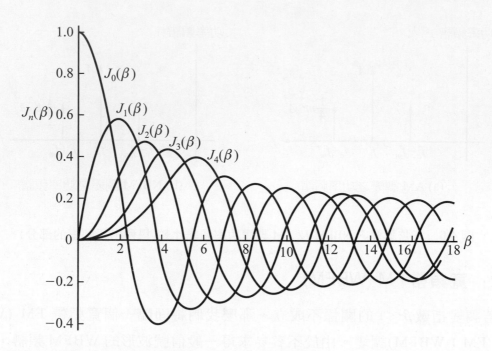

圖 4.7　第一類貝色函數

∴式(4.16)可以寫成

$$\phi_{FM}(t) = R_e\left\{A_c e^{j2\pi f_c t}\sum_{n=-\infty}^{\infty} J_n(\beta)\cdot e^{j2\pi nf_m t}\right\}$$

$$= A_c\sum_{n=-\infty}^{\infty} J_n(\beta)\cdot\cos(2\pi(f_c + nf_m)t) \qquad (4.19)$$

對 β 固定的情形來說，FM 調變的頻譜則為：

$$\Phi_{FM}(f) = \mathcal{F}\{\phi_{FM}(t)\}$$

$$= \frac{A_c}{2}\sum_{n=-\infty}^{\infty}[J_n(\beta)\delta(f - f_c - nf_m) + J_n(\beta)\delta(f + f_c + nf_m)] \qquad (4.20)$$

由式(4.20)可知：

1. 正弦基頻信號調變的 FM 信號 $\phi_{FM}(t)$，其頻譜 $\Phi_{FM}(f)$ 是包含一個載波 f_c 以及無限多個對稱於載波兩旁，其間隔為 $f_m, 2f_m, ...$ 的離散頻譜。這個結果和 AM 及 NBFM 不同；此兩種調變方式只產生一對旁波帶頻譜線。

2. 載波 f_c 的振幅大小與基頻信號大小無關。它和 AM 調變不同；AM 調變的載波振幅和信號大小 $[1 + K_a s(t)]$ 有關(參考式 3.1)，FM 調變的信號包線(envelope)則是常數。

3.　FM 信號的平均功率為

$$P = \frac{1}{2} A_c^2 \sum_{n=-\infty}^{\infty} J_n^2(\beta) \qquad\qquad (4.21)$$

圖 4.8 及圖 4.9 顯示了不同的 n, β 對 FM 頻寬(bandwidth；BW)的影響。

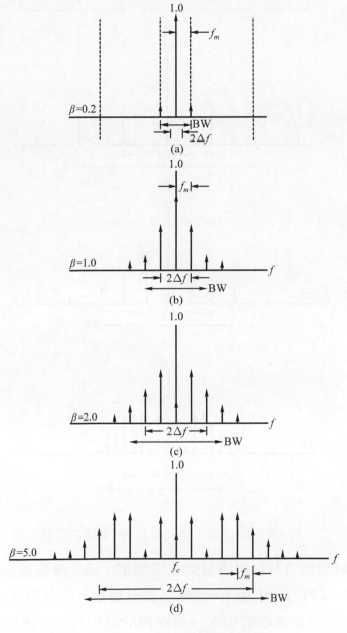

圖 **4.8**　f_m 固定，不同 Δf 對 FM 頻寬的影響

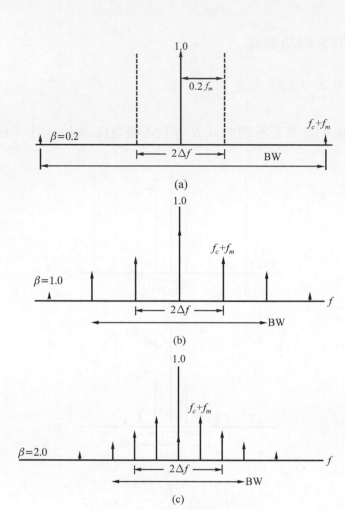

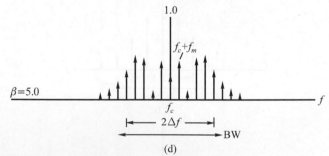

圖 4.9 Δf 固定，不同 f_m 對 FM 頻寬的影響

　　理論上，FM信號含有無窮多個旁波帶頻率，因此傳輸通道所需的頻寬也是無窮大。然由於 $J_n(\beta)$ 的大小隨著 n 值的增加而變小，所以對 FM 信號的傳送而言，有多少個旁波帶是重要的呢？一般採用的準則為：旁波帶譜線**大於或等於**未調變前載波的 1％才是有意義的。即

$$|J_n(\beta)| \geq |J_0(0)| \cdot 0.01 = 0.01 \tag{4.22}$$

因此：

1. 對 β 很大($\beta \gg 1$)的 FM 信號，通常取 $n = \beta$，所以頻寬 BW 為

$$BW = 2 \cdot n \cdot f_m \approx 2\beta f_m = 2\Delta f \tag{4.23}$$

2. 對 β 很小($\beta \ll 1$)的 FM 信號而言，取 $J_0(\beta)$ 和 $J_1(\beta)$ 的值就夠了，所以

$$BW = 2 \cdot f_m \tag{4.24}$$

此外卡爾森(Carson)提出一個實驗準則被廣泛用來估計FM所佔的頻寬，稱為卡爾森規則(Carson's rule)

$$BW = 2\Delta f + 2f_m = 2(\beta + 1)f_m \tag{4.25}$$

　　綜合以上寬／窄頻帶FM調變及所需傳輸頻寬旳討論，在此對FM調變作一個結論。首先讓我們檢視一下FM的調變指數(modulation index)：

$\beta = \dfrac{\Delta f}{f_m} = \dfrac{k_f A_m}{f_m}$，兩個參數 Δf，f_m 決定了 FM 傳輸所需的頻寬：

f_m：原始基頻信號 $s(t)$ 的頻寬。

Δf：基頻信號 $s(t)$ 的振幅所造成的瞬間頻率偏差。

一、當 f_m 固定時：(參考圖 4.8)

(即基頻信號 $s(t)$ 的最大頻寬固定時)

(a)若我們強烈限制基頻信號 $s(t)$ 的振幅 A_m，使得頻率偏差 $\Delta f = k_f A_m$ 不會很大(即 k_f 用得很小)，則會得到 $\beta \ll 1$　(NBFM)，則

FM 調變所需的傳輸頻寬和基頻信號 $s(t)$ 的頻寬相當。($BW = 2f_m$)

換言之，對小信號作FM調變，則其所需的傳輸頻寬和基頻信號 $s(t)$ 的頻寬有密切關聯。

(b)若我們不嚴格限制基頻信號 $s(t)$ 的振幅 A_m，所以頻率偏差 $\Delta f = k_f A_m$ 夠大(即 k_f 夠大,以致於 $k_f A_m \gg f_m$)則會得到 $\beta \gg 1$(WBFM)，則

FM 調變所需的傳輸頻寬和基頻信號的振幅成正比。

$(BW = 2\Delta f = 2k_f A_m)$

換言之，因為我們容許基頻信號的振幅變動程度大於信號的頻寬(即採用大的 k_f，使得 $k_f A_m \gg f_m$)，所以FM調變的傳輸頻寬取決於信號的振幅大小。

二、當 Δf(即 $k_f A_m$)固定時：(參考圖4.9)

(即限制基頻信號的振幅A_m，使其固定在某個值$\Delta f = k_f A_m$)

(a)若基頻信號 $s(t)$ 的頻寬f_m 很大，很顯然的($f_m \gg \Delta f$ 時)，$\beta \ll 1$

(NBFM)，則**所需的FM傳輸和基頻信號 $s(t)$ 的頻寬相當。**

($BW = 2f_m$ 且 $BW > 2\Delta f$)

(b)若基頻信號 $s(t)$ 的頻寬f_m 不是很大，即基頻信號的振幅所造成的頻率偏差 Δf 決定了傳輸的頻寬($\because \Delta f = k_f A_m \gg f_m$)，所以$\beta \gg 1$

(WBFM)，則**所需的FM傳輸頻寬和頻率偏差相當。**

($BW = 2\Delta f = 2k_f A_m$)

所以，上述所謂寬頻帶FM(WBFM)，指的就是基頻信號的振幅在沒受到嚴格限制(甚至加以放大)的情形下($k_f A_m \gg f_m$)的FM調變，當然其傳輸頻寬 BW 和信號振幅有關(即 BW 和 $k_f A_m$ 有關)。

例題 1

一個 94.3MHz 載波，被用在正弦調變的 FM 系統上，若頻率偏差峰值為 50kHz，試求FM調變所需的傳輸頻寬。若正弦基頻信號為(1) 100Hz，(2) 600kHz，(3) 10kHz。

答：(1) $\beta = \dfrac{\Delta f}{f_m} = \dfrac{50k}{100} = 500$

此為寬頻帶FM，所以$BW = 2\Delta f = 100kHz$。

(2) $\beta = \dfrac{\Delta f}{f_m} = \dfrac{50k}{600k} = 0.083$

此為窄頻帶FM，所以$BW = 2f_m = 2 \cdot 600k = 1.2MHz$。

(3) $\beta = \dfrac{\Delta f}{f_m} = \dfrac{50k}{10k} = 5$

不易決定是寬頻帶或窄頻帶FM，因此利用卡爾森規則。

$BW = 2(\beta + 1)f_m = 2 \times 6 \times 10k = 120kHz$。

例題 2

一 FM 信號

$$\phi_{FM}(t) = 20\cos[2 \times 10^6 \pi t + 16\sin(2 \times 10^3 \pi t)]$$

則決定下列：⑴載波頻率，⑵調變指數，⑶頻率偏差峰值。

答：⑴$f_c = 10^6$Hz

⑵$\beta = 16$

⑶$\Delta f = 10^3 \times 16 = 16$kHz

典型的 FM 信號如圖 4.10，其中基頻信號為

$$s(t) = 0.2\sin(2\pi \cdot 400 \cdot t) + \sin(2\pi \cdot 800 \cdot t)$$

$$+ 0.8\sin(2\pi \cdot 1.2\text{k} \cdot t) + 0.6\sin(2\pi \cdot 2\text{k} \cdot t)$$

而載波中心頻率為 20MHz，圖 4.10(b)為這個FM信號的頻譜，和AM調變比起來(參考圖 3.15)，FM 所佔據的頻寬顯然要大的多了。

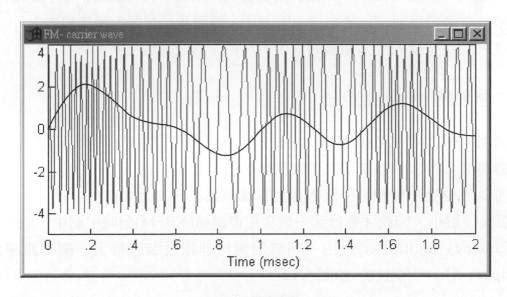

(a) FM 信號波形

圖 4.10　典型的 FM 調變信號／頻譜圖形

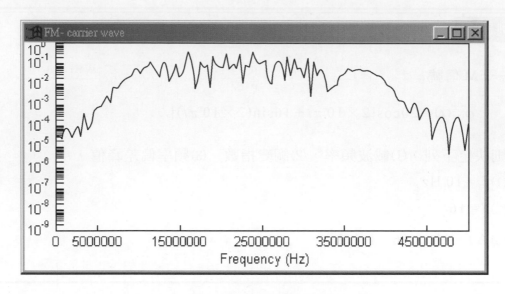

(b) FM 信號頻譜

圖 4.10　典型的 FM 調變信號／頻譜圖形(續)

4.3　FM 信號的產生

　　基本上有 2 種方法產生調頻(FM)信號；間接 FM (indirect FM)及直接 FM (direct FM)。間接方法中，先由調變信號 $s(t)$ 產生窄頻帶調頻信號 $\phi_{\text{NBFM}}(t)$，再將此窄頻帶調頻信號，以頻率倍乘的方法，得到我們想要的頻率偏差 Δf。而直接方法，則是用輸入的基頻調變信號 $s(t)$ 直接調變載波信號的頻率。

間接頻率調變(indirect FM)：

　　利用圖 4.2 中窄頻帶調頻的方法，可得一窄頻帶調頻信號，且由一個頻率倍增器將其頻率放大以產生寬頻帶調頻信號，如圖 4.11。

　　而為了要使窄頻帶相位調變器失真減至最小，其最大相位偏差或是調變指數 β 要保持很小，因此才會得到一個窄頻帶調頻(NBFM)信號。圖中，頻率倍增器(frequency multiplier)是由一個無記憶性非線性裝置接上一個帶通濾波器 (bandpass filter)所組成，如圖 4.12。

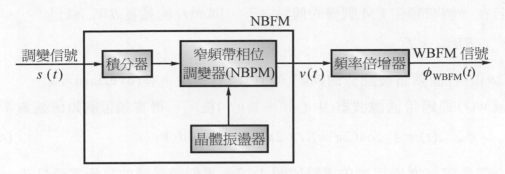

圖 **4.11**　間接 FM 功能方塊圖

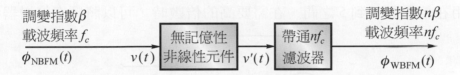

圖 **4.12**　頻率倍增器功能方塊圖

其動作原理為：假設該無記憶性非線性元件是一 n 次方的裝置，則

$$v'(t) = a_1 v(t) + a_2 v^2(t) + \cdots + a_n v^n(t) \tag{4.26}$$

而 $v(t)$ 是調變信號 $s(t)$ 的窄頻帶頻率調變(NBFM)，所以由式(4.8)：

$$v(t) = \phi_{\text{NBFM}}(t) = A_c \cos\left(2\pi f_c t + 2\pi \cdot k_f \int_0^t s(\tau)\, d\tau\right) \tag{4.27}$$

其瞬間頻率為：$f_c + k_f s(t) = f_c + \Delta f$

因此可知：$v'(t)$ 中 n 次方項為

$$v^n(t) = A_c^n \cos\left(2\pi \cdot nf_c t + 2\pi \cdot n k_f \int_0^t s(\tau)\, d\tau\right) \tag{4.28}$$

其瞬間頻率為：$nf_c + n k_f s(t) = nf_c + n\Delta f$

因此對一個非線性失真(nonlinear distortion)的元件而言，其輸出信號為：

$$v'(t) = A_c \cdot \cos(2\pi f_c t + \phi(t))$$

$$+ A_c^2 \cdot \cos(2\pi \cdot 2f_c \cdot t + 2\phi(t))$$

$$\vdots$$

$$+ A_c^n \cdot \cos(2\pi \cdot nf_c \cdot t + n\phi(t)) \qquad \vdots \tag{4.29}$$

若在一個窄頻帶 FM 調變的假設之下，則 $\phi(t)$ 的頻寬 $BW_{\phi(t)}$ 滿足：

$$BW_{\phi(t)} \ll f_c$$

式(4.29)的各個頻譜彼此分的夠開，所以沒有發生重疊(overlap)現象。

將信號 $v'(t)$ 通過帶通濾波器(中心頻率為 nf_c)後，可得寬頻帶調頻信號為：

$$\phi_{\text{WBFM}}(t) = A'_c \cos\left(2\pi \cdot nf_c\, t + 2\pi \cdot nk_f \int_0^t s(\tau)\, d\tau\right) \tag{4.30}$$

一個頻率倍增器可能的電路如圖 4.13。這個電晶體的集極電流具有一項特性：即電流諧波($f, 2f, \cdots$)的振幅隨著頻率倍數增加而降低。因此，這類的電路通常用在倍數是 2 到 5 之間，在需要高的倍數時，可以將頻率倍增器串接。

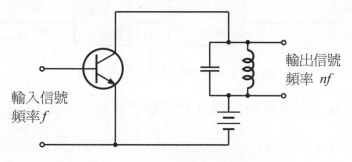

圖 **4.13**　一個可能的頻率倍增器電路

直接頻率調變(direct FM)：

直接頻率調變，又叫**參數變化法**(parameter variation method)。在直接頻率調變系統中，利用**電壓控制振盪器**(Voltage Controlled Oscillator；VCO)使載波的瞬間頻率直接隨著調變信號 $s(t)$ 而改變。此種方法的一個例子，如圖 4.14 的**哈特萊振盪器**(Hartley oscillator)。

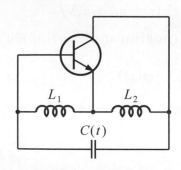

圖 **4.14**　哈特萊振盪器

假設振盪器中的電容元件$C(t)$是由一個固定電容C_0並接一**壓變電容器**(voltage variable capacitor)組成的。壓變電容的電容值與跨在其電極上的電壓有關，一般又稱壓變電容器為**變容器**(varactor, varicap)。

則圖4.14哈特萊振盪器的振盪頻率為：

$$f_i(t) = \frac{1}{2\pi\sqrt{(L_1 + L_2)C(t)}} \tag{4.31}$$

對一個頻率f_m的正弦調變信號而言，總電容值$C(t)$為：

$$C(t) = C_0 + \Delta C \cdot \cos(2\pi \cdot f_m t) \tag{4.32}$$

其中C_0為未經調變前的總電容，ΔC為電容的最大改變量。

由式(4.31)、式(4.32)。可得：

$$f_i(t) = f_c \left[1 + \frac{\Delta C}{C_0}\cos(2\pi \cdot f_m t) \right]^{-1/2} \tag{4.33}$$

其中 $f_c = \dfrac{1}{2\pi\sqrt{(L_1 + L_2)C_0}}$， $\tag{4.34}$

假設最大電容改變量ΔC比未調變前的電容C_0小很多(即$\Delta C \ll C_0$)，則

$$f_i(t) \cong f_c \left[1 - \frac{\Delta C}{2C_0}\cos(2\pi \cdot f_m t) \right] \tag{4.35}$$

可以再令 $-\dfrac{\Delta C}{2C_0} = \dfrac{\Delta f}{f_c}$ $\tag{4.36}$

因此振盪器的瞬間頻率(即利用調變信號$s(t)$改變此電路的電容值而得到的調頻信號頻率)約為：

$$f_i(t) \approx f_c + \Delta f \cdot \cos(2\pi \cdot f_m t) \tag{4.37}$$

式(4.37)即為正弦信號調變時，調頻(FM)信號瞬間頻率的關係式。由於$\Delta C \ll C_0$，$\Delta f \ll f_c$，若要產生頻率偏差夠大的寬頻帶調頻(WBFM)信號，可以在振盪器之後加上頻率倍增器。

利用直接法的缺點在於其載波頻率並不是從一個很穩定的振盪器得到的。我們有時希望在調變信號為 0 時，振盪器的頻率保持穩定不變，但又要求振盪

器隨著一個不為 0 的調變信號而變動載波信號的頻率,這兩項要求似乎有些矛盾。反觀間接法中載波發生器和其他電路是隔絕的,因此可以被設計成不必與頻率穩定性妥協。

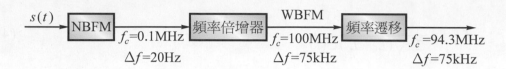

圖 **4.15** 利用頻率倍增器方式的 FM 信號產生流程方塊

圖 4.15 乃是一個利用頻率倍增器(詳細的電路方塊可以參考圖 4.31)的方式產生一個 $f_c = 100\text{MHz}$,$\Delta f = 75\text{kHz}$ 的 WBFM 信號,$\Delta f = 75\text{kHz}$ 是 FCC 規定的最大偏差量,再利用頻率遷移的方式將載波遷到電台所屬的載波頻道上(在此以警廣 94.3MHz 為例)。

4.4 FM 信號的解調

FM 信號的解調可讓我們由 FM 信號 $\phi_{\text{FM}}(t)$ 中的頻率恢復出原始調變信號 $s(t)$,這常用到直接或間接的方法來達成。直接的方法是使用一個稱為**頻率鑑別器**(frequency discriminator,**鑑頻器**)的裝置,其瞬間振幅直接與 FM 信號的瞬間頻率成比例,利用這振幅變化可以解調出原基頻信號。而間接方法則是使用相當有名的**鎖相迴路**(Phase Locked Loop;PLL)的裝置。圖 4.16 是一個典型的 FM 接收系統。

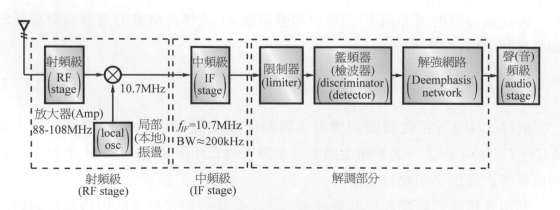

圖 **4.16** 典型 FM 接收系統

　　一個典型的 FM 接收系統可以分成四部分：RF stage(射頻級)、IF stage(中頻級)、解調部分及 audio stage(音頻級)。RF stage 的主要功能就是將高頻 (88～108MHz)FM 載波信號的頻率降為 10.7MHz，這個頻率是 IF stage(中頻級)的標準輸入頻率，IF stage 部分一般都是一些放大器及選頻功能的濾波電路。而在解調部分(又稱**檢波器**，detector)主要是要將存在頻率上的基頻信號解調出來，一般採用鑑頻器(discriminator)或是鎖相迴路(Phase Locked Loop；PLL)。接收機的最後是 audio stage(音頻級)，主要是有關聲音的處理與播放。

　　在圖 4.16 的 FM 接收機中，在射頻級(RF stage)部分，利用一個本地振盪器和混波器(mixer)構成一個最實用、最簡單的接收器的一部分，稱之為**超外差接收器**(super-heterodyne receiver)，這個系統主要完成：

1. 將希望收聽的電台載波頻率調諧出來。

2. 把所要的載波信號予以濾波(filtering)及適度放大(amplication)。

3. 由於中頻級部分都只針對一個固定頻率 f_{IF} 加以處理，因此中頻級以下的部分滿足共同化處理上的考量。

　　利用這種具有共同化處理的特性，對任何調變、任何頻率的載波，我們都用超外差將射頻信號(即高頻載波信號)加以降頻到固定的中頻信號。表 4.1 列出商用 AM 及 FM 接收機的典型中頻參數。

表 **4.1**　典型中頻參數

	AM	FM
RF 載波頻率	535～1605kHz	88～108MHz
IF 中頻頻率	455kHz	10.7MHz
傳輸頻寬	10kHz	200kHz

　　而圖 4.17 則顯示了 AM/FM 超外差接收機的不同處在於解調部分不同。

　　我們稱 f_{IF} 為**中頻**(intermediate frequency；IF)，因為其頻率比高頻載波(**射頻**，radio frequency)低，但又比原訊息信號(基頻，baseband frequency)高。我們稱混波器和本地振盪器的組合為第一級檢波器(first detector)而解調器部分(如 AM detector、FM detector)則稱為第二級檢波器(second detector)。

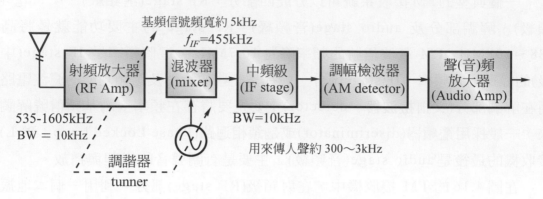

基頻信號頻寬約 5kHz
f_{IF}=455kHz

射頻放大器
(RF Amp)　混波器
(mixer)　中頻級
(IF stage)　調幅檢波器
(AM detector)　聲(音)頻
放大器
(Audio Amp)

535-1605kHz
BW = 10kHz　BW=10kHz

調諧器
tunner

用來傳人聲約 300～3kHz

(a) 典型超外差 AM 接收機

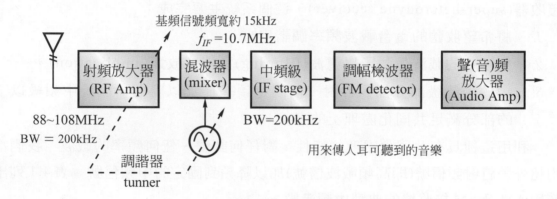

基頻信號頻寬約 15kHz
f_{IF}=10.7MHz

射頻放大器
(RF Amp)　混波器
(mixer)　中頻級
(IF stage)　調幅檢波器
(FM detector)　聲(音)頻
放大器
(Audio Amp)

88~108MHz
BW = 200kHz　BW=200kHz

調諧器
tunner

用來傳人耳可聽到的音樂

(b) 典型超外差 FM 接收機

圖 4.17　典型超外差接收機系統方塊圖

　　混波器(mixer)是由一個平衡調變器和低通濾波器所組合而成。射頻信號和本地振盪信號共同經過平衡調變器後將產生「和頻率($f_{RF}+f_{osc}$)與差頻率($f_{RF}-f_{osc}=f_{IF}$)」，經過低通濾波器留下差頻率信號(即中頻信號)。這其中還有一個問題，就是除了我們希望接收的$f_{RF}=f_{osc}+f_{IF}$信號之外，我們尚會收到$f'_{RF}=f_{osc}-f_{IF}$的信號。例如在AM接收系統中，中頻信號定為$f_{IF}=455$kHz，當我們希望收聽$f_{RF}=1555$kHz的電台時，可以將調諧器調整到$f_{osc}=1100$kHz，如此之下可以接收$f_{RF}=1555$kHz的載波信號，如圖4.18。

　　但是另一個電台信號$f'_{RF}=645$kHz也被混波器接收進來，我們稱受到**鏡像干擾**(image interference)。事實上，任何超外差方式的接收機，不論調到那個電台，只要有中頻信號(如$f_{IF}=455$kHz)，都會收到相距$2f_{IF}$（$455\times2=910$kHz）的兩個電台信號而產生彼此干擾。由於混波器的功能是產生兩個輸入信號(f_{RF}

及 f_{IF})頻率差的信號，它無法辨別我們想要的是信號 f_{RF} 或是其鏡像干擾 f'_{RF}。去除鏡像干擾的辦法唯有在天線和混波器之間加裝濾波電路以除去不必要的鏡像信號。

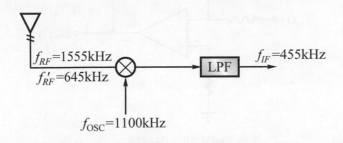

圖 4.18　AM 超外差接收的鏡像干擾

　　回到圖 4.16，再接著我們要談到解調部分。一般 FM 解調部分被稱為鑑頻器(discriminator)。它是一個可由FM信號的頻率或相位變動中抽取出訊息信號(即基頻信號)的裝置。鑑頻器輸出的信號振幅和輸入的FM載波信號的頻率偏移量有關，如圖 4.19。

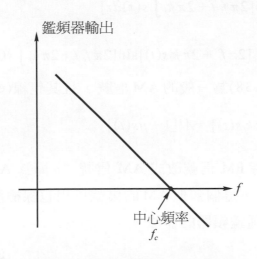

圖 4.19　鑑頻器的輸入／輸出關係

　　鑑頻器有正交(Quadrature)、福斯特-席利(Foster-Seely)、斜率檢波器(slope detcetor)及鎖相迴路(Phase Locked Loop；PLL)等方式。至於在鑑頻器之前的限制器(limiter)的作用在於因為調頻信號的訊息只包含在FM信號交越零點的頻率上，其振幅變動並不含任何訊息，所以用限制器(如圖 4.20)將FM信號的振幅限制在某一數值內。

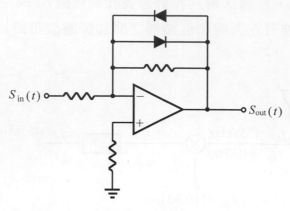

圖 **4.20** 限制器

再來我們要深入討論鑑頻器(discriminator)。一個系統若具有頻率對電壓間的線性轉移特性，這樣的系統就稱為鑑頻器。理論上最簡單的就是理想微分器，其轉移函數特性為 $H(f) = j2\pi f$ (有時稱之為線性失真元件，linear distrotion element)，由式(4.8) FM 信號為：

$$\phi_{\text{FM}}(t) = A_c \cos[2\pi f_c t + 2\pi k_f \int s(\tau)d\tau]$$

$$\therefore \frac{d\phi_{\text{FM}}(t)}{dt} = -A_c[2\pi f_c + 2\pi k_f s(t)]\sin[2\pi f_c t + 2\pi k_f \int s(\tau)d\tau] \tag{4.38}$$

若 $k_f s(t) \ll f_c$，則式(4.38)為一般的 AM 信號，且其包線(envelope)為

$$A_c \cdot [2\pi f_c + 2\pi k_f s(t)] = A_C'[1 + \mu s(t)] \tag{4.39}$$

可見微分器的作用是將 FM 信號改成 AM 信號，μ 即為 AM 調變中的振幅靈敏度。只要 $k_f s(t) \ll 2\pi f_c$，這個類似 AM 的信號可用包線檢波器將包線 $s(t)$ 檢測出來。圖4.21顯示了二種鑑頻器的作法。

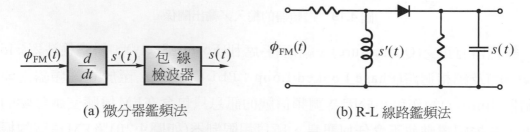

(a) 微分器鑑頻法　　　　　　　　(b) R-L 線路鑑頻法

圖 **4.21** 二種基本的微分鑑頻法

有一個常用的鑑頻器如圖 4.22，稱為**斜率檢波器**(slope detector)。此類鑑頻器雖然較便宜，但因為它的線性範圍較狹窄，因此多使用在頻率變化量較小的輸入信號上。

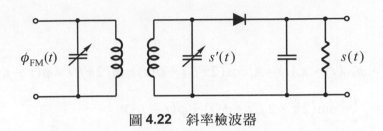

圖 **4.22**　斜率檢波器

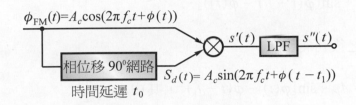

圖 **4.23**　正交 FM 解調器

上述的鑑頻器主要是利用線性失真電路(如微分器)將 FM 調變信號的頻率資訊轉成振幅大小，如式(4.38)，再利用一個包線檢波電路將這個 AM 信號的包線資訊檢驗出來。還有一種方式是直接用 FM 信號中的相角資訊 $\phi(t)$ 的微分以求得基頻信號 $s(t)$，因為

$$\phi(t) = 2\pi k_f s(t) \text{ 而且 } \dot{\phi}(t) \approx \frac{\phi(t) - \phi(t - t_1)}{t_1} \tag{4.40}$$

$$\text{即} \quad \phi(t) - \phi(t - t_1) \simeq t_1 \dot{\phi}(t - t_1) \propto 2\pi k_f t_1 \cdot s(t) \tag{4.41}$$

其中 $\phi(t - t_1)$ 可以利用延遲電路(即頻域觀點的相位移電路)得到，因此利用這種相位移方式解調 FM 信號的方式就稱為相移-鑑別(phase-shift discrimination)，例如：正交 FM 解調器正交檢波器(quadrature detector)，福斯特-席利鑑頻器(Foster-Seely discriminator)、比率檢波器(ratio detector)等電路。以圖 4.23 正交解調器為例，其作用乃是藉著將兩個正交(相位差 90°)的信號相乘，而把訊息信號 $s(t)$ 取出。其中的相位移 90° 網路具有 group delay t_1 及 carrier delay t_0，而且 $2\pi f_c t_0 = 90°$，經過這個相位移 90° 網路後，

$$s_d(t) = A_c \cos(2\pi f_c (t - t_0) + \phi(t - t_1))$$

$$= A_c \cos(2\pi f_c t - 90° + \phi(t - t_1))$$

$$= A_c \sin(2\pi f_c t + \phi(t - t_1)) \qquad (4.42)$$

由圖 4.23

$$s'(t) = \phi_{FM}(t) \cdot s_d(t) = A_c^2 \cos(2\pi f_c t + \phi(t)) \sin(2\pi f_c t + \phi(t - t_1))$$

$$= \frac{A_c^2}{2}[\sin(2\pi \cdot 2f_c t + \phi(t) + \phi(t - t_1))$$

$$+ \sin(\phi(t - t_1) - \phi(t))] \qquad (4.43)$$

經過 LPF 之後可得到

$$s''(t) = A_D \cdot \sin[\phi(t) - \phi(t - t_1)]，其中 A_D = \frac{A_c^2}{2} \qquad (4.44)$$

假設延遲量 t_1 很小，以致於 $|\phi(t) - \phi(t - t_1)| \ll \pi$，所以

$$s''(t) = A_D \cdot \sin[\phi(t) - \phi(t - t_1)] \simeq A_D(\phi(t) - \phi(t - t_1))$$

$$\simeq A_D \cdot 2\pi \cdot k_f \cdot t_1 s(t)$$

$$= k_D s(t) \qquad (4.45)$$

利用相位移解調 FM 的基本精神在於：若相位移 90°網路的時間延遲 t_1 很小，則相位差 $\phi(t) - \phi(t - t_1)$ 幾乎可以被看成是 **"相位的微分"**。

由式(4.45)可知，正交檢波器可以檢出 FM 信號 $\phi_{FM}(t)$ 的相位變化情形(即可以檢出其頻率)，因此原基頻信號 $s(t)$ 可以被成功解調出來。

FM 的另一種解調方式就是所謂 "零點交越偵測"(zero-crossing detection)。因為 FM 調變的精神在於訊息信號是隱藏於載波的頻率之中，因此單位時間之內 FM 調變信號交越零點的次數就代表其瞬間頻率 f_i，也就是基頻信號 $s(t)$ 的大小。

圖 4.24 零點交越偵測

將FM信號 $\phi_{FM}(t)$ 經過一個理想限制器(ideal limiter)之後，會得到一個方波信號，用這個方波信號來觸發一個單穩態的脈波信號，只要我們在某個時間內去計算脈波個數 n，這個數 n 就等同FM信號在此段時間內交越零點的個數，也就是 FM 信號的瞬間頻率 f_i，因為 $f_i = f_c + k_f s(t)$，所以消除 DC 成分之後可得到基頻信號 $s(t)$。

另一個相當有用的方法就是鎖相迴路(Phase Locked Loop；PLL)，PLL的工作方塊圖如圖 4.25，它是一個有回授作用的解調器。

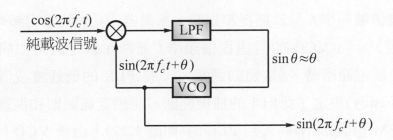

圖 **4.25**　鎖相迴路(PLL)

鎖相迴路(PLL)由平衡調變器(即乘法器)，低通濾波器(low pass filter)和電壓控制振盪器(Voltage Controlled Oscillator；VCO)組成。其中VCO受到輸入電壓 θ 的控制產生 $\sin(2\pi f_c t + \theta)$，這個信號和輸入的載波信號 $\cos(2\pi f_c t)$ 經過乘法器後可產生

$$\cos(2\pi f_c t) \cdot \sin(2\pi f_c t + \theta) = \frac{1}{2}[\sin(2\pi \cdot 2f_c t + \theta) + \sin\theta] \tag{4.46}$$

經過低通濾波器除去高頻成份後，可得

$$\sin\theta \approx \theta \tag{4.47}$$

由於VCO的輸出信號和輸入的載波信號之間保有微小相位差(理想上 $\theta = 0$)，因此 PLL 可以完成兩個信號間的同步。

PLL 的頻寬由低通濾波器(LPF)頻寬所決定，若 PLL 的頻寬太小，則 PLL 可能無法尋得載波信號。一般我們將 PLL 的工作頻寬範圍分成**鎖定範圍**(lock range)和**捕捉範圍**(capture range)，如圖 4.26。

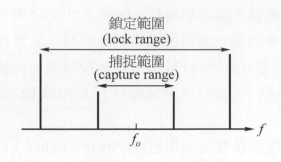

圖 **4.26**　PLL 工作頻寬

當輸入的載波信號頻率f_i位於捕捉範圍時，振盪器(VCO)的輸出頻率f_{vco}將在鎖定範圍內追蹤f_i。而 VCO 的自由振盪頻率f_o通常在鎖定範圍和捕捉範圍的中心，當f_i超過鎖定範圍時，f_{vco}將回到f_o。一般 PLL 的低通濾波器的截止頻率(cut-off frequency)決定了此PLL的捕捉範圍，而鎖定範圍則和振盪器(VCO)有關。當一個 FM 信號$\phi_{FM}(t)$輸入到 PLL 時(如圖 4.27)，由於 VCO 的延遲t_0使得 LPF 的輸出是$\theta(t) - \theta(t - t_0)$，而這個相位上的小小差分正好是頻率成分$s(t)$。

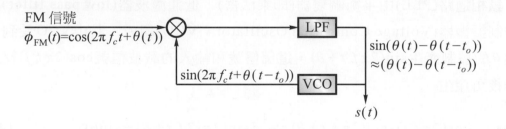

圖 **4.27**　FM 信號輸入 PLL

　　一個較完整的鎖相迴路(PLL)方塊圖如圖 4.28。其中相位比較器是由乘法器及低通濾波器所構成的，和前述 PLL 不同之處在於多了一個迴路濾波器(loop filter)。相位比較器中的低通濾波器是用來濾除由乘法器產生的第二階波成分，而迴路濾波器則是控制 PLL 的動態響應。

　　PLL的複雜度由迴路濾波器的轉移函數$H(f)$決定。最簡單的PLL為$H(f) = 1$，此種PLL稱為**一階鎖相迴路**(first order PLL)，亦即如前面所述。一般而言，輸入的 FM 信號的頻寬可以比迴路濾波器的頻寬來得寬。迴路濾波器的輸出必須限制在基頻信號頻寬內，而VCO的輸出頻寬則和寬頻帶FM信號(WBFM)的頻寬相同。即輸入PLL的寬頻帶FM信號(WBFM)頻寬必須落在PLL的鎖定範圍內，而PLL的迴路濾波器頻寬(即VCO的輸入頻寬)則必須落在PLL的捕捉範圍內。

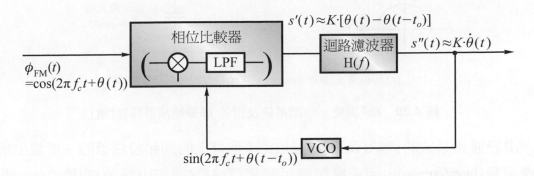

圖 **4.28**　較完整的 PLL 的系統方塊圖

最後，在圖 4.16 中還有一個重要的解調元件－**解強網路(de-emphasis network)**。這個網路可以看成是一個低通濾波器，會將通過信號的高頻成分加以衰減(即抑制高頻成分)，因此這電路又稱為**解強濾波器(de-emphasis filter)**。這是因為 FM 調變系統特別容易受高頻(離載波 f_c 較遠)的其他信號(一般為其他電台信號)的干擾。因此我們在傳輸端，先將基頻信號 $s(t)$ 通過**預強濾波器(pre-emphasis filter)**以加強高頻信號，然後經由 FM 調變之後發送出去，在接收端經由 FM 解調後再透過**解強濾波器(de-emphasis filter)**將基頻信號還原回來。其系統及濾波器特性如圖 4.29 所示。

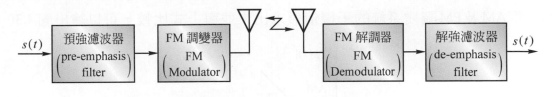

(a) 裝有預強/解強濾波器的 FM 調變系統

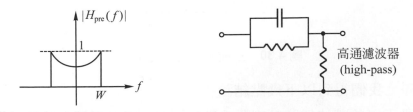

(b) 預強濾波器(pre-emphasis filter)特性及其典型電路

圖 **4.29**　FM 調變／解調系統及預強/解強濾波器特性

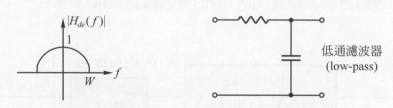

(c) 解強濾波器(de-emphasis filter)特性及其典型電路

圖 **4.29** FM 調變／解調系統及預強/解強濾波器特性(續)

由於通訊系統的天線(及系統)接收到 2 個以上的同頻段信號時，便發生所謂干擾現象(interference)，而干擾信號可能來自線路(或空中電波)的耦合(coupling)或是多路徑傳輸(multipath propagation)。

假設系統的工作載波頻率 f_c，而干擾信號的中心載波頻率為 $f_c + f_i$，而且假設基頻信號 $s(t) = 0$ 而且干擾波的基頻信號 $s_i(t) = 0$，所以接收到的載波信號為

$$\phi_{FM}(t) = \underbrace{A_c \cos(2\pi f_c\, t)}_{\text{目標載波信號}} + \underbrace{A_i \cos(2\pi (f_c + f_i)t)}_{\text{干擾的載波信號}} \tag{4.48}$$

對接收到的 $\phi_{FM}(t)$ 信號作 FM 解調之後，可以得到

$$y_D(t) = k_D \rho \cdot f_i \cos(2\pi f_i\, t) \tag{4.49}$$

此式表示雖然傳送端沒有傳送信號，但接收端乃有信號輸出(因為受到干擾)。將 AM 及 PM 調變系統的干擾情形求出來並與上式比較，可以繪出圖 4.30：

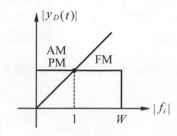

圖 **4.30** 三種系統受干擾情形

由圖 4.30，我們得到以下幾點結論：

⑴ 假設干擾的載波信號頻率為 f_c 時($f_i = 0$)，表示干擾信號和工作中的載波信號同頻率，這種干擾稱為**同頻干擾**(Co-channel interference)。

(2) 假設干擾的載波信號頻率 $f_c + f_i$ (且 $f_i \neq 0$)，表示干擾信號的頻率和工作中的載波信號頻率不相同(相差一個 f_i)，這種干擾稱為**鄰頻干擾**(Adjacent-channel interference)。

(3) 由圖 4.30，FM 調變完全不受同頻干擾的影響，AM 及 PM 則會受同頻干擾的影響。

(4) 不論干擾信號的頻率為何，AM 及 PM 所受到的干擾程度保持一致，而 FM 調變則會因干擾信號的頻率較高就受到較為嚴重的干擾。即 FM 調變受到鄰頻干擾(Adjacent-channel interference)的影響會隨著高頻信號的干擾而升高，這種現象就是為何 FM 調變系統中要採用 emphasis filter 的原因。

(5) 當干擾信號的頻率為 $f_c + 1$ 時，三種調變受到的干擾影響狀況相等。

此外，FM 調變受到干擾時，若兩個信號振幅強度相差不多時，只要誰的強度較大，接收機(receiver)就會輸出該信號。因此若這兩個信號隨時間互有強弱時，接收機就會輪流輸出不同的信號，這種現象稱為 **Capture effect**。

最後，FM 調變系統還有一個現象—臨限效應(**Threshold effect**)。這個現象和 Capture effect 類似，不過它主要是說明當 FM 調變系統中的訊號／雜訊(S/N)比值變得比 1 還小時，雜訊會主導系統的效能，以致於調變的效能(performance)會劇烈下降，這種現象稱為臨限效應(Threshold effect)。不過這現象主要是因為 FM 調變採用了包線檢測電路(envelope detector)的緣故，即這 Threshold effect 來自 envelope detector 的非線性特性，因此採用包線檢測的調變系統會有 Threshold effect。當接收機採用同步解調時並不會發生這個現象。

4.5　調頻系統

介紹完 FM 的各種調變／解調原理之後，本節將介紹一個完整的調頻系統，圖 4.31 為一典型商用調頻系統方塊圖：

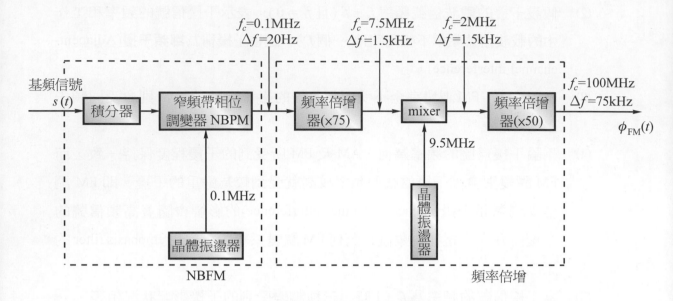

圖 4.31　典型商用調頻系統

1. 這個FM系統用來傳送 100Hz-15kHz的音頻訊號，在窄頻帶調頻(NBFM) 的系統功能中：假設調變指數 $\beta = 0.1$ 則最低頻音訊(100Hz)有 $\Delta f = 10$Hz 的頻率偏差而最高頻音訊(15kHz)有 $\Delta f = 1.5$kHz的頻率偏差，所以最低 頻調變所造成的頻率偏差遠低於最高頻調變。若此系統要求FM信號的 載波頻率 $f_c = 100$MHz及最大頻率偏差 $\Delta f = 75$kHz，因此若是最高頻信 號調變產生的頻率偏差 ≤ 75kHz，則其它音頻產生的頻率偏差也一定 ≤ 75kHz。因此我們只著眼於最高音頻的頻率偏差 $\Delta f \leq 75$kHz即可。

2. 由NBFM產生的FM信號 $f_c = 0.1$MHz，$\Delta f = 20$Hz。若使用一個頻率倍 增比例3750的頻率倍增器的話可得到的 $\Delta f = 75$kHz，但 f_c 卻變成375MHz 不符合系統要求。因此必須使用二級的頻率倍增器，並在二個頻率倍增 器之間作載波頻率的遷移。因此，先使用一個 $\times 75$ 比例的頻率倍增器 而得到 $f_c = 7.5$MHz，$\Delta f = 1.5$kHz的FM信號。

3. 利用混波器(mixer)，將 $f_c = 7.5$MHz遷移到 $f_c = 2$MHz 的頻帶上(混波器 的功能請參考第二章)。此時的頻率偏差不會變動，$\Delta f = 1.5$kHz。

4. 再利用一 $\times 50$的頻率倍增器，將FM信號變成 $f_c = 100$MHz，$\Delta f = 75$kHz。

如此之下，我們就可得到一個合乎FCC規定(載波中心頻率 $f_c = 100$MHz，最大 頻率偏差 $\Delta f = 75$kHz)的標準FM信號 $\phi_{FM}(t)$。

一般 FM 廣播電台的頻寬為 200kHz，比起 AM 廣播電台的 10kHz 佔了相當大的頻寬，且其基頻信號頻寬可高達 15kHz，比 AM 的 5kHz 也高出許多，如表 4.2。

表 **4.2**　AM/FM 廣播頻寬比較

	AM 廣播	FM 廣播
傳輸頻寬	10kHz	200kHz
基頻頻寬	5kHz	15kHz

圖 4.32 為美國聯邦通訊委員會(Federal Communications Commission；FCC)允許商用 FM 電台的頻率分佈圖，其最大載波頻率偏差定為 ±75kHz，且於上、下旁波帶各有 25kHz 的防護帶。因為 FM 會產生無限多個旁波帶，而且離載波中心頻率愈遠的旁波帶振幅也愈小，通常只考慮偏離 ±75kHz 應算是合理的，且防護帶可以保證相鄰的兩頻道不會造成互相干擾。

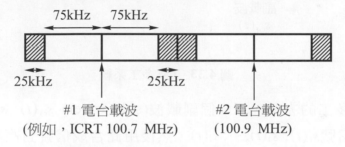

圖 **4.32**　FCC 規定下商用 FM 電台頻率分佈

嚴格來說，一般私人或公用的 FM 通訊都限制頻寬在 3kHz 左右，而 FCC 對此類窄頻帶 FM 系統的頻寬限制多在 10kHz～30kHz 不等。在美國，不同的調頻(FM)頻率被指定給不同的使用者使用，如表 4.3。

表 **4.3**　美國地區 FM 頻率使用情形

52～53MHz	窄帶業餘(Narrowband Amateur)
54～88MHz	電視聲(音)頻(TV audio)
88～92MHz	非商業廣播(Non Commercial broadcast)
92～108MHz	商業廣播(Commercial broadcast)
108～174MHz	窄帶公共服務(Narrowband Public Service)
146～147.5MHz	窄帶業餘(Narrowband Amateur)
174～216MHz	電視聲(音)頻(TV audio)
216～440MHz	窄帶公共服務(Narrowband Public Service)
440～450MHz	窄帶業餘(Narrowband Amateur)
470～806MHz	電視聲(音)頻(TV audio)

有一種普遍被採用在數據傳送的一個 FM 多工方式如圖 4.33 所示。

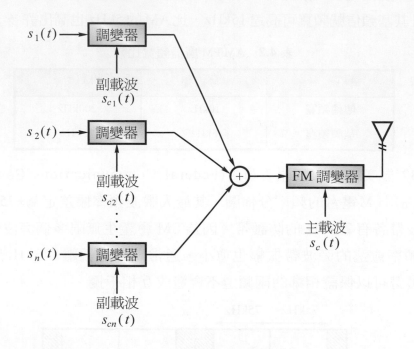

圖 4.33　FM 多工系統

　　利用分頻多工的方式，以 n 個副載波(subcarrier) $s_{c1}(t),\ s_{c2}(t),\ \cdots,\ s_{cn}(t)$，合併 n 個基頻信號 $s_1(t),\ s_2(t),\cdots,s_n(t)$，然後用此合成信號對高頻載波作 FM 調變。各基頻信號分別指定不同的副載波，這些副載波的選擇是儘量要使每個頻道以些許頻率將彼此隔開，這些用來隔開不同副載波的頻帶被稱之為防護帶(guard band)。若 FM 被用在副載波調變及主載波調變，則其合成調變方式稱為 FM-FM。若是副載波採用 AM 則稱為 AM-FM，一般副載波調變均採用 DSB-SC 或 SSB，儘量避免大載波的方法。因為有許多頻率位置可以用來只傳載波信號，通常用一個嚮導副載波傳送過去就足夠解調所需。

　　接下來我們討論一下**立體聲 FM** (stereo phonic FM)廣播系統，在立體音響系統中，使用 2 組錄音麥克風而形成左右兩邊不同的分離信號。立體聲 FM 廣播系統的發射部分如圖 4.34，左右兩個麥克風所產生的左右分離信號為 $L(t)$、$R(t)$，並將此二信號相減及相加而得到

　　　　$L(t) - R(t)$ 及 $L(t) + R(t)$

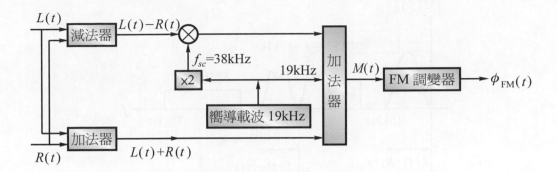

圖 **4.34**　立體聲 FM 廣播系統

假設其頻譜如圖 4.35。

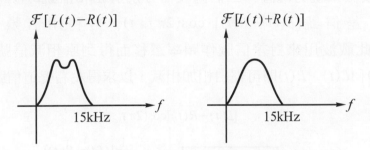

圖 **4.35**　左右聲道和、差頻譜示意圖

　　由於我們假設基頻信號的頻寬為 15kHz，所以二聲道相加減之後頻寬依然是 15kHz，如圖 4.35。由於我們想要將 $L(t) - R(t)$ 及 $L(t) + R(t)$ 送出去，因此我們將 $L(t) - R(t)$ 的頻譜遷移至 38kHz 處，即將 $L(t) - R(t)$ 乘上 $\cos(2\pi f_{sc} t)$，$f_{sc} = 38\text{kHz}$，此遷移頻率 f_{sc} 乃是由嚮導載波(pilot carrier)$f_p = 19\text{kHz}$ 施於頻率倍乘器上以產生一遷移頻率 $f_{sc} = 38\text{kHz}$。最後可得 $L(t) + R(t)$、$[L(t) - R(t)] \cdot \cos(2\pi f_{sc} t)$ 及嚮導載波 $\cos(2\pi f_p t)$ 混合而成的 $M(t)$ 信號；

$$M(t) = [L(t) + R(t)] + [L(t) - R(t)] \cdot \cos(2\pi f_{sc} t) + A_c \cos(2\pi f_p t)$$

且合成信號 $M(t)$ 的頻譜密度函數如圖 4.36 所示。此合成立體聲信號 $M(t)$ 再對一載波，例如 ICRT 的 100.7MHz，施以頻率調變(FM)後，將已調變載波送到天線傳送出去。

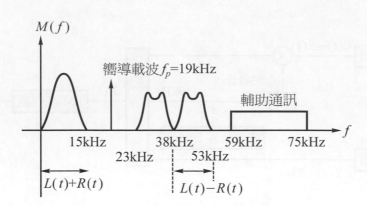

圖 **4.36**　FM 基頻信號 $M(t)$ 的頻譜分佈圖

在立體聲 FM 的接收機中，先利用 FM 解調還原得到合成信號 $M(t)$，圖 4.37 為立體聲 FM 接收機系統方塊圖。三個濾波器分別解出和信號 $L(t) + R(t)$、嚮導載波 $\cos(2\pi f_p\, t)$、差信號 $[L(t) - R(t)] \cdot \cos(2\pi f_{sc}\, t)$，再利用倍頻器取得載波 $f_{sc} = 38\text{kHz}$，此載波用來對差信號作頻率遷移而得到原相減信號 $L(t) - R(t)$。有了 $L(t) - R(t)$ 和 $L(t) + R(t)$ 即可經由相加相減，以求得左右聲道信號 $L(t)$ 及 $R(t)$。

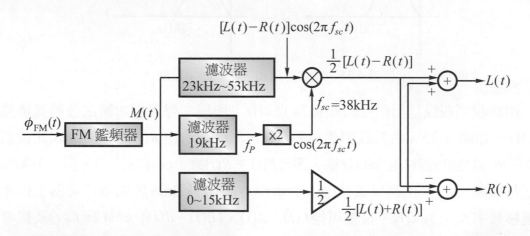

圖 **4.37**　立體聲 FM 接收機系統方塊圖

在圖 4.36 中，立體聲中的左右相減信號 $L(t) - R(t)$ 及輔助通訊頻道佔有 FM 頻道的高頻部分，而欲保持這些高頻部分的信號符合 FM 頻寬的限制 $\Delta f = 75\text{kHz}$，經常須對這些傳輸信號的最大振幅作限制（$\because \Delta f = k_f A_m$）。例如，對 FM 立體聲廣播而言，其引導載波 19kHz 信號的頻率偏差容許為最大頻率偏差 $\Delta f = 75\text{kHz}$ 的 10％，當廣播過程中沒有任何基頻信號，只有嚮導載波在傳送時，其調變指數 $\beta = 7.5\text{k}/19\text{k} = 0.395$。另外嚮導載波對聲音信號的影響為：當系統加上嚮導載波時就會使語音信號的調變量降低(即調變指數 β 變小)。較小的嚮導載波可允許信號的調變量較大(即 β 較大)，而較大的嚮導載波卻可使接收機簡單地取出該載波。

　　由圖 4.36，在 FM 電台廣播頻道中除了傳送電台節目的主載波之外，剩餘頻寬(圖中輔助通訊 59～75kHz)尚可用來傳送其他節目或資訊服務，稱為**副載波**(subcarrier)，俗稱〝看的收音機〞。以SCA系統(The Subsidiary Communication Authorization)為例，其除了商用電台之單音和立體聲廣播外，SCA並允許FM電台傳送非商業訊息，用於付費之私人用戶，如商店、辦公室之背景音樂。SCA副載波通道使用窄頻帶FM，副載波中央頻率通常設在 67kHz，全部頻率最大偏差仍不可超過 75kHz。若一個 FM 電台僅作單音傳送則整個75kHz 都可用，若單音與SCA一起使用，則FCC規定單音佔最大頻率偏差的70％，而SCA則佔30％。若SCA和立體廣播一起使用，則SCA只能使用最大頻率偏差的10％，$\beta = 7.5k/67k = 0.112$，剩下的 10 ％給嚮導載波(19kHz)，$\beta = 0.395$，而最大頻率偏差的80％給立體信號用，最低頻(100Hz)的調變指數，$\beta = 75k \cdot 0.8/100 = 600$，最高頻(15kHz)的調變指數 $\beta = 75k \cdot 0.8/15k = 4$。若著眼於最高頻的頻率偏差可得 $\Delta f = 15k \cdot 4 = 60kHz$，沒有超過規定，同時最低額亦不會超過($\because \Delta f = 100 \cdot 4 = 400Hz$)。

　　依目前調頻廣播副載波之應用技術，大致分為以下三類：

1. SCA：以美國為主，使用二個副載波，其中心頻率分別為 67kHz 及 92kHz，頻寬約為 ±4kHz，傳送速率可達 4800bps。其傳送資訊內容主要為商業性之即時新聞、交通、氣象、金融……等服務。

2. RDS：係以歐洲為主，使用57kHz±2kHz頻帶之副載波。其傳送資訊內容為服務性之交通(如 DGPS 信號)及氣象資訊。

3. DARC：以日本為主，由 NHK 公司發展出來，係以76kHz±12kHz為副載波頻寬。主要以傳送聲音、文字、圖形等信號。

本章習題

4.1-1 角度調變振幅固定比振幅調變更能抗拒雜訊和干擾，改善的代價是什麼？

4.2-1 根據調頻的調變指數β的值，調頻可分為那兩種情況？

4.2-2 試述卡爾森規則(Carson's rule)。

4.3-1 在圖4.31中產生FM的方塊圖中，為什麼要分成二次作倍頻的動作？

4.3-2 同上題，若古典音樂電台的頻道為 99.7MHz，則如何產生該台的載波信號？

4.4-1 遵循商用FM系統規範(表4.1)的FM廣播系統，理論上不會因影像干擾而收到兩個電台信號，為什麼？

4.4-2 有沒有發現在台灣北區 ICRT 的載波為 100.7MHz，但在中部卻是100.1MHz，到了南部又變成 100.7MHz，為什麼要這樣作？

4.4-3 超外差接收機一定會收到相距$2f_{IF}$的2個電台信號，試著用頻率遷移的觀念說明為什麼？

4.5-1 和圖4.31相類似的一個以倍增器來產生調頻信號的系統方塊圖如下：

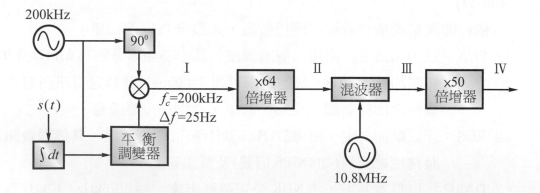

試求在 II、III、IV部分，信號的載波頻率f_c及最大偏差頻率Δf。

4.5-2 上述系統所產生的FM信號合乎FCC規定嗎？為什麼？

4.5-3 FCC 規定 FM 電台頻寬200kHz，調變信號最大頻寬15kHz。試問任何信號(頻寬 ≤15kHz)在 FM 調變下其頻率偏差均落在200kHz 之內嗎？試舉例說明之。

4.5-4　依FCC規定，在FM的頻率範圍內 88～108MHz 共可以允許最多有幾個 FM 電台存在？

4.5-5　在立體聲FM廣播中，為何要將左右聲道混成 $L(t) - R(t)$ 及 $L(t) + R(t)$，試說明你的理由。

4.5-6　在立體聲FM廣播中，為何要將引導載波設在 19kHz？直接設在 38kHz 不是可以省略倍頻的程序嗎？

第 5 章　脈波調變

5.1 前言

在數位化趨勢下，傳輸的信號必須轉成數位信號是現代通訊的潮流之一。將類比連續信號轉換成數位信號的過程，我們可以概稱為**脈波調變**(pulse modulation)，嚴格來說脈波調變並不是調變而是信號處理技術，如圖 5.1：

類比信號 $s(t)$ → 脈波調變 → 數位信號 $s(nT)$

圖 5.1　脈波調變

我們也經常把脈波調變看成是類比／數位轉換(A/D converter)，也因此脈波調變的一些調變方式在某些數位系統如數位控制系統、交換式電源供應器等也經常被用到。

脈波調變(pulse modulation)與一般連續波(Continuous Wave；CW)調變不同的關鍵在於：

1. 連續波調變中所採用的原始載波一般都是連續的正弦波，而脈波調變所使用的原始載波則是一串不連續的脈波(pulse)。

2. 振幅調變(AM)或頻率調變(FM)中，被調變的載波(carrier)參數(如振幅(amplitude)、頻率(frequency)及相位(phase))是隨著訊息本身 $s(t)$ 成連續性變化的。

3. 在脈波調變中，取樣脈波的參數(如振幅、脈波寬度、脈波位置)則隨著訊息的取樣值而變化。

在連續波調變中，載波 $s_c(t)$ 如 $A_c \cos(2\pi \cdot ft + \phi)$，其變動的參數 k(可能是振幅 A_c、頻率 f 或是相位 ϕ)和連續調變信號 $s(t)$ 成正比。

$$k \propto s(t) \quad k : A_c, f, \phi$$

在脈波調變中，一般又稱載波 $s_c(t)$ 為取樣脈波，如 $\sum_{n=-\infty}^{\infty} A_c \cdot p(t - nT_s - \tau)$，其變動的參數 k(可能是振幅 A_c、脈波寬度 τ 或脈波位置 T_s)和調變信號 $s(t)$ 的取樣值 $s(nT_s)$ 成正比。

$$k \propto s(nT_s) \quad k : A_c, \tau, T_s$$

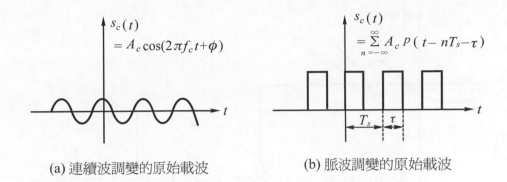

(a) 連續波調變的原始載波　　　　　(b) 脈波調變的原始載波

圖 5.2　連續波／脈波調變載波信號

　　本章我們將討論最常見的四種型式，**脈幅調變**(Pulse Amplitude Modulation；PAM)，**脈寬調變**(Pulse Width (or Duration) Modulation；PWM or PDM)，**脈位調變**(Pulse Position Modulation；PPM)，及**脈碼調變**(Pulse Code Modulation；PCM)。在前兩章我們討論過連續波(CW)調變：正弦載波(sinusoidal carrier)的某些參數(如振幅、頻率、相位)隨調變信號(即訊息信號，基頻信號)而連續性地改變。在本章，我們將討論脈波調變(pulse modulation)，在脈波調變中，脈波列(即脈衝載波pulse carrier)的某些參數(如振幅、脈波寬度、脈波位置)隨調變信號而改變(不一定"有連續性"的關係)。在下一章我們才討論數位調變(digital modulation)，即數位信號對正弦載波的調變情況。

5.2　取樣程序(sampling process)

　　承載著資訊的信號，可能以類比的形式或是以數位的形式表示，類比信號與數位信號之間的關聯是由所謂的**取樣定理**(sampling theorem)來決定的。

　　考慮一個頻寬有限且為BHz的基頻信號$s(t)$，若以一均勻速率，每隔T_s秒取此基頻信號$s(t)$的瞬間值。我們將可得到一週期T_s秒的無窮樣本信號$s_{\text{int}}(t)$：

$$s_{\text{int}}(t) = \sum_{n=-\infty}^{\infty} s(t) \cdot \delta(t - nT_s) \tag{5.1}$$

$s_{\text{int}}(t)$可看成是基頻信號乘上一個等高度的脈衝(delta)函數$\delta(t - nT_s)$，如圖 5.3 所示。

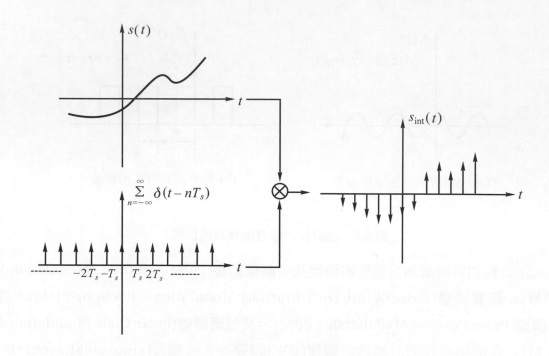

圖 **5.3** 瞬間取樣

這種取樣方式稱為**瞬間取樣**(instantaneous sampling)，或者稱為理想取樣 (ideal sampling)。對式(5.1)作傅氏轉換之後，可得理想取樣 $s_{\text{int}}(t)$ 的頻譜 $S_{\text{int}}(f)$。

$$
\begin{aligned}
S_{\text{int}}(f) &= \mathcal{F}\left[s_{\text{int}}(t)\right] \\
&= \mathcal{F}\left[\sum_{n=-\infty}^{\infty} s(t)\delta(t-nT_s)\right] \\
&= \mathcal{F}\left[s(t)\cdot\sum_{n=-\infty}^{\infty}\delta(t-nT_s)\right] \\
&= \mathcal{F}\left[s(t)\cdot\sum_{n=-\infty}^{\infty}\frac{1}{T_s}e^{j2\pi\cdot nf_s\cdot t}\right]\text{(利用週期函數的 Fourier Series)} \\
&= f_s\cdot\sum_{n=-\infty}^{\infty}S(f-nf_s)
\end{aligned}
\tag{5.2}
$$

其中 $S(f-nf_s)$ 為 $S(f)$ 頻譜位移 nf_s

$S(f) = \mathcal{F}[s(t)]$ 是基頻信號 $s(t)$ 的頻譜

$f_s = 1/T_s$

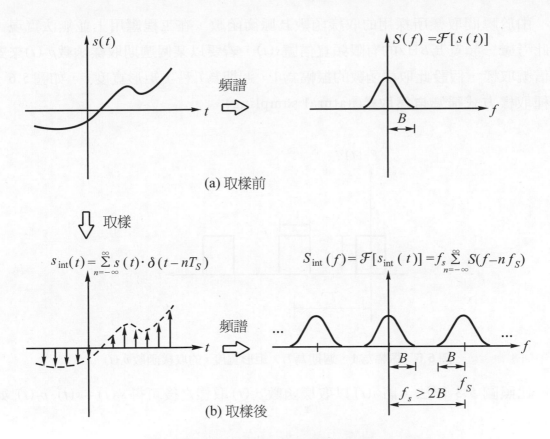

圖 **5.4**　瞬間取樣的頻譜示意圖

如圖 5.4 所示，信號 $s(t)$ 經過瞬間取樣後所得到的取樣函數 $s_{\text{int}}(t)$，其頻譜是原基頻信號 $s(t)$ 頻譜的許多複製，如圖 5.4(b)。只要取樣頻率 f_s 夠大(大於 $2B$ 以上)則複製頻譜彼此互不重疊，且保有原信號頻譜的樣形，利用一個低通濾波器可輕易重現原基頻信號 $s(t)$，如圖 5.5。

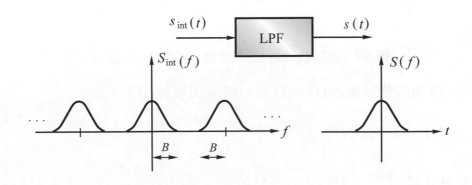

圖 **5.5**　利用 LPF 重現基頻信號

由於瞬間取樣所採用的取樣函數為脈衝函數，在工程應用上並無法實現，因此考慮一頻寬為BHz的有限頻寬信號$s(t)$，若要以某個週期取樣函數$p_T(t)$來對此信號取樣，假設此取樣函數的振幅為1，週期為T_s秒，矩形寬度τ，如圖5.6。這種取樣方式稱為**自然取樣**(natural sampling)。

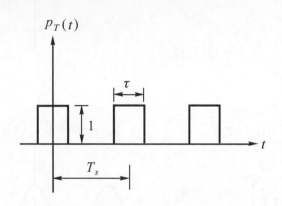

圖 **5.6**　振幅為1，週期為T_s，矩形寬度τ的取樣函數$p_T(t)$

比照圖5.3作法，將$s(t)$以取樣函數$p_T(t)$取樣之後可得$s_s(t) = s(t) \cdot p_T(t)$ 如圖5.7：

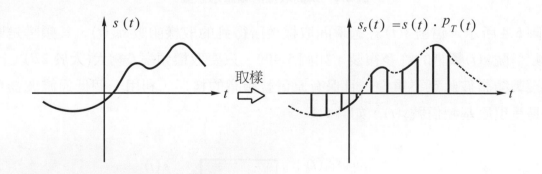

圖 **5.7**　對信號$s(t)$自然取樣後，可得數位信號$s_s(t)$

對圖5.6的週期取樣函數$p_T(t)$可以表示成傅氏級數如下：

$$p_T(t) = \sum_{n=-\infty}^{\infty} P_n e^{jn \cdot 2\pi \cdot f_s \cdot t} \tag{5.3}$$

其中 $P_n = \dfrac{1}{T_s} \displaystyle\int_{-T_s/2}^{T_s/2} p_T(t) \cdot e^{-j2\pi n f_s t} \, dt$

$$= \frac{1}{n\pi} \sin(n\pi \cdot f_s \cdot \tau)$$

$$= f_s \tau \cdot S_a(n\pi f_s \tau) \tag{5.4}$$

$$S_a(x) = \frac{\sin(x)}{x} \text{ 稱為 } \textbf{取樣函數}\text{(sample function)}$$

$$f_s = \frac{1}{T_s}$$

所以原信號 $s(t)$ 取樣後的函數 $s_s(t)$ 為：

$$s_s(t) = s(t) \cdot p_T(t) = \sum_{n=-\infty}^{\infty} s(t) P_n e^{j 2\pi n f_s t} \tag{5.5}$$

∴ 其傅氏轉換後的頻譜為：

$$S_s(f) = \mathcal{F}[s_s(t)]$$

$$= \sum_{n=-\infty}^{\infty} P_n \cdot \mathcal{F}[s(t) e^{j 2\pi n f_s t}]$$

$$= \sum_{n=-\infty}^{\infty} P_n \cdot S(f - n f_s)$$

$$= P_0 \cdot S(f) + \sum_{\substack{n=-\infty \\ n \neq 0}}^{\infty} P_n \cdot S(f - n f_s) \tag{5.6}$$

其中

$$S(f) = \mathcal{F}[s(t)] = \int_{-\infty}^{\infty} s(t) e^{-j 2\pi f t} dt \quad \text{為原信號 } s(t) \text{ 的頻譜。}$$

$$P_0 = \frac{1}{T_s} \int_{-T_0/2}^{T_0/2} p_T(0) dt = \frac{1}{T_s} \int_{-\tau/2}^{\tau/2} 1 \cdot dt = \frac{\tau}{T_s} = f_s \cdot \tau$$

由以上可得結論：

　　一個信號 $s(t)$ 經過一個取樣信號 $p_T(t)$ 取樣後，其頻譜由一個 $S(f)$ 變成無限多個 $S(f - n f_s)$ 頻譜總和，而且這無限多個頻譜是由頻譜 $S(f)$ 位移 $n f_s$，並且大小衰減 P_n 而得，如圖 5.8。

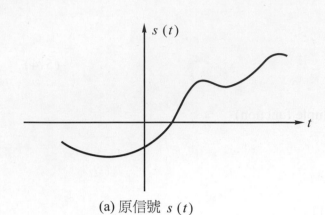

(a) 原信號 $s(t)$

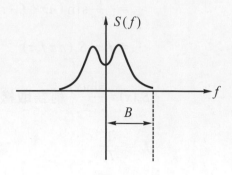

(b) 原信號的頻譜 $S(f)$，頻寬為 B

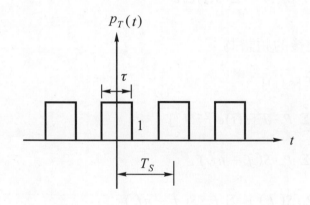

(c) 取樣函數 $p_T(t)$，取樣頻率 $1/T_S$，取樣時間 τ

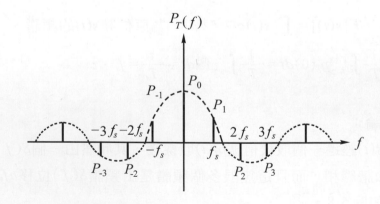

(d) 取樣函數 $p_T(t)$ 的頻譜

圖 5.8 自然取樣的頻譜遷移情形

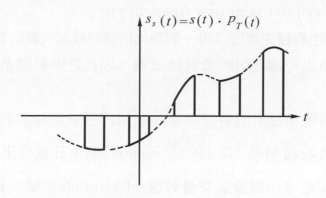

(e) 取樣後的信號 $s_s(t)$

此處每個頻譜樣形都是原頻譜 $S(f)$ 的複製，
只是大小不同而已。

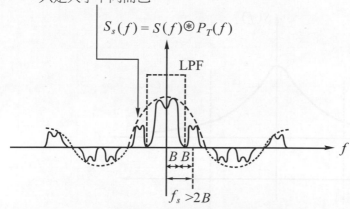

(f) 取樣後信號 $s_s(t)$ 的頻譜。若取樣頻率
$f_s > 2B$，則原信號 $s(t)$ 的頻譜彼此清晰
地分開，利用一低通濾波器可濾下原信號 $s(t)$。

圖 5.8　自然取樣的頻譜遷移情形(續)

　　若信號 $s(t)$ 是有限頻寬的(頻寬 B)，且取樣函數的頻率 $f_s > 2B$。則取樣後的信號 $s_s(t)$ 的頻譜是彼此分開的，如圖 5.8。因 $s_s(t)$ 的頻譜是兩兩分開的，所以利用一個低通濾波器(LPF)可以輕易地將原信號 $s(t)$ 保留下來。

　　由上述可知，要將連續的類比信號 $s(t)$ 取樣得到數位信號 $s_s(t)$ 而不致於失真，以使得在接收端經過一低通濾波器(LPF)後可將此數位信號 $s_s(t)$ 轉回原信號 $s(t)$，其要求的條件為 "取樣頻率 f_s 必須大於信號頻寬的 2 倍" (即 $f_s > 2B$)，此即有名的**取樣定理**(sampling theorem)。而取樣的最小頻率 $f_{min} = 2B$，即稱為

倪奎斯取樣頻率(Nyquist sampling frequency)。

雖然理論上利用取樣定理可以將一個類比信號轉成無失真的數位信號,但是:

1. 由於無法作出一個理想的低通濾波器,因此許多實際系統多採取較高的取樣率。

2. 由於一般信號都是有限時間信號,其頻譜多會是無限的。因此在重建信號時,大於取樣頻率 1/2 (即 $f > \frac{1}{2} f_s$)的頻率分量會出現在取樣後的頻譜中。此即造成所謂**頻譜交疊效應**(aliasing)的信號失真,如圖 5.9。其解決的方法是:在取樣之前儘可能先利用濾波器作限頻的工作,如圖 5.10。再者就是將取樣頻率 f_s 再予提高以減少頻譜交疊的現象,如圖 5.11,使用較高的取樣頻率 f_{s2} 時,其交疊現象較不嚴重。

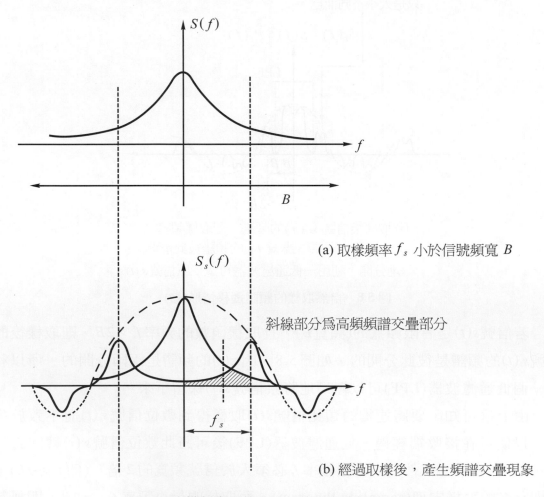

(a) 取樣頻率 f_s 小於信號頻寬 B

(b) 經過取樣後,產生頻譜交疊現象

圖 5.9 取樣頻率不夠大,以致於產生頻譜交疊現象

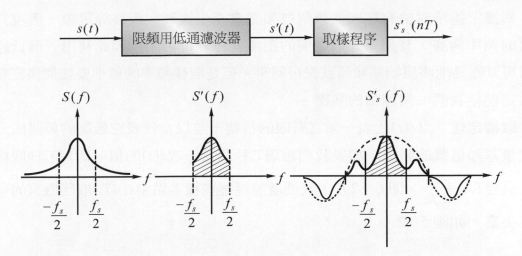

圖 **5.10**　解決頻譜交疊現象的方法之一，先用限頻濾波器削去 $\dfrac{f_s}{2}$ 以外的頻率(假如
這些高頻成分可以忽略)

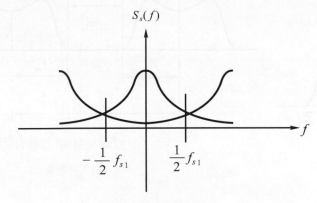

(a) 較低的取樣頻率 f_{s1}

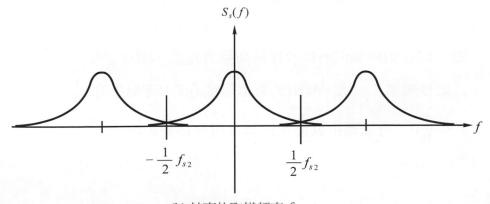

(b) 較高的取樣頻率 f_{s2}

圖 **5.11**　解決頻譜交疊現象的方法之二：使用高取樣率 f_{s2} 以減輕頻譜交疊現象

　　根據上述所討論有關取樣後信號頻譜會產生複製、遷移等現象，發現只要取樣的頻率夠高，其頻譜樣形之間的距離就會分得夠開，因此利用一個低通濾波器可以輕易地將原始基頻信號恢復回來。但是取樣頻率的標準要如何決定呢？取樣定理給我們一個理論的基礎。

　　取樣定理：以$s(t)$代表一頻寬有限的信號，並以f_m代表它最高的頻譜成分或看成是基頻信號的頻寬。如果我們每隔T_s秒測量一次$s(t)$的值，即每T_s秒取樣一次，只要$T_s < \dfrac{1}{2f_m}$，即$f_s > 2f_m$，我們就能從這些樣本點中$s(nT_s)$取回原來的信號而不失真，如圖 5.12。

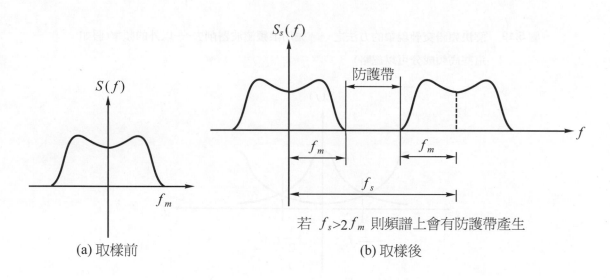

若 $f_s > 2f_m$ 則頻譜上會有防護帶產生

(a) 取樣前　　　　　　　　　　　　　　　(b) 取樣後

圖 5.12　取樣前後頻譜複製、遷移情形

　　舉個簡單的例子：

　　　　對一信號$s(t) = \sin(2\pi \cdot 2k \cdot t)$其最高頻譜為$f_m = 2\text{kHz}$

　　　　$\therefore$取樣頻率$f_s > 2f_m = 4\text{kHz}$的數位信號$s(nT_s)$(即每小於$\dfrac{1}{4k}$ sec取樣一次，

　　　　$T_s < \dfrac{1}{4k}$)，可以藉由低通濾波器恢復原信號$s(t)$。

圖 5.13 亦說明取樣定理。

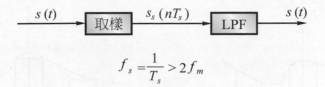

$$f_s = \frac{1}{T_s} > 2f_m$$

圖 **5.13**　選擇適當的取樣頻率以保證恢復原信號

5.3　脈波振幅調變(PAM)

在**脈波振幅調變**(Pulse Amplitude Modulation；PAM)中，一串寬度 τ 相同的脈波信號，其振幅 A_n 隨調變信號 $s(t)$ 的取樣值 $s(nT_s)$ 成比例變化。PAM調變可以看成調變信號 $s(t)$ 和取樣脈波 $p_T(t)$ (即載波)相乘而得，如圖 5.14。

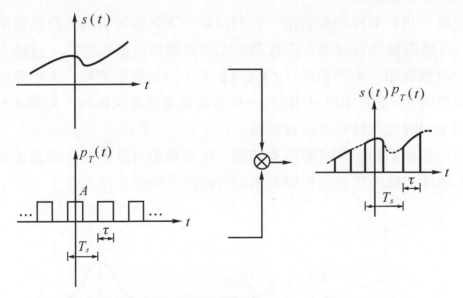

圖 **5.14**　調變信號 $s(t)$ 乘上取樣脈波 $p_T(t)$ 形成 PAM 信號

很明顯的，上述的PAM調變就是自然取樣，但有時我們只對平頂(flat-top)的脈波有興趣，因為我們不需要用脈波的形狀去傳送資訊，而且平頂的矩形脈波容易產生，在中繼站中要將信號放大或重新產生平頂的脈波會比較容易，如圖 5.15。這種取樣的方式又叫**平頂式取樣**(flat-top sampling)。

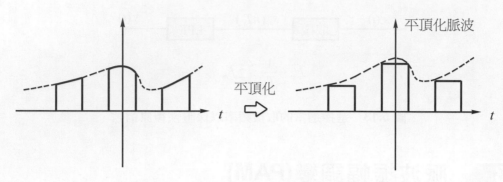

圖 5.15 平頂式脈波振幅調變波形示意圖

我們之所以重視平頂式脈波的關鍵在於因為脈波形狀不是很重要，而且中繼站能夠重新產生脈波而不只是放大而已。例如中繼站可以對非平頂式脈波加以修正成平頂式的以抵抗傳輸造成的雜訊或失真，這種脈波重現在信號雜訊比(S/N)中有很大的優勢。

在檢視平頂化取樣的頻譜前，我們回顧一下先前討論過的自然取樣。一信號 $s(t)$ 的自然取樣導致頻譜在取樣週期 f_s 的倍數地方重複出現，這種因取樣而產生的頻譜複製和原來的頻譜 $S(f)$ 完全相同，只是頻率遷移且大小變動而已。所以原來信號 $s(t)$ 能夠由將 $s_s(t)$ 經過一理想低通濾波器而得到，如圖 5.8 所示。（同樣地，對瞬間取樣也是同樣結論。）

然而由於我們對平頂式脈波有興趣，所以我們可以因為作平頂式取樣而得到一個和瞬間取樣及自然取樣略有不同的頻譜，如圖 5.16 所示。

(a)

圖 5.16 平頂式取樣的頻譜波形

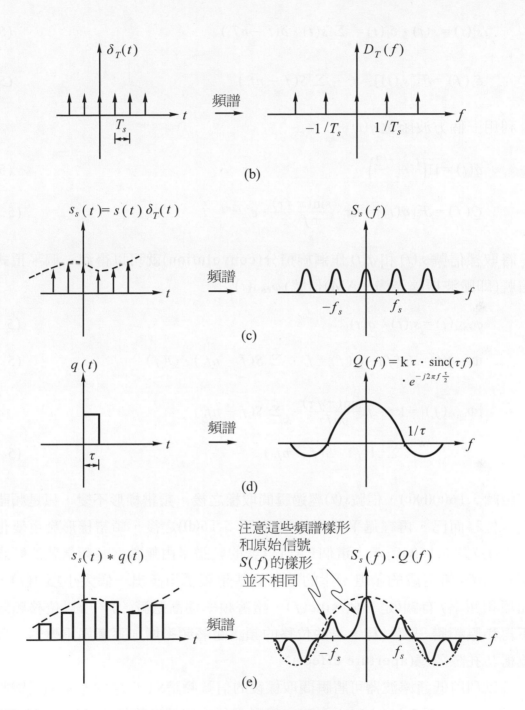

圖 **5.16**　平頂式取樣的頻譜波形(續)

　　要完成一個平頂式(flot-top)取樣理論，我們先將基頻信號 $s(t)$ 作理想化取樣(ideal sampling)並得到 $s_s(t)$：

$$\therefore s_s(t) = s(t) \cdot \delta_T(t) = \sum_{n=-\infty}^{\infty} s(t) \cdot \delta(t - nT_s) \tag{5.7}$$

$$S_s(f) = \mathcal{F}[s_s(t)] = f_s \cdot \sum_{n=-\infty}^{\infty} S(f - nf_s) \tag{5.8}$$

利用一個方波函數 $q(t)$

$$q(t) = \Pi\left(\frac{t - \tau/2}{\tau}\right) \tag{5.9}$$

$$Q(f) = \mathcal{F}[q(t)] = k\tau \cdot \frac{\sin(\pi f \tau)}{\pi f \cdot \tau} \cdot e^{-j2\pi f \cdot \frac{\tau}{2}} \tag{5.10}$$

將取樣信號 $s_s(t)$ 和 $q(t)$ 作迴旋積分(convolution)就可以得到一個平頂式取樣信號(即脈波振幅調變(PAM)信號) $\phi_{PAM}(t)$：

$$\phi_{PAM}(t) = s_s(t) * q(t) \tag{5.11}$$

$$\Phi_{PAM}(f) = S_s(f) \cdot Q(f) = f_s \cdot \sum_{n=-\infty}^{\infty} S(f - nf_s) \cdot Q(f) \tag{5.12}$$

$$\therefore \quad |\Phi_{PAM}(f)| = k\tau \cdot f_s \frac{\sin(\pi f \tau)}{\pi f \tau} \cdot \sum_{n=-\infty}^{\infty} S(f - nf_s)$$

$$= \sum_{n=-\infty}^{\infty} A(f) \cdot S(f - nf_s) \tag{5.13}$$

由圖 5.16(a)(b)(c)，信號 $s(t)$ 經過瞬間取樣之後，頻譜樣形不變，只是頻譜被複製、位移而已。再經過平頂化的作用(圖 5.16(d))之後，頻譜樣形發生變化如式(5.13)及圖 5.16(e)所示，這個 PAM 信號的頻譜是由無數個基頻信號的頻譜位移 $S(f - nf_s)$ 所構成的，但不幸的是每個基頻頻譜均多出一個大小項 $A(f)$，由於此項和頻率 f 有關(是一個 $\mathrm{sin}c(f)$，隨著頻率逐漸遞減。)，所以位移頻譜樣形不再和原頻譜一模一樣。這些位移的頻譜隨著頻率增加逐漸嚴重變形，此種現象稱為孔隙效應(aperture effect)。

所以利用低通濾波器可將瞬間取樣後的信號頻譜 $S_s(f)$ 中的原基頻信號頻譜 $S(f)$ 濾出來(由圖 5.16(a)、(c)可知)。但對平頂式取樣後的信號頻譜 $S_s(f) \cdot Q(f)$ 而言，單純使用低通濾波器已不可能重建 $s(t)$，必須再加上 $Q^{-1}(f)$ 的轉換作用才能重現 $S(f)$。這種更正一個〝已知扭曲程度的系統〞(例如，我們已知圖 5.16(d)中的平頂式脈波波形 $q(t)$ 的頻譜 $Q(f)$)的頻率響應技巧就叫作**等化法**(equalization)，而一個用來校正已知扭曲系統的元件就叫作**等化器**(equalizer)。

　　有些通訊通道的傳輸特性並不完全線性。一個信號可能在經過此通道時引起部分信號失真，如某部分的相位或某些頻率衰減特別大，這些失真通常是已知，但很難控制。因此我們用等化器來更正這一〝已知扭曲特性〞線路(或系統)的頻率響應。例如電話線會引入振幅或相位失真，而且當線路變得相當長時，將變得令人難以接受，所以沿線的中繼站利用等化器對信號失真加以補償。

　　例如：若某個傳輸通道對脈波信號的頻率響應，如下圖(a)時。我們可以在沿線的中繼站加入一等化濾波器，其特性如圖 5.17(b)，以補償線路失真。

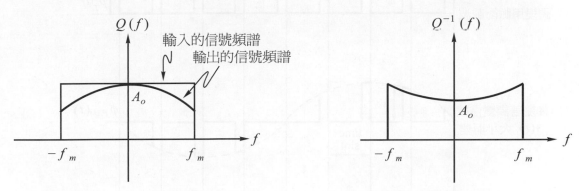

(a) 某線路對輸入信號頻譜產生失真現象　　(b) 可補償線路失真的中繼用等化器特性典線

圖 5.17　一個等化器的頻率響應圖

5.4　其他種類的類比脈波調變

　　上節中，取樣定理告訴我們，傳送一頻寬為 f_m Hz 的基頻信號 $s(t)$，只要每 $\dfrac{1}{2f_m}$ 秒的間隔傳送出它取樣值的資訊即可。上節所談到的 PAM 脈波調變是令一串脈波寬度固定，時間間隔固定，只有脈波振幅隨 $s(t)$ 成正比例變化。而適合於調變的脈波參數不只振幅，尚包含脈波寬度和脈波位置。利用基頻信號的樣本值來改變個別脈波的寬度，即脈波寬度和信號 $s(t)$ 的取樣值 $s(nT)$ 成比例的固定振幅脈波，我們稱為**脈寬調變**(Pulse Width Modulation；PWM，或 Pulse Duration Modulation；PDM)，或**脈長調變**(Pulse Length Modulation；PLM)，如圖 5.18(d)。另一個可行方式為保持振幅和脈波寬度一定，但隨著基頻信號 $s(t)$

的取樣值正比例的改變脈波位置，這種調變方式稱為**脈位調變**(Pulse Position Modulation；PPM)，如圖 5.18(e)。

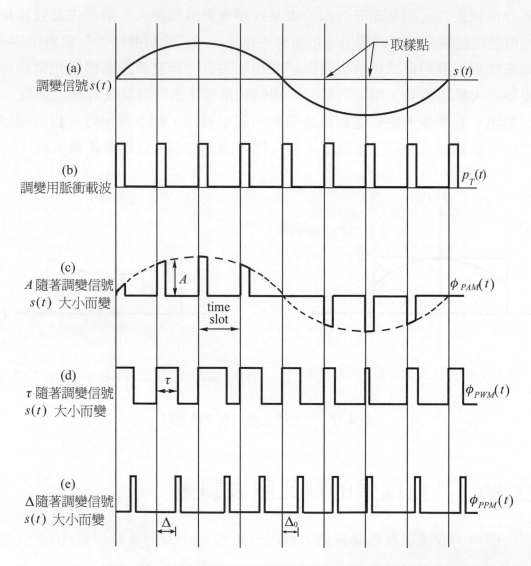

圖 5.18 三種脈波調變方式(PAM, PWM,PPM)的實例

PWM 的幾項特點為：

1. 在PWM，τ 一定要比取樣時槽(time slot)小，而且脈波最大的寬度(τ_{max})亦須限制，以使脈波之間能保留一防護間隙。

2. PWM 的波形平均值直接和調變信號$s(t)$的大小成正比例，因此我們常用這種交換式的信號控制一個馬達，或是將PWM使用在交換式電源的設計方面。

3.　就信號傳輸的觀點來看，在PWM中，長脈波寬度消耗掉可觀的功率，但在脈波裡卻未攜帶更多的資訊。

而PPM的最大特色即在於用基頻信號取樣值$s(nT_s)$去改變PPM中一個相對於其未被調變前的脈波時間位置，即基頻信號$s(t)$調變的是脈波的時間位置。假設$s(t)=0$時，脈波時間位置延遲了Δ_0的時間，當$s(t)$不為0時，其PPM脈波延遲的時間Δ則和$s(t)$的取樣值成正比，即

$$\Delta = \Delta_0 + k \cdot s(nT_s)$$

脈寬調變(PWM)和脈位調變(PPM)都屬於**脈時調變**(Pulse Time Modulation；PTM)系統。我們可以發現PAM與PTM的關係和AM與FM的關係相似。在AM中，載波以很規則的速率出現，其振幅被基頻信號調變，而 FM 中載波的振幅是固定的，訊息信號則是藏在〝零點位置〞的變化中，即瞬時頻率在變動。同樣的，在PAM中，脈波出現的頻率是固定的，只有振幅隨著基頻信號$s(t)$取樣值變化，而在PTM中，其振幅則是固定的，而脈波邊緣的位置變動則和訊息信號$s(t)$的取樣值有關。因此可知 PWM/PPM 較 PAM 不易受雜訊影響，而 PPM 又較 PWM 節省發射所需的功率。最後要注意的是 PWM 和 PPM 都是非線性調變方式，所以我們很難直接用傅氏級數或傅氏轉換來分析頻譜。

由於PWM和PPM的產生方式相當類似，在這裏我們介紹一下PWM和PPM的產生方塊圖。PWM脈波信號的產生可用一個取樣／保持(sample／hold)電路及一個精確的鋸齒波產生器來完成，如圖 5.19。

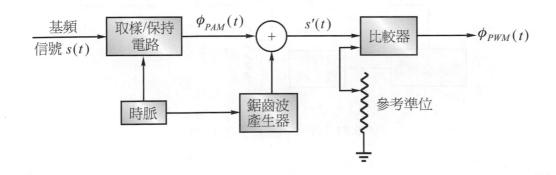

圖 5.19　PWM 信號產生器方塊圖

其產生 PWM 信號的原理及步驟如下：

1. 首先基頻信號 $s(t)$ 經過取樣／保持(sample/hold)電路後，產生一個PAM 的信號，如圖 5.20(a)(b)。

2. 將此 PAM 脈波信號 $\phi_{PAM}(t)$ 加上由同一時脈信號所產生的鋸齒波信號，可得圖 5.20(d)的信號 $s'(t)$。

3. 利用一個比較器可產生一個 PWM 的脈波信號 $\phi_{PWM}(t)$。

而 PPM 脈波調變和 PWM 調變的方式大同小異，可由圖 5.21 將原基頻信號 $s(t)$ 轉換成 PPM 脈波信號 $\phi_{PPM}(t)$。

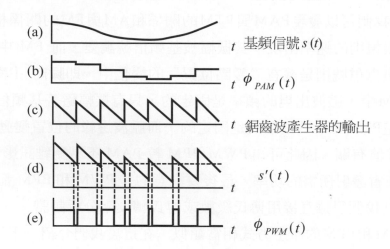

圖 **5.20** PWM 信號產生圖

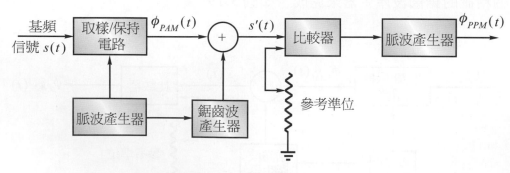

圖 **5.21** PPM 信號產生器方塊圖

其產生 PPM 信號的原理及步驟如下：

1. 首先將基頻信號 $s(t)$ 經過取樣／保持電路後將會產生一個 PAM 的數位信號 $\phi_{PAM}(t)$，如圖 5.22(a), (b)。

2. 將此 $\phi_{PAM}(t)$ 脈波加上同一脈波信號所產生的鋸齒波信號後可得圖 5.22(c)，(d)的信號 $s'(t)$。

3. 利用一個比較電路在信號 $s'(t)$ 以負斜率通過參考電位(零電位)時，產生一個狹窄的 PPM 脈波，如此便能產生一個 $\phi_{PPM}(t)$ 信號，如圖 5.22(e)

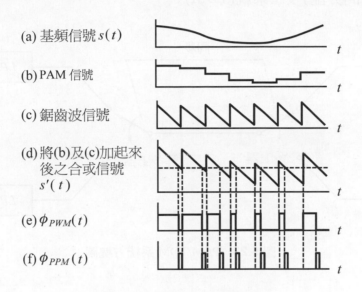

(a) 基頻信號 $s(t)$

(b) PAM 信號

(c) 鋸齒波信號

(d) 將(b)及(c)加起來後之合或信號 $s'(t)$

(e) $\phi_{PWM}(t)$

(f) $\phi_{PPM}(t)$

圖 5.22　PPM 信號產生圖

5.5　分時多工(TDM)

　　若 PAM 信號使用相當短的脈波寬度，則在取樣點之間就留下足夠大的空間來插入其他取樣信號的 PAM 脈波，這種在有限時間序列中混合傳送許多取樣信號的方法叫做**分時多工**(Time Division Multiplexing；TDM)。由於 PAM 調變可以說是以週期性的速率(脈波 $p_T(t)$)，固定地對基頻信號取樣，因此和分時多工的觀念是一致的，簡單的 PAM/TDM 系統，如圖 5.23 所示。

　　圖 5.23 中執行一個將兩信號 $s_1(t)$、$s_2(t)$ 混合在一起的元件，我們稱之為**多工器**(multiplexer)，而於接收端與多工器同步執行一個從混合的信號中分別抽出 $s_1(t)$、$s_2(t)$ 工作的元件，我們稱之為**解多工器**(demultiplexer)。當然，如果輸入信號的頻率為 f_m，開關就必須每秒至少轉 $2f_m$ 次以符合取樣定理的要求，此處我們只考慮一次同時傳送兩個信號 $s_1(t)$、$s_2(t)$。信號 $s_1(t)$ 規律地每隔 T_s 秒

取樣一次，如圖 5.24。而信號 $s_2(t)$ 亦是很規律地每隔 T_s 秒取樣一次($T_s < \dfrac{1}{2f_m}$)。這樣可以同時多重傳輸數個PAM信號，而且每個信號都保持一段時間距離，如圖 5.24，且由於取樣時刻不同，因此接收端都能夠還原基頻信號。這樣的系統就稱為分時(時間分配)多工系統(TDM)。

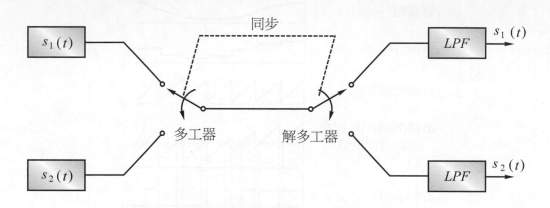

圖 **5.23** PAM/TDM 系統方塊圖

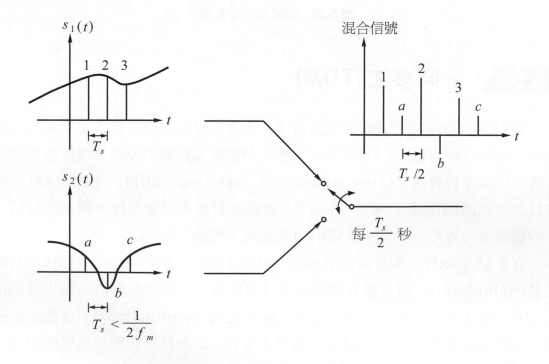

圖 **5.24** TDM 多工取樣的信號圖形

假設有 n 個基頻信號 $s_1(t)$, $s_2(t)$, …, $s_n(t)$ 它們的頻寬皆為 f_m，如果此 n 個信號以PAM分時多工方式在單一通訊頻道上傳送，則此頻道所需之頻寬為多少？

首先，我們定義 T_x 為分時多工信號波形中兩相鄰取樣時間的時間間隔，如圖 5.25。

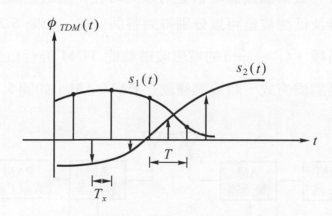

圖 5.25　兩信號的分時多工

若 n 個輸入信號都均等的取樣，則 $T_x = \dfrac{T}{n}$，其中 T 是其中某一個信號的取樣週期。由圖 5.25 及取樣定理告訴我們此混合的波形在傳輸過程中，要達到資訊不漏失的要求，其低通濾波器(代表傳輸通道特性)的頻寬應該為：

$$B_x \geq \frac{1}{2T_x} \tag{5.14}$$

所以在圖中 $s_1(t)$，$s_2(t)$ 取樣後的分時多工信號可視為一新的取樣信號 $\phi_{TDM}(t)$，信號 $\phi_{TDM}(t)$ 是每 T_x 秒取樣一次，要能恢復 $\phi_{TDM}(t)$ 的傳輸頻寬為：

$$B_x \geq \frac{1}{2T_x} = \frac{n}{2T} \tag{5.15}$$

若當初的取樣週期 $T = \dfrac{1}{2f_m}$ (滿足取樣定理)，則

$$B_x \geq nf_m \tag{5.16}$$

亦即以 PAM/TDM 的傳輸方式來傳輸 n 個頻寬為 f_m 的信號，則傳輸通道的最小的頻寬為 nf_m。

由這結果，我們知道當所有輸入信號有相同頻寬時，PAM能像SSB一樣有效的節省傳輸所需的頻寬。但是當輸入信號頻寬彼此都不同時，效率會大降，為了保持傳輸頻寬效率，PAM／TDM系統通常將許多頻寬相近的信號聚集在一起傳輸。

在分時多工後，數個脈波調變信號可以同時在一對電話線上傳輸，接收端採用一個解多工器及低濾波器可以分別得到各個信號，如圖 5.23。但對長距離傳輸而言，用更高頻 $(f_c \gg \frac{1}{T_x})$ 的電磁波搭載此 TDM 混合信號發射傳送會更方便，如果用振幅調變方式，合成調變就是PAM/AM，如圖 5.26：

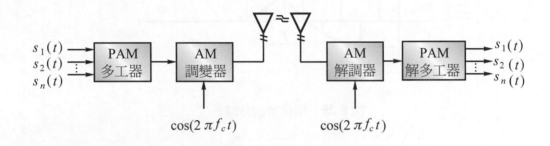

圖 5.26 PAM/AM 調變系統

如前面所提，所有輸入的頻寬相近時，PAM 的分時多工傳輸是最有效率的。因此一般採用一帶限的電路處理輸入信號，如圖 5.27。

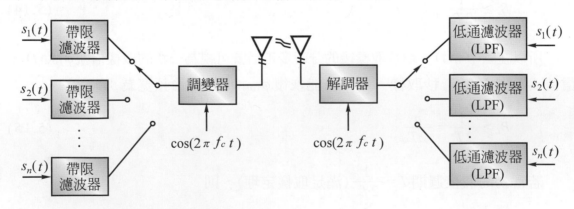

圖 5.27 以帶限濾波器限制信號頻寬以增加 PAM 分時多工效率

在有許多不同的資料要處理的大型多工系統中，一般都依信號頻寬把輸入信號分群聚集起來，每一群都是脈波調變(PAM)和分時多工(TDM)。然後將每一群都當作一個獨立的調變信號 $s(t)$，利用頻率遷移的方式，經不同載波，將它們作分頻多工(FDM)，最後將這合成信號用 AM/FM 調變。一個 PAM/AM/FM 系統的例子，如圖 5.28。

　　使用分時多工(TDM)的脈波調變(PAM)方式的優點是：

1.　線路是數位的，因此能得到較高的可靠度和有效率的操作。
2.　和分頻多工(FDM)系統比較起來，TDM 所需的調變器及解調器比較簡單。
3.　系統中有關處理發射和接收信號的放大器，因線路的非線性所引起的〝通道串擾〞較小。
4.　在 FDM 中，當加入更多頻道時，系統的放大器對相位及振幅的線性需求會更嚴格。比較起來，在 TDM 系統中，從不同通道來的信號並不同時處理，而是分配到不同的時段。因此當通道數目增加時，系統對線性的要求較不迫切，而且線路失真的效應會被所有通道平均分攤。

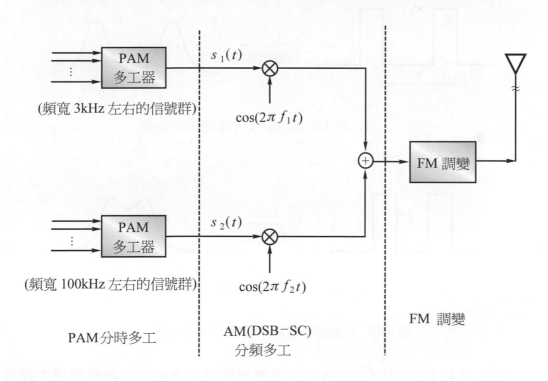

圖 5.28　PAM 分時／AM 分頻多工系統

　　TDM 的缺點是脈波精確度和時顫(timing jitter)會在高頻形成一主要問題，因此 TDM 系統通常都在低於 100MHz 的時脈操作。此外，TDM 對於發射機和接收機的時間同步要求比較嚴格，以及必須在精確取樣瞬間觀察接收到的波形，其相鄰脈波才不會有干擾現象，否則相鄰脈波會發生干擾，產生每個收到的脈波或多或少被相鄰的脈波所影響的結果。在多通道脈波調變的情形之下，脈波間的重疊現象導致通道串擾，這就是一般所謂的**符間干擾**(InterSymbol Interference；ISI)。

在頻帶寬有限的系統裏，上昇時間是存在的。在脈波調變中，有限的上昇時間將導致在重建一脈波信號時的〝不明確現象〞，這不明確現象就稱為系統的**解析度**(resolution)。在沒有雜訊和失真現象存在時，解析度的觀念並沒有多大的意義，不幸的是，即使是理想的低通傳輸通道仍然造成通過的脈波波形失真變形。一般使用下面的準則評估一個系統：〝含有雜訊或失真的脈波調變系統的時間解析度等於該系統的脈波上昇時間〞。

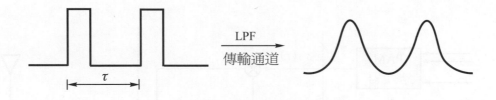

(a) 兩脈波間隔夠大足以辨認兩個脈波

(b) 兩脈波間隔太小無法辨認出脈波

圖 5.29　系統解析度為 τ，則脈波間隔需大於 τ

由於傳輸頻寬的限制，一個脈波通過傳輸通道後，脈波前後緣發生緩慢下降的情形造成這個脈波信號(例如PAM信號)的前後脈波發生互相干擾(interference，cross talk)，這種前後符號(即脈波)間的彼此干擾 即為**符間干擾**。我們常用一個示波器來觀察這個 ISI 的現象；將所收到的脈波串列信號送進示波器，適當調整示波器的同步掃描，並讓每個脈波都保留在示波器的螢幕上，因此這些失真的脈波不斷累積在螢幕上造成如圖 5.30 的圖形，這個圖形稱為眼圖(eye pattern)。

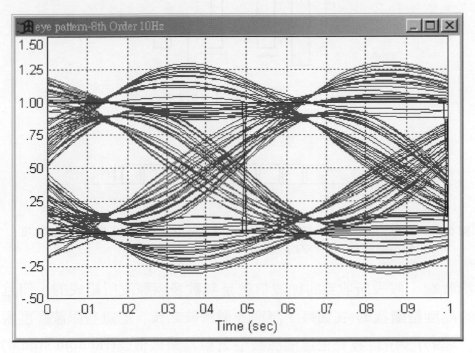

圖 5.30　典型的眼圖

　　總之要正確辨識接收到的相鄰脈波，其基本條件為：

1. 發射機和接收機精確地同步。
2. 同時，傳輸通道的頻寬要夠大。

5.6　數位信號的功率頻譜

　　由於數位信號(如 PAM 信號)是一連串的脈波列，就一個脈波期間(pulse duration)的觀點來看，接收端不斷(重複)接收到一些方形脈波。在無雜訊，無失真的考量之下，這些方形脈波的形狀幾乎完全一樣，只有振幅可能不同。因此我們可以將一個數位信號視為一個週期信號，週期就是一個脈波期間 D，不過這個週期信號的每週期的信號波形雖然都幾乎一樣，但其脈波振幅卻不見得相同。換言之，脈波每週期重複出現，只是脈波高度卻是每週期均不同，如圖 5.31。

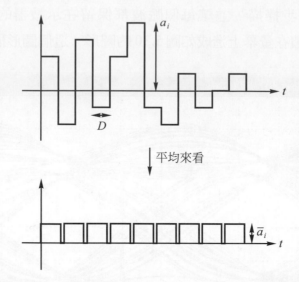

圖 5.31　以平均的觀點看一個數位(PAM)信號，其中 a_i 是每脈波週期的脈波高度，脈波週期 D，而 "平均" 振幅 $\bar{a}_i$

　　在接收端，假設所收到的脈波信號是無數多個脈波所組成的，而且假設這些脈波的高度是隨機的(在觀察了無窮多個脈波之後，把這些脈波高度視為隨機變數是合理的)。所以我們把這個脈波信號視為隨機信號(random signal)，這隨機信號是一個週期信號，週期就是脈波期間(pulse duration)D，波形是一個方形脈波(如圖 5.31)，不過脈波高度 a_i 卻是一個不確定的隨機變數。因此當我們面對一個數位信號時，我們因將它視為一個週期信號，所以常常只需處理單一週期的方形脈波即可，但是因為這個方形脈波的高度是一個隨機變數，所以還必須再處理其隨機特性。

　　若我們要計算一個週期信號的功率密度頻譜(power spectral density function)，要先計算其自相關(autocorrelation)函數 $R_x(\tau)$，再求傅氏轉換(Fourier Transform)。

$$R_x(\tau) = \lim_{T \to \infty} \frac{1}{T} \int_{-T/2}^{T/2} x(t) x^*(t - \tau) dt \tag{5.17}$$

　　但因為我們將一個 PAM 信號視為一個隨機信號，所以 $x(t)$ 並不是明確的(non-determined)而是隨機的，所以上述的自相關的計算無法完成。我們必須回到隨機程序(random process)中的遍歷的(ergodic)特性：

一個隨機程序(random process)被稱為遍歷的，則表示其任一個隨機取樣函數的**時間平均(time average)**等於其取樣**樣本空間的平均(ensemble average)**。

所以對於計算 $R_x(\tau)$ 的時間平均式(5.17)會等於計算其樣本空間的平均，即

$$R_x(t_1，t_2) = E[x(t_1)x(t_2)] \tag{5.18}$$

再利用穩定(stationary)的特性，即一時間函數 $R_x(t_1，t_2)$ 和 t_1、t_2 的真正值無關，只和時間差 $t_2 - t_1$ 有關，所以自相關函數變成

$$R_x(t_2 - t_1) = R_x(\tau) = E[x(t_1)x(t_2)] \tag{5.19}$$

若再考慮兩個隨變數 $x(t_1)$ 及 $x(t_2)$ 是彼此不影響的(independent，獨立)，則其自相關函數變成

$$R_x(t_1，t_2) = E[x(t_1)]E[x(t_2)] \tag{5.20}$$

有了以上的基本理論，我們來觀察一下 PAM 信號，

$$x(t) = \sum_k a_k \cdot p(t - kD) \tag{5.21}$$

其中 $p(t)$ 是一基本脈波，脈波週期為 D，振幅為 1。

a_k 表示第 k 個脈波的振幅大小，$0，\pm1，\pm2，\cdots，\pm M$。

若我們觀察了無窮多個脈波，我們發現其振幅 a_i 是一個隨機變數，並假設其平均值(即期望值)為 0，即

$$E[a_i] = 0$$

而且脈波 i 的能量期望值(振幅平方的期望值)並不為 0，即

$$E[a_i^2] = E[a_i a_i] = \sigma^2 \tag{5.22}$$

再者發現在某個脈波的振幅 a_i 和其他的脈波振幅 a_j 並沒有機率統計上的相關性，即

$$E[a_i a_j] = E[a_i]E[a_j] = 0 \tag{5.23}$$

接下來，我們要來計算這個 PAM 信號 $x(t)$ 的自相關函數
$R_x(t_1，t_2) = E[x(t_1)x(t_2)]$。

(一) 假設有一個脈波前緣 t_s 發生在 0～D 時間內。

由於每個脈波期間均為 D，所以在某個 D 時間內只會有一個脈波前緣
發生，其發生的時間點是一個均勻分佈的機率，其機率密度(probability
density)為

$$f_p(t_s) = \begin{cases} \dfrac{1}{D} & 0 < t_s < D \\ 0 & \text{else} \end{cases} \tag{5.24}$$

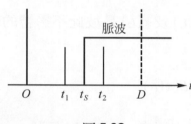

圖 **5.32**

(二) 假設 t_1 及 t_2 的時間點均在 0～D 之間，即 $|t_2 - t_1| < D$。

t_1，t_2 就是兩個取樣的點，若 t_1 及 t_2 距離大於一個脈波期間，則 $x(t_1)$ 及
$x(t_2)$ 分別代表了 2 個不相同的脈波，所以其相關性為 0，即 $E[x(t_1)x(t_2)] = 0$。

(三) 所以，我們來觀察一下 t_1 及 t_2 是否取樣取到相同的脈波(注意，只要 t_1
及 t_2 取樣取到不相同的脈波，其相關性為 0)。可分為 2 種可能：

(1) 當脈波前緣 t_s 發生在 t_1 及 t_2 之間。

很明顯的，在此種情形之下表示 $x(t_1)$ 和 $x(t_2)$ 分別取樣在不相同的兩
個脈波上。我們計算一下這種情形發生的機率 P_e，

$$P_e = \int_{t_1}^{t_2} f_P(t_s)dt_s = \frac{t_2 - t_2}{D} \tag{5.25}$$

(2) 若非上述狀況，即 $x(t_1)$ 及 $x(t_2)$ 取樣在相同脈波上，則其發生的機率為
$1 - P_e$，

$$1 - P_e = 1 - \frac{t_2 - t_1}{D} \tag{5.26}$$

(四)　所以自相關函數$R_x(t_1，t_2)$為

$$E[x(t_1)x(t_2)] = \begin{cases} E[a_i \cdot a_i] = \sigma^2 & 若\ t_1 \cdot t_2\ 取到相同脈波 \\ & \left(機率為\ 1 - \dfrac{t_2 - t_1}{D}\right) \\ E[a_i \cdot a_j] = 0 & 若\ t_1 \cdot t_2\ 取到相鄰脈波 \\ & \left(機率為\ \dfrac{t_2 - t_1}{D}\right) \end{cases} \tag{5.27}$$

即$R_x(t_1，t_2)$的期望值為$\sigma^2 \cdot \left(1 - \dfrac{t_2 - t_1}{D}\right) + 0 \cdot \left(\dfrac{t_2 - t_1}{D}\right) = \sigma^2 \cdot \left(1 - \dfrac{t_2 - t_1}{D}\right)$，再考慮

t_1 及 t_2 可互換的情形，所以

$$R_x(t_1，t_2) = E[x(t_1)x(t_2)] = \begin{cases} \sigma^2 \cdot \left(1 - \dfrac{|t_2 - t_1|}{D}\right) & ，|t_2 - t_1| < D \\ 0 & ，|t_2 - t_1| \geq D \end{cases} \tag{5.28}$$

令 $t_2 - t_1 = \tau$

$$\therefore R_x(t_1，t_2) = R_v(\tau) = \begin{cases} \sigma^2 \cdot \left(1 - \dfrac{|\tau|}{D}\right) & ，|\tau| < D \\ 0 & ，|\tau| \geq D \end{cases} = R_v(\tau) \tag{5.29}$$

其中$\Lambda\left(\dfrac{\tau}{D}\right)$是一個三角形函數。

PAM 信號的自相關函數圖形，如圖 5.33。

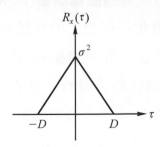

圖 **5.33**　PAM 信號的自相關函數

(五)　所以一個PAM信號$x(t)$的功率頻譜密度函數(power spectral density fuinction)
$G_x(f)$為

$$G_x(f) = \mathcal{F}[R_x(\tau)] = \mathcal{F}\left[\sigma^2 \cdot \Lambda\left(\dfrac{\tau}{D}\right)\right] = \sigma^2 \cdot D \cdot \operatorname{sinc}^2(fD) \tag{5.30}$$

而且一個 PAM 信號 $x(t)$ 的平均功率為

$$P_{av} = R_v(0) = \sigma^2 \tag{5.31}$$

最後，我們常常將式(5.30)寫成一般形式：

$$G_x(f) = \frac{\sigma^2}{D} D^2 \cdot \text{sinc}^2(fD) = \frac{\sigma^2}{D} |P(f)|^2 \tag{5.32}$$

其中　$P(f)$ 表示單一個脈波 $p(t)$ 的頻譜，$\mathcal{F}[p(t)]=D\text{sinc}(Df)$。

（所以 $|p(f)|^2$ 是單一脈波 $p(t)$ 的能量密度函數。）

σ^2 表示這個 PAM 信號的平均功率。

5.7 脈碼調變(PCM)

本小節介紹一個幾乎是所有數位通訊都採用的調變技術：**脈碼調變**(Pulse Code Modulation；PCM)。在脈波調變中，使用的是類比信號的時間取樣值，有時我們將這些類比取樣值〝量化〞成 M 個不連續準位，這種 PAM 系統稱為 **PAM 之 M 位元調變**(M-ary PAM)，其中 M 代表所用的信號準位數。然後，我們不但將取樣的類比信號量化成 M 個不連續準位，而且用一個碼代表這每一個取樣時間的準位，這種調變方式稱為**脈碼調變**(PCM)，如圖 5.34。

利用 M 個不連續準位去量化一個類比的取樣值，這個量化過程會在真正的類比取樣值附近引起些許變動，這些變動可視為雜訊，我們稱為**量化誤差**(quantization error)。若量化準位數目增加，則量化誤差就會減少，且量化的準位可以是線性或非線性的。圖 5.34 中所示範的是線性的量化器，在後文會介紹非線性的量化器。

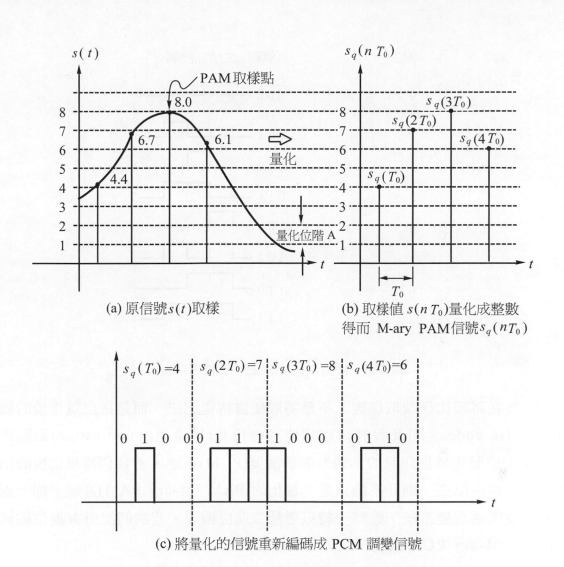

(a) 原信號 $s(t)$ 取樣

(b) 取樣值 $s(nT_0)$ 量化成整數
得而 M-ary PAM 信號 $s_q(nT_0)$

(c) 將量化的信號重新編碼成 PCM 調變信號

圖 5.34　PAM 量化編碼成 PCM

　　量化過程是將每一取樣值指定一實際整數,使每一個取樣準位和實際整數之間有一相對應關係,這稱為波形的數位化(digitization)。數位化的過程是在相鄰取樣時間內將波形化為一組數字,產生一完全數位化的系統。數字是以碼的形式表示,一般最常使用的二值碼(binary code),一個八準位系統的二值碼表示法,如圖 5.35。

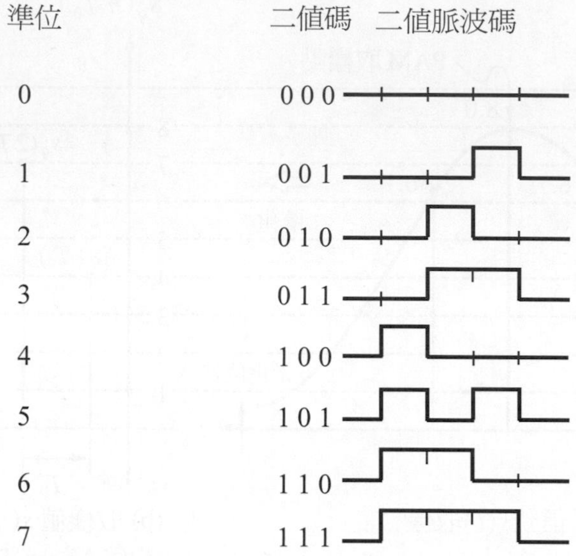

圖 **5.35** 常用八準位(3 位元)二值碼系統

因為在將類比信號取樣後,不是將取樣值傳送出去,而是送出量化後的脈波碼(pulse code)。因此我們稱這種使用數位化(即量化(quantization)和編碼(coding))信號來傳送訊息的系統為脈碼調變(PCM)系統。若我們將量化後的信號值直接傳送出去,則此系統只是一量化的 PAM (M-ary PAM)系統,加上編碼才形成脈碼調變系統,雖然一般只考量二進位編碼,若我們使用 M 進位編碼則稱其為 **M-ary PCM 系統**。

圖 5.36 是一個典型的 PCM 通訊系統。基頻信號 $s(t)$ 經過取樣(sampling)、量化(quantizing)及編碼(encoding)三個程序,我們說這三種程序為 A/D 轉換。而在接收端的解調過程中,PCM 信號 $\phi_{PCM}(t)$ 必須先經過量化器(quantizer)再加以解碼。先經過量化器的原因是可以藉由量化消除因通過傳輸通道而得到的雜訊,這個過程與中繼站可以將平頂式信號加以重生以消去雜訊的原理相類似。經過解碼器(decoder)之後可以得到一個 PAM 信號,$\phi_{PAM}(t)$,而濾波器對 PAM 信號作平滑化動作之後可得原基頻信號 $s(t)$。PCM 系統比 PAM 系統優異之處在於量化器,在 PAM 系統中,若使用一個 8 階的量化器,則在接收端的量化器必須判斷收到的樣本信號落於 0~7 中的那個位準。但若是經過編碼後形成 PCM

系統，在接收端的量化器只要對每個位元判斷是 1 或 0 即可。很顯然的，判斷 1 或 0 比判斷 0～7 要容易多了。

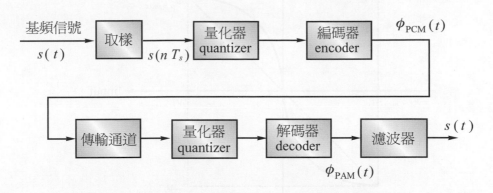

圖 5.36　典型 PCM 通訊系統

在 PCM 的量化動作中，若我們量化的位階(step)是均勻的，則將會產生一個對振幅小的信號不利的現象。設若量化的位階是固定均勻的 A，基頻信號的振幅峰值為 V，則平均而言信號功率 P_i 為

$$P_i = \frac{V^2}{3} \tag{5.33}$$

而量化雜訊功率則為

$$N_Q = \frac{A^2}{12} \tag{5.34}$$

由上述二式中，當基頻信號振幅 V 降低，以致於信號振幅沒有涵蓋所有量化的位階時，信號功率 P_i 將下降。但量化雜訊只和位階 A 有關，所以此刻信號對雜訊的功率比值(S/N)，P_i/N_Q，下降。

上述的現象可用一個**壓縮伸張器**(compander = compressing + expanding)將一個信號中振幅不夠大的部分擴大其振幅，而振幅已大的部分則不再對其振幅過於放大，其特性如圖 5.37。

經過壓縮器的信號會有一現象：即小振幅的信號要比先前涵蓋更多的量化區域。此壓縮器必須置於量化器之前使用，而在接收端必須要有一個特性和壓縮器完全相反的**伸張器**(expander)將之前在傳送端壓縮器對信號作非線性放大而形成的失真補償回來。

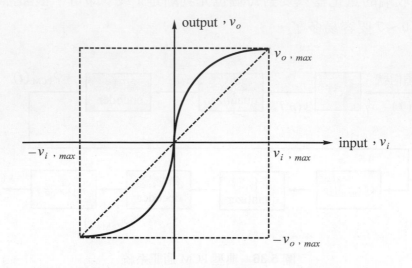

圖 5.37 一個壓縮伸張器的輸入／輸出特性

壓縮器曲線形式的決定是一種經驗及主觀的規定。例如在美、加、日本等地，習慣使用 **μ-law 壓縮伸張器**而歐洲則是偏好 **A-law 壓縮伸張器**。

μ-law 壓縮伸張器：

$$v_0 = \pm \frac{\ell og(1 + \mu \cdot |v_i|)}{\ell og(1 + \mu)} \tag{5.35}$$

v_i 為正時，取+號

v_i 為負時，取-號

μ 為一常數

A-law 壓縮伸張器：

$$v_0 = \pm \frac{A|v_i|}{1 + \ell og A} \qquad \text{for } |v_i| \leq \frac{1}{A}$$

$$v_0 = \pm \frac{1 + \ell og A|v_i|}{1 + \ell og A} \quad \text{for } \frac{1}{A} < |v_i| \leq 1 \tag{5.36}$$

v_i 為正時，取 + 號

v_i 為負時，取 − 號

由於 PCM 的一些優點，在數位系統中絕大多數採用 PCM：

1. PCM 信號能在長距離通訊的中繼站中完全再生。基本上由於其波形只是一簡單方形的組成，對每一中繼站而言，都能對每位元(bit)作複製、等化、…等動作，並再度傳出〝無雜訊，無失真〞的信號波形。雜訊或失真的效應不會累加。

2. 調變和解調電路都是數位的，可適用於靜態電路設計以提供較高的可靠度和穩定度。

3. 信號可以有效的儲存並調整時間上的同步。

4. 可以用較有效率的編碼方式，減少訊息中不需要的重複位元。例如在一串的相同碼 0111111110 出現時，可以更有效率的將這些重複的碼指定給一簡單碼，在接收端由解碼器辨認此碼後解得此訊息。

5. 適當的編碼可以減少雜訊和干擾的效應。

6. 其他優點如：價格低、容易作多工處理、容易交換、低雜訊干擾。

而 PCM 存在的一些缺點則是：

1. PCM 系統的複雜性較其他調變系統來的高。

2. PCM 的主要操作問題在於類比到數位的轉換。

3. PCM 系統需要很多等級的同步(synchronization)，第一種是時脈速率(clock rate)的同步，如此之下每位元才能被精確的傳送及接收。第二種是框同步(frame synchronization)，通常以週期性送出一個〝預先指定碼(preassigned code)〞，如此之下，接收端才能靠著框同步得知脈波碼是否傳送。第三種同步是當許多通道的資訊整合成分時多工TDM後，用來判斷那一個通道正在傳送，這通常和框同步整合在一起使用。

4. 其他缺點如：需要計時和同步處理，需大量 A/D、 D/A 轉換工作，比類比調變需更大的頻寬。

在 PCM 電話系統中，由於人的聲音頻寬由 300Hz～3kHz，因此我們使用 8kHz（＞2 × 3.1kHz）的取樣頻率當作聲音取樣的標準，因此取樣週期為 $\frac{1}{8k} = 125\mu sec$，即每 $125\mu sec$ 傳送一次取樣值。每一取樣值經量化之後編成 8 位元的二進位制 PCM 碼，再將 24 個 8 位元聲音通道，又稱為一個 **通道排**(channel bank)，經分時多工後得到一個有 192 位元(24×8＝192)的碼框，另外加一位元作為框同步而得到 193 位元／框。而且因為每 $125\mu sec$ 就要再傳送一次取樣值，所以每個框的時間長度為 $125\mu sec$ ／框。所以每位元時間長度為 $125\mu sec / 193 = 0.6476\mu sec$，即多工 PCM 的位元時脈率為 $1/0.6476\mu = 1.544 \times 10^6$ bit ／ sec。這 24 個通道即是大家所熟知的 T1，是在美國電話電報公司所設計 T-載波電話系統(T-carrier PCM/TDM)中的一個基本系統，圖 5.38 是一個 T1 模組示意圖。

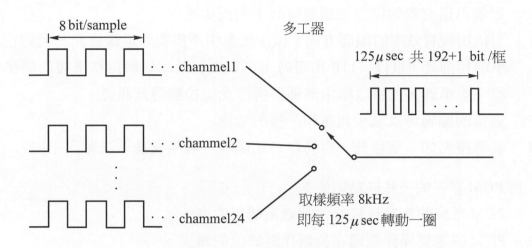

圖 5.38 T1 模組信號組成示意圖

T1 系統主要設計用於短距離、高使用率的地區。在這系統裡兩條絞線對在 PCM/TDM 運作下，混合 24 個聲音通道，資料傳送率是每秒 1.544 百萬位元 (1.544 Mbps)。在線上，差不多一哩(約有 35 db 損失時)就加一個數位中繼站，由於時顫(Timing jitter)的關係，T1 系統最大長度限制大約 50 到 100 哩，它的設計和現存 PAM 電話系統相容。

底下是 T 載波 PCM/TDM 電話系統的規格：

24 個聲音構成一通道排，亦即一個 T1 線。

4 條 T1 線構成一個 T2。

7 條 T2 線加上一個影像電話通道構成一個 T3 線。

6 條 T3 線加上一電視通道構成一個 T4 線。

如圖 5.39。

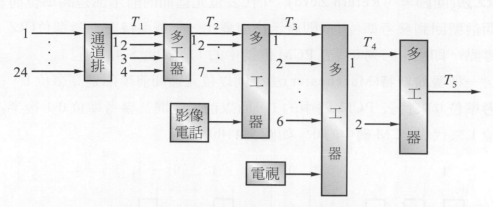

圖 5.39　T-載波電話系統(T-carrier TDM/PCM)

　　針對PCM是單純數位信號所以傳送距離不遠的缺點，在資料編碼形成PCM碼後，可再經過一調變過程以完成最後的傳送。PCM信號可用AM、FM或PM技術調變一高頻載波，亦可以先以一多通道PCM信號的每一通道脈波信號來調變個別的副載波(subcarrier)，這些副載波再經過一分頻多工(FDM)整合成一信號後，用來調變一載波，如圖 5.40。

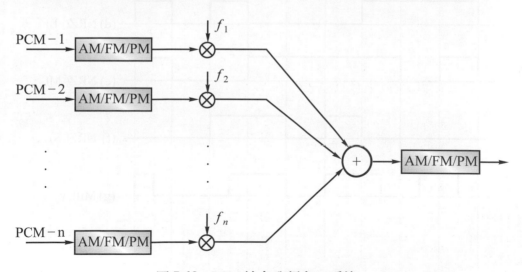

圖 5.40　PCM 結合分頻多工系統

　　在 PCM 信號加到調變器之前，可能要依使用場合改成許多不同的信號形式，如何選定這些傳送二值碼資料的數位信號形式依〝調變的種類〞、〝所用的解調方式〞、〝頻寬上的限制〞和〝接收機的種類〞等而有不同，圖 5.41 表示一些常用的 PCM 編碼表示方式：

　　RZ法(回歸零，Return Zero)：1 代表位元區間的前半部是高準位而在剩下的區間信號回到參考準位，0 則表示沒有變化，信號保持在參考準位(RZ，表示回歸零點，即由 1 回到 0 代表 PCM 信號中的 1)，如圖 5.41(a)。

　　另一種**曼徹斯特**(Manchester)法，則以位元區間前半部是高準位 1，後半部是參考準位 0 來代表 PCM 碼中的 1，而以前半區間為參考準位 0，後半區間為高準位 1 來代表 PCM 碼中的 0，如圖 5.41(b)。

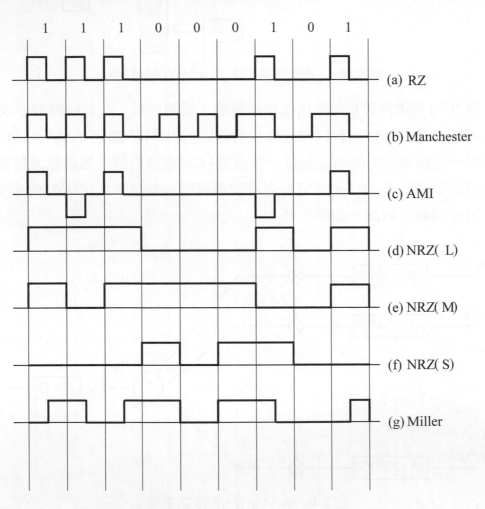

圖 **5.41**　幾種常見的 PCM 編碼信號波形

　　在**交變符號反轉** (Alternate Mark Inversion，AMI)碼中，為克服 RZ 法在連續遇到 1 時，信號平均值＞0，而產生〝直流〞現象。因此將所連續遇到的第一個 1 以(+1、0)代表(和 RZ 法相同)而第二個 1 以(-1、0)代表，如圖 5.41(c)。

由於它的平均值為 0 所以很廣泛用於電話 PCM 系統，這方法也稱為二極歸零 (Bipolar Return Zero；BRZ)表示法。

NRZ法(不回歸零，Non Return Zero)：此信號波形則是在位元區間內保持不變以減少PCM碼所需的頻寬，NRZ (L)表示法中，一個脈波在位元區間內只保持其二個準位(1 或 0)中的一個。而 NRZ (M)則由脈波準位改變來表示 PCM 碼的 1，沒有改變表示 0。NRZ (S)恰相反，脈波準位改變表示 0，沒有改變表示 1，如圖 5.41(d), (e), (f)。

米勒(Miller)碼則是折衷了 RZ 和 NRZ 方法，在位元區間中點，信號轉變表示PCM碼的 1，而在位元區間保持不變(即NRZ)則代表PCM碼的 0。但是若連續出現另一個 0 則第二個 0 的準位要轉變，如圖 5.41(g)。

由於 NRZ 碼在一位元區間之後，準位才可能產生變化，而 RZ 碼則在半個位元區間即發生準位變化，因此可知 NRZ 碼(及 Miller 碼)每秒每 Hz 送兩位元 (bps/Hz)而 RZ 碼則是 1 bps/Hz，如圖 5.42。我們稱每秒每Hz可傳送的位元數為**頻寬效率**(bandwidth efficiency)，因此 PCM 碼若以 NRZ 碼表示，其頻寬效率為 2 bps/Hz。

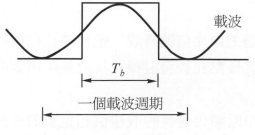
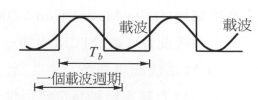

(a) NRZ的 PCM位元率：
每秒可傳 $\frac{1}{T_b}$ 位元，載波頻率 $\frac{1}{2T_b}$ Hz

(b) RZ的 PCM位元率：
每秒可傳 $\frac{1}{T_b}$ 位元，載波頻率 $\frac{1}{T_b}$ Hz

圖 5.42　PCM 碼的頻寬效率定義

以圖 5.42 為例。若兩者均是在 T_b 時間內傳一個 bit 的資訊，所以兩者位元傳送率均為 $\frac{1}{T_b}$ bps。若NRZ所需的最小載波頻率為 f_{c1} ，則 $f_{c1} = \frac{1}{2T_b}$ Hz，而若 RZ 所需的最小載波頻率為 f_{c2} ，則 $f_{c2} = \frac{1}{T_b}$ Hz，所以兩者所需的頻寬效率為：

$$\frac{\dfrac{1}{T_b}}{\dfrac{1}{2T_b}} = 2 \text{ bps/Hz} \quad 及 \quad \frac{\dfrac{1}{T_b}}{\dfrac{1}{T_b}} = 1 \text{ bps/Hz} \tag{5.37}$$

利用圖 5.41 PCM 碼的信號波形已可以在傳輸線上傳送(稱為**基頻帶傳輸** (baseband Transmission))，一個典型 PCM 通信系統的架構圖可參考圖 5.36，但若考慮用電磁波傳送信號以提高傳送距離，則這些PCM碼的位元流可用來當作基頻信號 $s(t)$ 以調變一高頻連續(CW)載波 $s_c(t)$ (稱為**帶通傳輸**(bandpass Transmission))。若使用AM調變技術，則我們稱之為**振幅位移鍵送**(Amplitude Shift Keying；ASK)，而使用FM調變技術則我們稱之為**頻率位移鍵送**(Frequency Shift Keying；FSK)，使用 PM 調變技術者，我們稱之為**相位位移鍵送**(Phase Shift Keying；PSK)。這些將PCM碼當作基頻信號去調變一連續載波信號的方式即是數位調變，本書下一章將有詳細介紹。

5.8 差異調變(DM)

差異調變(Delta Modulation；DM)也是把類比信號轉成二進位數位信號的一種技術，因此DM屬於PCM中的一種且其優點在於發射機及接收機中所需的電路較PCM系統簡單許多。

差異調變的基本精神是希望提供一個和原類比信號的取樣值相近似的階梯信號，如圖 5.43。我們希望以階梯式的近似信號 $s_q(t)$ 代表原類比信號 $s(t)$，系統的輸出只有二個位階+Δ及-Δ。如果在任何取樣時間 t_0，原類比信號 $s(t_0)$ 的取樣值高於近似信號 $s_q(t_0)$ 則近似信號 $s_q(t_0)$ 增加一個Δ，否則若 $s_q(t_0)$ 高於類比信號 $s(t_0)$ 則在下一個時間間隔中減少一個Δ。只要類比信號 $s(t)$ 不改變的太快 (即頻率不要大於 $\dfrac{1}{T_s}$ 很多)，我們發現此階梯近似信號 $s_q(t)$，可以追隨原類比信號 $s(t)$，亦即 $s_q(t)$ 和 $s(t)$ 相差均在Δ之內。而根據每個 T_s 時間內是增加Δ或減少Δ，我們可以使系統輸出一連串的-1,1,1,1,…。在接收端只要將此序列以Δ大小累加起來即可獲得 $s_q(t)$，再經過一低通濾波器作平滑化的動化，即可得原信號 $s(t)$。其系統架構圖，如圖 5.44。

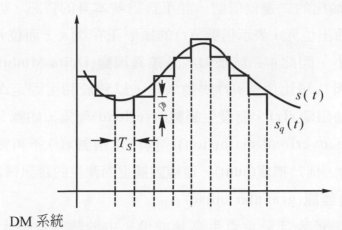

DM 系統

輸出序列信號：−1　1　1　1　1　−1　−1　−1　−1

圖 5.43　差異調變信號圖

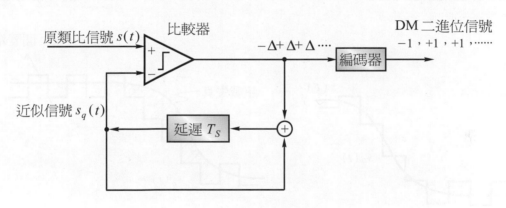

(a) DM 發射機系統

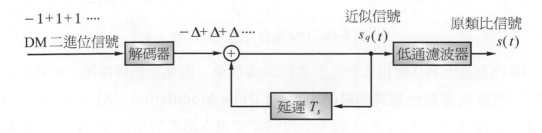

(b) DM 接收機系統

圖 5.44　DM 發射機／接收機系統架構圖

由於 DM 輸出的二進位信號，並不含信號本身的資訊，而只含 $s(t)$ 和 $s_q(t)$ 的差異資料，輸出位元 1 表示信號 $s(t)$ 的振幅正在增大，而位元-1 表示信號 $s(t)$ 的振幅正在減小。因此本系統被命名為**差異調變**(Delta Modulation；DM)。

有時候，因為類比信號 $s(t)$ 變動太快，以致於利用固定 Δ 的方式產生的近似信號 $s_q(t)$ 無法跟隨 $s(t)$，而發生**超載**(overload)現象，如圖 5.45，又稱為**斜率超載失真**(slope overload distortion)。同時當信號 $s(t)$ 不再變動時，$s_q(t)$ 卻在 $s(t)$ 的上下擺動，稱為**捕捉**(hunt)，這種因捕捉而產生的雜訊稱為**閒置雜訊**(idling noise)或是**顆粒雜訊**(granular noise)。

這些量化誤差大部分會產生高頻成份。由於語音功率大多集中在低頻區 (300Hz～3kHz)，所以低頻區的信號比高頻區的信號更需要被無誤地還原。因此將還原信號 $s_q(t)$ 通過一個低通濾波器將可在不影響聲音品質之下，把因為量化產生的高頻量化誤差予以隔開。由此可見差異調變適合於語音信號的編碼之用。

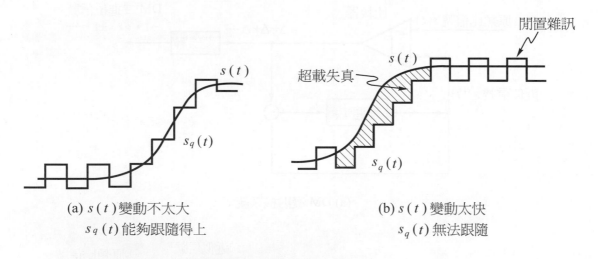

(a) $s(t)$ 變動不太大　　　　　　　　　　(b) $s(t)$ 變動太快
　　$s_q(t)$ 能夠跟隨得上　　　　　　　　　　$s_q(t)$ 無法跟隨

圖 5.45　DM 常發生的失真現象

由於上述因 $s(t)$ 變化太快而引起的失真現象，因此我們常採用一種可控制 Δ 大小的電路叫**適應性差異調變**(Adaptive Delta Modulation；ADM)來減低超載現象，如圖 5.46。圖中的位階大小控制器可視 Δ 出現的頻繁程度決定位階 Δ 的大小。

若 DM 發射機只有一種固定的位階(step，Δ)，所以它所產生的是**線性差異調變**(linear delta modulation)，而有一種可以任意調整位階大小的 DM 系統稱為**連續可變斜率差異調變**(Continuously Variable Slope Delta Modulation；CVSDM)，如圖 5.47。

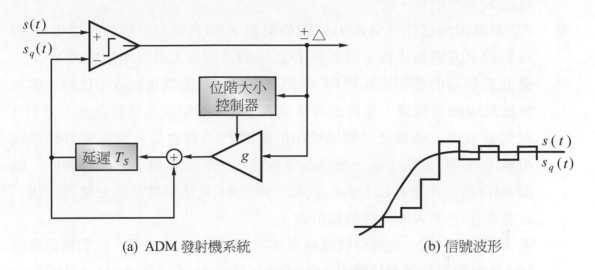

(a) ADM 發射機系統　　　　　　　　(b) 信號波形

圖 5.46　適應性差異調變系統

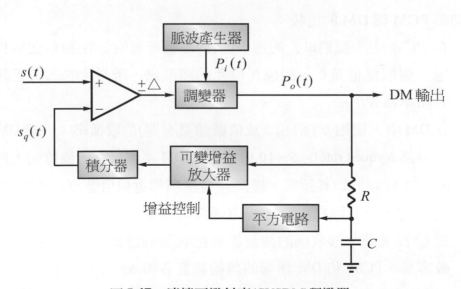

圖 5.47　連續可變斜率(CVSDM)調變器

　　CVSDM 是另一種 DM 方法，和 ADM 很類似地，它會偵測脈波信號 $P_0(t)$ 裡所含有的失真符號是正或負，偵測量化誤差時，利用 RC 電路累積誤差，並控制放大器的增益大小以減少誤差。

　　這個電路和典型 DM 不同的地方在於：

1. 具有一個可變增益的放大器，由於放大器增益的變化是連續的，因此原來DM調變器中由延遲電路及加法電路構成的累加器被積分器、可變增益放大器所取代。

2. RC電路用來當作一個$P_0(t)$信號的累積之用(也類似一個積分之用)，經過一個平方電路之後，只要$P_0(t)$累積的多則放大器的增益就大。

3. 脈波調變器的作用即在於RC電路不直接累積差異信號Δ，以防止誤差累積形成閒置雜訊。先將差異信號Δ通過一個脈波調變器之後，若$s(t)$變化非常小，則脈波調變器輸出的脈波$P_0(t)$將會是一正負交替性脈波組成，在RC電路上是一幾乎為零的輸出。但若是發生斜率過載時，輸出$P_0(t)$為一串全正或全負的脈波，經過RC電路累積及平方電路之後，將會產生一個大的增益控制信號。

   若使用DM之前，先將信號通過壓縮器(compander)處理，我們稱這樣的 DM為**對數壓縮差異調變** (Logarithmic Companded Delta Modulation；LCDM)。

   總結 PCM 與 DM 的比較：

1. 在 PCM 中，我們以f_s的速率(大於信號頻寬的2倍)將信號取樣，並將每一個取樣值量化，編成N位元的脈波碼，所產生的二位元脈波信號的頻率為Nf_s。

2. 在DM中，使用f_s^{Δ}(f_s^{Δ}和Δ及信號頻寬有關)的取樣率，一般DM的取樣頻率為 Nyquist rate 的 5~10 倍。由於DM字碼只有一個位元，所以位元的速率就等於取樣頻率。提高f_s^{Δ}會使階梯近似信號$s_q(t)$更趨近於$s(t)$信號。尤其一方面提高f_s^{Δ}，一方面降低階距Δ，可避免發生超載現象且當f_s^{Δ}提高時，接收機的濾波器要把收到的近似信號$s_q(t)$變得平滑也比較容易。PCM 和 DM 所需的傳輸頻寬各與Nf_s及f_s^{Δ}成比例，一般而言 PCM 中採用 8kHz 取樣頻率並採用 8 位元編碼方式，可以獲得良好品質，所傳遞的脈波速率為$8 \times 8 = 64$kHz。若採用 DM 時，要獲得相同品質則需 100kHz 的取樣率，可見 PCM 的頻寬使用上較 DM 為佳。

3. 由硬體設備來看，DM優於PCM。因此採用DPCM方式可獲得兩者的折衷。

由圖 5.44，由於增量 Δ 固定，DM 傳送的是 $d(t)$（即 $s(t)-s_q(t)$）的正負號，而非 $d(t)$ 本身。如果我們要把差異量 $d(t)$ 信號傳送出去，可以將 $d(t)$ 施於 PCM 系統的輸入端當作 PCM 的輸入信號 $s(t)$。這種系統稱為**差分脈碼調變**(Differential Pulse Code Modulation；DPCM)，如圖 5.48。

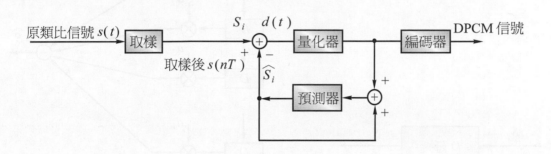

(a) DPCM 發射機

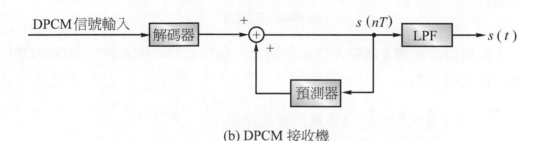

(b) DPCM 接收機

圖 5.48　差分脈碼調變(DPCM)

在語音信號的例子中，已經發現 DPCM 在信號對量化雜訊比（ S/N_q ）方面比標準 PCM 優異約 4 到 11 dB。換另一個角度來看，對一個信號對量化雜訊比固定的狀況下，一個 8 kHz 取樣速率之下 DPCM 比標準 PCM 可節省大約 8～16 kbps。

在圖 5.48 中的預測器(predictor)的動作原理為

$$\hat{S}_i = a_1 S_{i-1} + a_2 S_{i-2} + \cdots + a_n S_{i-n} \tag{5.38}$$

其中：$\hat{S}_i$　為第 i 時間的預測器輸出(即預測值)

$\quad\quad S_{i-j}$　為基頻信號前面第 j 個延遲的取樣值。

$\quad\quad a_j$　　是一常數。

圖 5.49 說明了這個預測器的輸入／輸出關係。

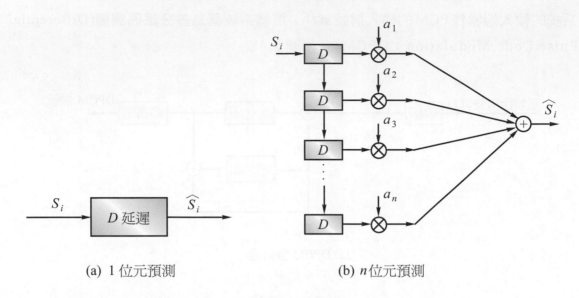

(a) 1 位元預測   (b) n 位元預測

圖 **5.49** 預測器

可見預測器是用前 n 個輸入位元預測下一個位元的一個元件。所以在DPCM中，預測器的輸入為

$$\hat{S}_i + \hat{e}_i \approx \hat{S}_i + S_i - \hat{S}_i \quad (\text{若量化後誤差很小})$$
$$= S_i$$

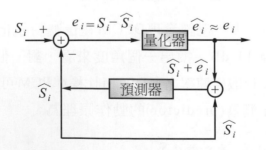

圖 **5.50** DPCM 系統方塊中的信號

若預測器是 1 位元的預測，即 $\hat{S}_i = a_1 S_{i-1}$，則 DPCM 中的預測器就是一個延遲裝置，所以 DPCM 和 DM 相類似。

在個人無線行動電話CT2及DECT中使用的**適應性差分脈碼調變** (Adaptive Differential Pulse Code Modulation；ADPCM)，其原理如下圖：

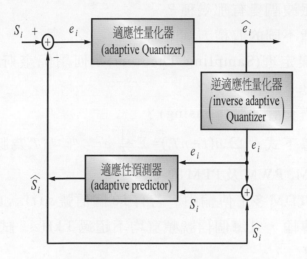

圖 **5.51**　ADPCM 系統方塊圖

和 DPCM 唯一不同的地方在於 ADPCM 採用了適應性量化器(adaptive quantizer)及適應性預測器(adaptive predictor)以因應信號變動過於劇烈，另外其預測器同時考慮目前信號狀態 S_i 以及目前的預測誤差 e_i，一同當作預測器的輸入。

■ 本章習題

5.1-1 常見的脈波調變有那幾種？

5.2-1 舉出三種不同的取樣方式？

5.2-2 何謂取樣定理(Sampling Theorem)？何謂倪奎斯取樣頻率(Nyquise Sampling Frequency)？

5.2-3 何謂頻譜交疊效應(aliasing)？

5.3-1 自行推導下式：$\sum\limits_{n=-\infty}^{\infty} \delta(t-nT_s) = \sum\limits_{n=\infty}^{\infty} \dfrac{1}{T_s} e^{j2\pi \cdot nf_s \cdot t}$ (T_s 為脈衝的週期)

5.4-1 比較 PAM, PWM 及 PPM 的特色。

5.5-1 在 PAM/TDM 多工傳輸中，若有 10 個信號 $s_1(t)$, $s_2(t)$, …, $s_{10}(t)$，要採行多工傳輸，且每個信號頻寬均不超過 3 kHz。試問傳輸線的最小頻寬為何？

5.5-2 上題中，若 $s_1(t)$, $s_2(t)$, …, $s_9(t)$ 的頻寬均為 3 kHz，但 $s_{10}(t)$ 的信號頻寬為 10 kHz。試問此時傳輸線上的最小頻寬應為何？

5.6-1 何謂隨機程序的遍歷性(ergodicity)？

5.7-1 試述 PCM 的優點及其缺點？

5.7-2 試述 T1 線的規格？

5.7-3 PCM 調變的三大步驟為何？

5.8-1 比較 PCM 和 DM 的優缺點？

5.8-2 何謂(1)斜率超載失真？(2)閒置雜訊(顆粒雜訊)？

第 6 章　數位調變

6.1 前言

如同在第五章所介紹的，我們把數位二元信號看成原始的調變信號，利用調幅、調頻及調相的技術可以完成三種數位調變的方式：**振幅鍵送**(Amplitude Shift Keying；ASK)、**頻移鍵送**(Frequency Shift Keying；FSK)和**相移鍵送**(Phase Shift Keying；PSK)，其調變方塊圖，如圖 6.1、圖 6.2 所示。而其調變出來的信號波形則如圖 6.3 所示。

(a) 數位信號的調變

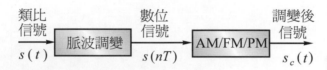

(b) 類比信號的數位調變

圖 6.1 數位／類比信號的數位調變

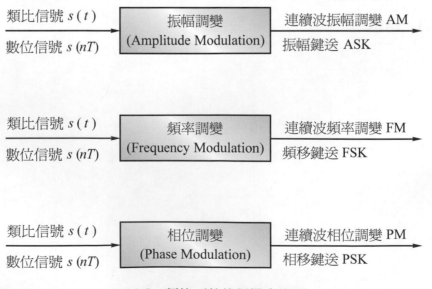

圖 6.2 類比／數位調變方塊圖

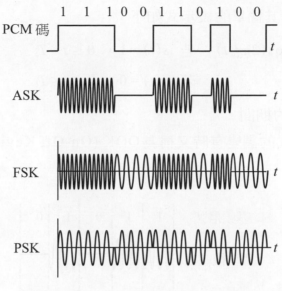

圖 6.3　理想 ASK, FSK 和 PSK 信號波形

　　基本上調變(AM、FM及PM)是不去管基頻信號(調變信號)是類比或是數位的，不過使用脈波來傳輸類比資訊，代表了在數位通訊應用的一重大里程碑。而數位調變就是利用離散或數位形式的基頻信號 $s(nT)$ 去調變載波的振幅、頻率、相位，而把資訊載到正弦波上，如圖 6.2。由於一般所用的數位信號是二進位制，在調變時，用它的離散值去"鍵送"載波(carrier)的參數如振幅(amplitude)、頻率(frequency)、相位(phase)，所以對應的就是振幅鍵送(ASK)、頻移鍵送(FSK)和相移鍵送(PSK)等三種數位調變方式。在這三種數位調變技術中，頻移鍵送(FSK)和相移鍵送(PSK)的一個特點就是：理想上，它們的包線波峰是常數。這項特性使它不受一般通道上因振幅干擾的雜訊所影響，因此這兩種調變方式比振幅鍵送(ASK)更廣泛應用在非線性通道的數位調變上。

6.2 ▸ 振幅鍵送(ASK)

6.2.1　二元振幅鍵送(ASK)

　　基本上振幅鍵送(Amplitude Shift Keying；ASK)就是一個 AM 調變，高頻載波 $s_c(t)$ 的振幅隨著基頻信號大小而變動。但由於在數位系統中的基頻信號只有 2 個數值(1 或 0)，因此可見載波的振幅也是由 2 個準位(有及無)形成載波信號的包線(envelope)。其簡單的表示式如下：

$$s_c(t) = \begin{cases} A_c \cos(2\pi f_c\, t) & \text{若} \quad s(t) = 1, \quad 0 \le t < T_b \\ 0 & \text{若} \quad s(t) = 0, \quad 0 \le t < T_b \end{cases} \tag{6.1}$$

其中 T_b 是位元的期間。

這種二進位形式的調變有時又稱為 OOK (On-Off Keying)，其 ASK 調變後信號如圖 6.4。

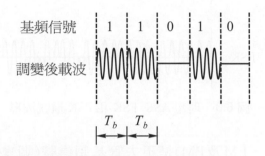

基頻信號　　1　1　0　1　0

調變後載波

T_b　T_b

圖 6.4 簡單 ASK 信號波形

若我們要將調變信號(1 or 0)解調出來，我們常利用到二種技術，一為**匹配濾波器**(match filter)：

若假設匹配濾波器的脈衝響應(impulse response) $h(t)$ 為：

$$h(t) = s_c(T_b - t) = A_c \cos(2\pi f_c\,(T_b - t))$$

則輸入 $\phi(t)$ 到匹配濾波器可得輸出為：

$$\begin{aligned} y(t) &= \phi(t) * h(t) \\ &= \int_{-\infty}^{\infty} \phi(\tau) h(t - \tau)\, d\tau \\ &= \int_{-\infty}^{\infty} \phi(\tau) \cdot s_c(T_b - t + \tau)\, d\tau \\ &= y_{s_c}(T_b - t) \end{aligned} \tag{6.2}$$

在 $t = T_b$ 時間時，判定此信號。若 $\phi(t) = s_c(t)$ 則 $y(T_b) = E_0 = A_c^2 T_b / 2$，其信號圖形，如圖 6.5。

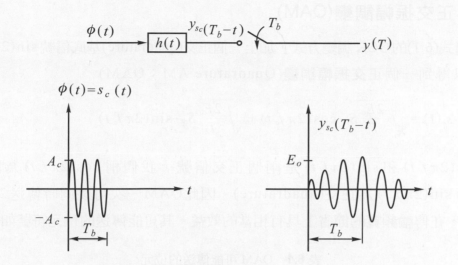

圖 **6.5**　利用匹配濾波器檢測 ASK 波形信號

由式(6.2)知道當輸入匹配濾波器的信號 $\phi(t)$ 是 ASK 載波信號中的 "1" 時，$\phi(t) = s_c(t)$，因此濾波器輸出 $y_{s_c}(T_b - t)$ 在 $t = T_b$ 時將可輸出 $A_c^2 T_b / 2$。反之當 $\phi(t)$ 是 "0" 時，$\phi(t) = 0$，濾波器輸出為 0。

另一為**相關接收器**(correlation receiver)，其原理乃利用正弦信號的正交性來檢波。若我們先將輸入信號 $\phi(t)$ 乘上一個載波信號 $s_c(t) = A_c \cdot \cos(2\pi f_c t)$ 再予以積分，則一樣可以得到信號能量，如圖 6.6 所示。

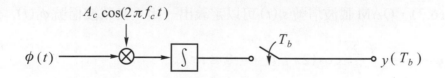

圖 **6.6**　利用相關接收器檢測 ASK 波形信號

在數位調變系統中，我們可以將接收解調方式分為同調(coherent)和非同調(noncoherent)兩種，同調的接收解調系統在接收機上要求載波 $A_c \cos(2\pi f_c t)$ 的頻率及相角要和傳送端的 $s_c(t)$ 同步，如相關接收器。而非同調系統則不要求與傳送端的載波相角同步，故稱非同調，如匹配濾波器。以 ASK、FSK 而言，同調或非同調系統均可應用在接收機上，而 PSK 就必須嚴格要求相位同步，因此只有同調接收系統可以使用。

6.2.2 正交振幅調變(QAM)

利用式(6.1)的OOK調變方式，加上一個正交(quadrature)基底信號 $\sin(2\pi f_c t)$，我們可以得到一個**正交振幅調變**(Quadrature AM；QAM)

$$s_c(t) = \sqrt{\frac{2E_0}{T_b}} S_I \cdot \cos(2\pi f_c t) + \sqrt{\frac{2E_0}{T_b}} S_Q \cdot \sin(2\pi f_c t) \tag{6.3}$$

由於 $\cos(2\pi f_c t)$ 和 $\sin(2\pi f_c t)$ 是兩個正交信號，我們稱 $\cos(2\pi f_c t)$ 為**同相**(in phase)而 $\sin(2\pi f_c t)$ 為**正交**(quadrature)。因此QAM一次可以同時傳送2個位元 (S_I, S_Q)，在傳輸頻寬的節省上具有相當的效益。其可能傳送的位元符號如表6.1。

表 6.1 QAM 可能傳送的位元

	S_I	S_Q	$s_c(t)$
m_1	1	1	$\sqrt{\dfrac{2E_0}{T_b}}\cos(2\pi f_c t) + \sqrt{\dfrac{2E_0}{T_b}}\sin(2\pi f_c t)$
m_2	1	-1	$\sqrt{\dfrac{2E_0}{T_b}}\cos(2\pi f_c t) - \sqrt{\dfrac{2E_0}{T_b}}\sin(2\pi f_c t)$
m_3	-1	1	$-\sqrt{\dfrac{2E_0}{T_b}}\cos(2\pi f_c t) + \sqrt{\dfrac{2E_0}{T_b}}\sin(2\pi f_c t)$
m_4	-1	-1	$-\sqrt{\dfrac{2E_0}{T_b}}\cos(2\pi f_c t) - \sqrt{\dfrac{2E_0}{T_b}}\sin(2\pi f_c t)$

由式(6.3)，QAM載波信號 $s_c(t)$ 可以定義出一組正交載波信號 $\phi_1(t), \phi_2(t)$ 為：

$$\phi_1(t) = \sqrt{\frac{2}{T_b}} \cos(2\pi f_c t) \quad , 0 \le t < T_b$$
$$\phi_2(t) = \sqrt{\frac{2}{T_b}} \sin(2\pi f_c t) \quad , 0 \le < T_b \tag{6.4}$$

以這兩組載波當基底，$s_c(t)$ 可以用4個信號點來表示：

$$\begin{bmatrix} \sqrt{E_0} \\ \sqrt{E_0} \end{bmatrix}, \begin{bmatrix} \sqrt{E_0} \\ -\sqrt{E_0} \end{bmatrix}, \begin{bmatrix} -\sqrt{E_0} \\ \sqrt{E_0} \end{bmatrix}, \begin{bmatrix} -\sqrt{E_0} \\ -\sqrt{E_0} \end{bmatrix}$$

圖6.7表示了QAM信號空間圖(有時又稱**信號星座圖**(signal constellation))。

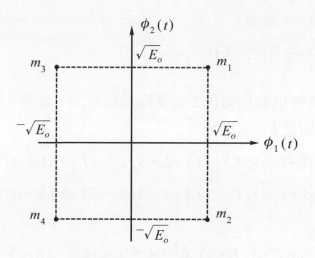

圖 6.7 QAM 信號星座圖

由圖6.7可以知道QAM調變的信號空間分佈和QPSK完全相同,因此有關的討論將在QPSK一節中再作討論。

6.2.3 *M*-進制(元)QAM

在 *M* 進 制(元)信 號 技 巧 上,我 們 在 每 一 期 間 *T* 送 *M* 種 載 波 信 號 $s_1(t),\ s_2(t),\ \cdots,\ s_M(t)$中的一個。由於載波 $s_c(t)$ 有 2 個正交信號 $\phi_1(t)$ 及 $\phi_2(t)$,若可以傳送的信號數為 *M*,$M = 2^L$,則 *L* 是兩正交信號上可搭載信號數目,符號期間 $T = LT_b$,T_b 是位元期間。首先我們介紹 *M* 進制(元)QAM (M-ary QAM;M-QAM)。

在同相、正交兩信號 $\phi_1(t)$、$\phi_2(t)$ 上我們不只可以各傳一個位元以形成QAM調變,如式(6.3)。事實上,在這兩個正交信號上,每 *T* 時間可以各傳2位元(16-QAM,因為 *L* = 4,所以 $M = 2^4 = 16$)、3位元(64-QAM因為 *L* = 8,所以 $M = 2^8 = 64$)、…等等。 *M* 進制(元)QAM 的通式由傳送信號定義為:

$$s_c(t) = I_i \cdot \sqrt{\frac{2E_0}{T}} \cos(2\pi f_c t) + Q_i \cdot \sqrt{\frac{2E_0}{T}} \sin(2\pi f_c t)$$

和 QAM 相同的,兩個正交基底信號為:

$$\phi_1(t) = \sqrt{\frac{2}{T}}\cos(2\pi f_c t) \quad , \, 0 \le t < T$$

$$\phi_2(t) = \sqrt{\frac{2}{T}}\sin(2\pi f_c t) \quad , \, 0 \le t < T$$

若將這兩個基底信號均切成 L 個不同信號空間，則第 i 個訊息點的座標為 $I_i\sqrt{E_0}$，而 (I_i, Q_i) 則是 $L \times L$ 陣列。

$$[I_i, Q_i] = \begin{bmatrix} (-L+1, L-1) & (-L+3, L-1) & \cdots & (L-1, L-1) \\ (-L+1, L-3) & (-L+3, L-3) & \cdots & (L-1, L-3) \\ \vdots & \vdots & & \vdots \\ (-L+1, L+1) & (-L+3, L+1) & \cdots & (L-1, L+1) \end{bmatrix} \tag{6.5}$$

而　$L = \sqrt{M}$

舉例來說，對於 16-QAM 其信號星座圖如圖 6.8 所示。$L = \sqrt{16} = 4$，我們有矩陣

$$[I_i, Q_i] = \begin{bmatrix} (-3, 3) & (-1, 3) & (1, 3) & (3, 3) \\ (-3, 1) & (-1, 1) & (1, 1) & (3, 1) \\ (-3, -1) & (-1, -1) & (1, -1) & (3, -1) \\ (-3, -3) & (-1, -3) & (1, -3) & (3, -3) \end{bmatrix} \tag{6.6}$$

(a) 同相部分 $\phi_1(t)$

圖 **6.8**　16-QAM 信號星座圖

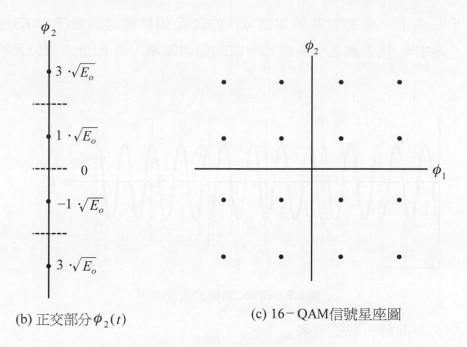

(b) 正交部分 $\phi_2(t)$

(c) 16－QAM信號星座圖

圖 **6.8**　16-QAM 信號星座圖(續)

　　由上例 16-QAM 得知，兩個正交信號 $\phi_1(t)$，$\phi_2(t)$ 上各有 2 位元可同時傳送，所以 $L = 2^2 = 4$，因此 16-QAM 一口氣可以傳 4 位元(共有 $2^4 = 16$ 種不同的信號)。

　　M-QAM 的其他部分在 M-PSK 章節中尚有討論。

6.3　相移鍵送(PSK)

6.3.1　二元相移鍵送調變(BPSK)

　　在一個二位元信號的系統中，我們利用載波的相位不同(0°及 180°)來表示位元符號 1 和 0，稱為**二元相移鍵送**(Binary Phase Shift Keying；BPSK)，其定義為：

$$\phi_{\text{BPSK}}(t) = \begin{cases} s_{c1}(t) = \sqrt{\dfrac{2E_0}{T_b}} \, \cos(2\pi f_c t) & \text{若 } s(t) = 1, \ 0 \leq t < T_b \\[3mm] s_{c2}(t) = \sqrt{\dfrac{2E_0}{T_b}} \, \cos(2\pi f_c t + \pi) & \text{若 } s(t) = 0, \ 0 \leq t < T_b \end{cases}$$

(6.7)

圖 6.9 表示一個數位基頻信號 $s(t)$ 的二元相移鍵送調變(BPSK)信號波形 $\phi_{\text{BPSK}}(t)$，其中 E_0 代表傳送一個位元所需的信號能量，T_b 則是一個位元的期間。

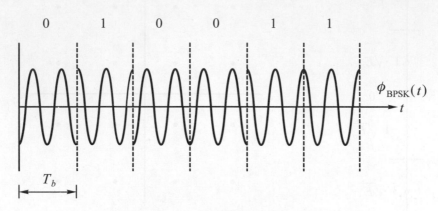

圖 6.9 BPSK 調變的載波波形

將式(6.7)重寫，我們發現

$$\phi_{\text{BPSK}}(t) = \begin{cases} s_{c1}(t) = \sqrt{\dfrac{2E_0}{T_b}}\cos(2\pi f_c t) = \sqrt{E_0}\,\phi(t) \\[3mm] s_{c2}(t) = -\sqrt{\dfrac{2E_0}{T_b}}\cos(2\pi f_c t) = -s_{c1}(t) = -\sqrt{E_0}\,\phi(t) \end{cases} \tag{6.8}$$

很顯然的，一個 BPSK 信號是由一維的基底信號 $(N=1)$，即 $\phi(t)$ $= \sqrt{\dfrac{2}{T_b}}\cos(2\pi f_c t)$，所構成的。圖 6.10 是一個有 2 個信號點的信號星座圖(signal constellation)，其信號的座標為：

$$s_1 = \int_0^{T_b} s_{c1}(t)\cdot\phi(t)dt = \sqrt{E_0} \tag{6.9}$$

$$s_2 = \int_0^{T_b} s_{c2}(t)\cdot\phi(t)dt = -\sqrt{E_0} \tag{6.10}$$

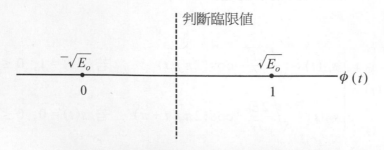

圖 6.10 二元相移鍵送(BPSK)的信號星座圖

BPSK 的調變方式相當簡單，只要直接將二元信號 $s(t)$ 乘上載波 $s_{c1}(t) = \phi(t)$ 即可，如圖 6.11(a)，而接收解調方式則必須使用同調接收器如圖 6.11(b)。

當 接 收 機 收 到 $\phi_{BPSK}(t)$ 信 號 時，可 以 預 知 $\phi_{BPSK}(t)$ 若 不 是 $s_{c1}(t) = \sqrt{\dfrac{2E_0}{T_b}}\cos(2\pi f_c\, t)$ 就是 $s_{c2}(t) = -s_{c1}(t)$。經過乘積調變，積分器及在 $t = T_b$ 時取樣後，若

$$y(T_b) = \int_0^{T_b} \phi_{BPSK}(t) \cdot \sqrt{\frac{2}{T_b}}\cos(2\pi f_c\, t) \cdot dt = \sqrt{E_0} \tag{6.11}$$

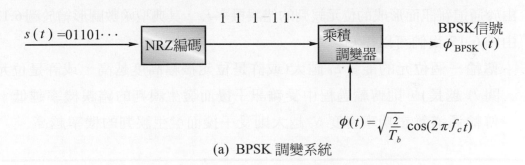

(a) BPSK 調變系統

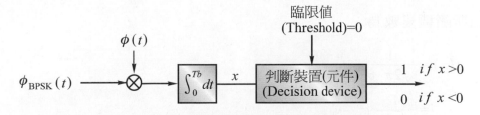

(b) BPSK 信號的同調接收器解調系統

圖 **6.11**　BPSK 調變／解調變

則接收端可判斷傳送出來的信號 $\phi_{BPSK}(t)$ 應為 $s_{c1}(t) = \sqrt{\dfrac{2E_0}{T_b}}\cos(2\pi f_c\, t)$，反之，若 $y(T_b) = -\sqrt{E_0}$ 則傳送端所傳信號應為 $s_{c2}(t)$。圖 6.10 的星座圖中在 0、1 之間形成一判斷臨限值(decision threshold)。假設傳送端送出一 "1" 的信號，即傳送出 $s_{c1}(t)$，經過傳輸通道上的雜訊干擾，若是干擾不嚴重，則在接收端仍可得到 $y(T_b) > 0$ 時，仍然可以正確的判讀出傳送信號。但若是干擾嚴重使得接收端的輸出 $y(T_b) < 0$ 則會發生誤判，其誤判的機率，稱為**位元錯誤率**(Bit Error Rate；BER)，為

$$P_e = \frac{1}{2} \operatorname{er fc}\left(\sqrt{\frac{E_0}{N_0}}\right) \tag{6.12}$$

其中

$\operatorname{er fc}(\mu) = \dfrac{2}{\sqrt{\pi}} \displaystyle\int_\mu^\infty \exp(-z^2)\,dz$ 稱為**互補誤差函數**(complementary error function)

N_0：假設在傳輸過程中，通道干擾都是白色高斯*雜訊(Additional White Gaussian Noise；AWGN)的前提下，可以把 N_0 看成是傳輸過程中，固定雜訊的功率頻譜密度(即功率)，其中 $\dfrac{N_0}{2}$ 是其變異數(variance)。

由於通道雜訊而形成的位元誤判的錯誤機率 P_e，其典型函數圖形繪於圖 6.12。由圖 6.12 我們可以得知：

1. 傳輸一個位元的能量 E_0 越大(或許是位元振幅高度越高，或許是位元時間 T_b 越長)，則傳輸過程中受雜訊干擾而發生誤判的錯誤機率越低。

2. 傳輸通道雜訊功率密度 N_0 越大則受干擾而發生誤判的機率越高。

註：*高斯隨機變數為：

$$f(x) = \frac{1}{\sqrt{2\pi}\cdot\sigma}\, e^{-\frac{(x-\mu)^2}{2\sigma^2}}$$

$$= \frac{1}{\sqrt{\pi N_0}}\, e^{-\frac{(x-\mu)^2}{N_0}} \tag{6.13}$$

其中：$\sigma^2 = \dfrac{N_0}{2}$ 變異數

在數位通訊中，由於傳送端的信號波形已知，在接收端只是作判斷接收到的信號屬於那一種(如 1 或 0)。因此對於傳送一信號 m_i 的條件下，接收端常要利用一個機率密度函數 $f(x|m_i)$ 稱為 "最接近函數(likelihood function)" 如：

$$f(x|m_i) = \frac{1}{\sqrt{\pi N_0}}\, e^{-\frac{(x-m_i)^2}{N_0}}$$

來判斷接收到的信號是 m_i 的機率有多大。

3.　數位通訊系統優劣的一個重要指標在於：當位元能量 E_o 及傳輸通道雜訊功率 N_o 固定不變的情形之下，系統要能儘量降低位元錯誤率(Bit Error Rate；BER)。

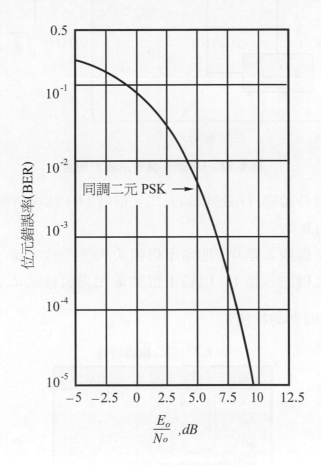

圖 **6.12**　典型位元錯誤機率圖形

6.3.2　差分相移鍵送(DPSK)調變

　　二元相移鍵送調變系統中，解調過程必須採用 "同調(coherent)" 方式，即在接收機所使用的解調載波 $\phi(t)$ 必須和傳送端的調變載波同步，而採用**差分相移鍵送**(Differential Phase Shift Keying；DPSK)則可以避免同步上的困難。

　　如圖 6.11 所示的同調BPSK的調變過程中，在進入NRZ編碼之前，我們先將二元信號 $s(t)$ 進行差分編碼(differential encoded)，如圖 6.13，就可得到一個差分 BPSK調變系統(DBPSK)。

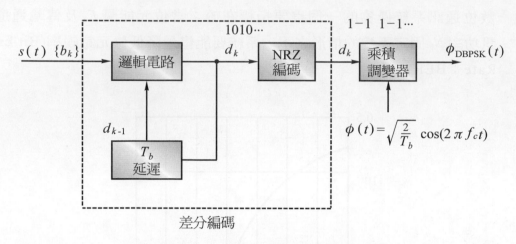

圖 **6.13** DBPSK 調變系統方塊圖

　　圖 6.13 中的差分編碼程序是以輸入二元信號 $\{b_k\}$ 為參考而加以編碼成 d_k，其序列產生的原則為：

1. 若輸入二元信號 b_k 是 0，則輸出信號 d_k 和先前位元 d_{k-1} 位元相反。

2. 若輸入二元信號 b_k 是 1，則輸出信號 d_k 和先前位元 d_{k-1} 位元相同。

表 6.2 表示了差分編碼的特性。

表 **6.2**　差分編碼特性

b_k	$\Delta\phi(b_k)$	$\cos(\Delta\phi(b_k))$
1	0	1
0 (-1)	π	-1
差分轉換方式： $d_k = d_{k-1} \cdot \cos(\Delta\phi(b_k))$		

而表 6.3 顯示的為此差分相位編碼程序的一個例子。

表 **6.3**　DPSK 信號產生之解說

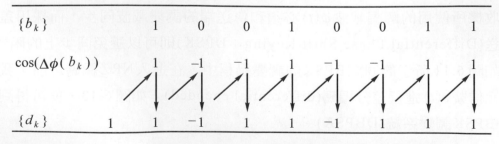

DPSK 的解調部分，也是利用這種差分的動作來完成的，如圖 6.14。

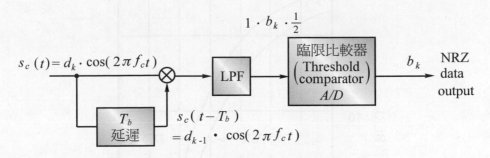

圖 **6.14**　DPSK 解調系統方塊圖

經過乘積調變器後，

$$s_c(t) \cdot s_c(t - T_b) = d_k \cos(2\pi f_c t) \cdot d_{k-1} \cos(2\pi f_c t)$$

$$= d_{k-1} \cdot \cos(\Delta\phi(b_k)) \cdot d_{k-1} \cdot \cos^2(2\pi f_c t)$$

在 LPF 之後，

$$d_{k-1}^2 \cdot \cos(\Delta\phi(b_k)) \cdot \frac{1}{2} = 1 \cdot b_k \cdot \frac{1}{2}$$

在臨限(Threshold)比較之後，可得 NRZ 資料 b_k。

　　利用 DPSK 調變方式，節省了接收器所需的同調信號，但其位元錯誤率卻變成：

$$P_e = \frac{1}{2}\exp\left(-\frac{E_0}{N_0}\right) \tag{6.14}$$

由圖 6.15 可以看出來，DPSK 的位元錯誤率比同調式 PSK 要高。

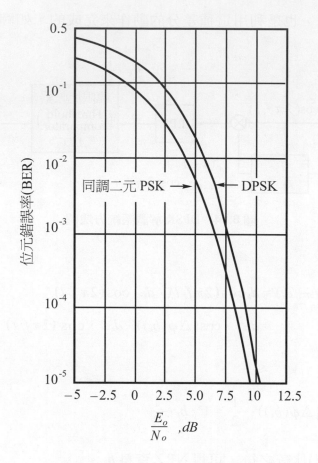

圖 **6.15** DPSK 及 PSK 位元錯誤率比較

6.3.3 四相移鍵送(QPSK)調變

由相移鍵送(PSK)發展出來的一個節省頻寬的調變技巧稱為**四相移鍵送**(Quadri-Phase Shift Keying；QPSK)，乃是利用載波 $s_c(t)$ 相位空間的 $\frac{1}{4}$ 角度傳送一個位元值，因此對一個載波頻率 f_c 而言可以傳送 4 種符號，即可以一次傳送 2 位元。

由於是利用 $\frac{1}{4}$ 相位空間傳一個符號，因此我們定義 QPSK 的載波為：

$$s_c(t) = \begin{cases} \sqrt{\dfrac{2E_0}{T_b}} \cos\left[2\pi f_c\, t + (2i-1)\dfrac{\pi}{4}\right] & 0 \le t \le T_b \\ 0 & \text{其它} \end{cases} \tag{6.15}$$

$i = 1,\ 2,\ 3,\ 4$

而 $s_c(t)$ 可以展開成：

$$s_c(t) = \sqrt{\frac{2E_0}{T_b}} \cdot \cos\left[(2i-1)\frac{\pi}{4}\right]\cos(2\pi f_c t)$$

$$- \sqrt{\frac{2E_0}{T_b}}\sin\left[(2i-1)\frac{\pi}{4}\right]\sin(2\pi f_c t) \tag{6.16}$$

所以我們定義一對正交載波 $\phi_1(t)$，$\phi_2(t)$ 為基底信號：

$$\phi_1(t) = \sqrt{\frac{2}{T_b}}\cos(2\pi f_c t)$$

$$\phi_2(t) = \sqrt{\frac{2}{T_b}}\sin(2\pi f_c t) \tag{6.17}$$

因此 $s_c(t)$ 可以表示的 4 個信號點定義為：

$$\overline{S}_i = \begin{bmatrix} \sqrt{E_0}\cos\left[(2i-1)\dfrac{\pi}{4}\right] \\[2mm] -\sqrt{E_0}\sin\left[(2i-1)\dfrac{\pi}{4}\right] \end{bmatrix},\ i = 1,\ 2,\ 3,\ 4 \tag{6.18}$$

這四個信號點為：

$$\begin{bmatrix} \sqrt{\dfrac{E_0}{2}} \\[3mm] -\sqrt{\dfrac{E_0}{2}} \end{bmatrix},\ \begin{bmatrix} -\sqrt{\dfrac{E_0}{2}} \\[3mm] -\sqrt{\dfrac{E_0}{2}} \end{bmatrix},\ \begin{bmatrix} -\sqrt{\dfrac{E_0}{2}} \\[3mm] \sqrt{\dfrac{E_0}{2}} \end{bmatrix},\ \begin{bmatrix} \sqrt{\dfrac{E_0}{2}} \\[3mm] \sqrt{\dfrac{E_0}{2}} \end{bmatrix} \tag{6.19}$$

正好相對於 2 位元的信號(1,0)、(0,0)、(0,1)、(1,1)，表 6.4 顯示了 QPSK 信號的相量空間特點，而圖 6.16 表示了 QPSK 信號星座圖。

　　注意圖 6.16 的 QPSK 信號星座圖和圖 6.7 QAM 的信號圖完全相同，因此 QPSK 和 QAM 基本上具有完全相同的特性，在此我們只針對 QPSK 作一番討論。

表 6.4 QPSK 信號相位座標

	輸入字元 $0 \leq t < T_b$	信號的相對座標	QPSK 信號的相位
m_1	1 0	$\left(\sqrt{\dfrac{E_0}{2}}, -\sqrt{\dfrac{E_0}{2}}\right)$	$\pi/4$
m_2	0 0	$\left(-\sqrt{\dfrac{E_0}{2}}, -\sqrt{\dfrac{E_0}{2}}\right)$	$3\pi/4$
m_3	0 1	$\left(-\sqrt{\dfrac{E_0}{2}}, \sqrt{\dfrac{E_0}{2}}\right)$	$5\pi/4$
m_4	1 1	$\left(\sqrt{\dfrac{E_0}{2}}, \sqrt{\dfrac{E_0}{2}}\right)$	$7\pi/4$

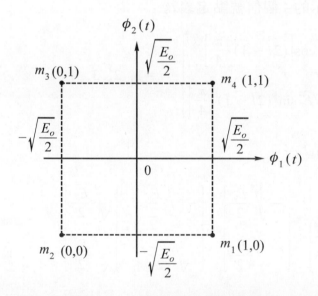

圖 6.16 QPSK 信號空間星座圖

　　對 QPSK 信號的調變與解調而言：由於 QPSK 可以一次傳送 2 個位元，因此必須將二元資料先經過一個解多工器，將這些二元資料分成奇數及偶數的輸入位元，$a_1(t)$ 及 $a_2(t)$。這兩組位元信號分別用來調變正交載波信號 $\phi_1(t)$、$\phi_2(t)$。最後再將這 2 個 PSK 信號加起來產生 QPSK 信號，其操作方塊圖如圖 6.17。

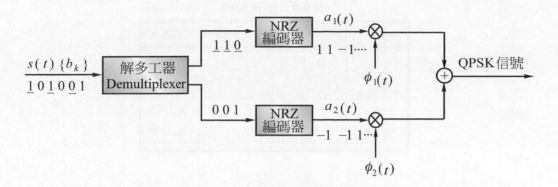

圖 **6.17**　QPSK 調變過程方塊圖

而 QPSK 的解調就好像是兩組 BPSK 的同調接收器一般。

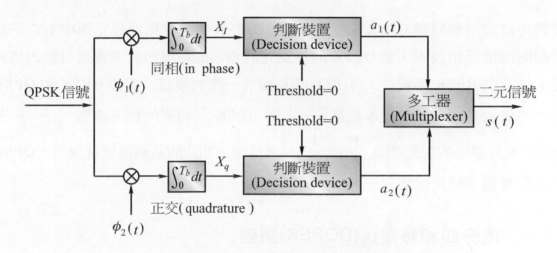

圖 **6.18**　QPSK 解調過程方塊圖

　　其中多工器(Multiplexer)乃是一個將奇數、偶數信號 $a_1(t)$、$a_2(t)$ 穿插合成二元信號 $s(t)$ 的元件。

　　QPSK 的調變系統中，一般都會加入格雷編碼(Gray code)，此種編碼方式的特色就是一次只變動一個位元，以降低位元錯誤率(BER)，格雷編碼的方式如表 6.5。

表 **6.5**　格雷編碼

	原二元碼	格雷碼
0	0　0	0　0
1	0　1	0　1
2	1　0	1　1
3	1　1	1　0

加入格雷編碼的 QPSK 位元錯誤率為

$$P_e = \frac{1}{2}\,\mathrm{er\,fc}\!\left(\sqrt{\frac{E_0}{N_0}}\right) \tag{6.20}$$

我們可以說一個同調 QPSK 系統和一同調 BPSK 系統在相同位元速率 $1/T_b$ 下具有相同的位元錯誤率。但 QPSK 的優點在於相同的通道頻寬下傳送信號的位元速率是同調 BPSK 系統的 2 倍(即 QPSK 節省一半的頻寬,假設 BPSK 和 QPSK 所要傳送的基頻信號位元率都是 $\frac{1}{T_b}$,則 BPSK 可傳送的位元率為 $\frac{1}{T} = \frac{1}{T_b}$,但 QPSK 可傳送的位元率為 $\frac{1}{T} = \frac{1}{2\,T_b}$。可見傳送相同的基頻信號狀況下,QPSK 所需頻寬是 BPSK 所需的一半)。

6.3.4　差分四相移鍵送(DQPSK)調變

與差分二元相移鍵送(DBPSK)相同的,我們也可以利用一個差分的技巧來完成非同調四相移鍵送的調變,稱為**差分四相移鍵送**(Differential Quadri-Phase Shift Keying;DQPSK),其調變/解調的方式如圖 6.19。

由圖 6.19DQPSK 的調變/解調系統中可以看出來,DQPSK 基本上是由 2 組 DBPSK 組成的,在損失些許的位元錯誤率效能下,DQPSK 調變可以避免複雜的同步及載波回復電路。

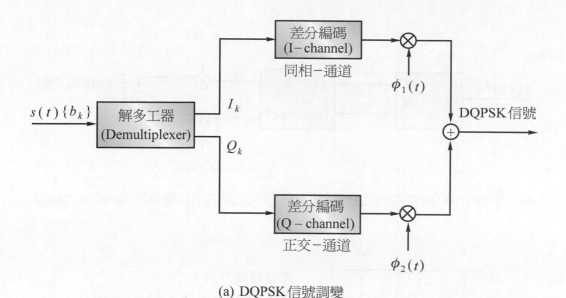

(a) DQPSK 信號調變

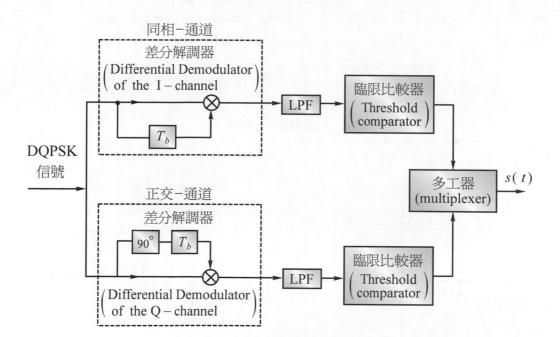

(b) DQPSK 信號解調

圖 6.19　DQPSK 系統的調變／解調方塊圖

　　有一個被美國、日本的數位蜂巢行動電話系統所採用的調變方式稱為 $\frac{\pi}{4}$ **DQPSK**，其原理和 DQPSK 類似，除了 $\frac{\pi}{4}$DQPSK 額外對同相(I)、正交(Q)信號作一個 $\frac{\pi}{4}$ 的轉換。優點在於容易以差分方式解調，其調變／解調方式如圖 6.20。

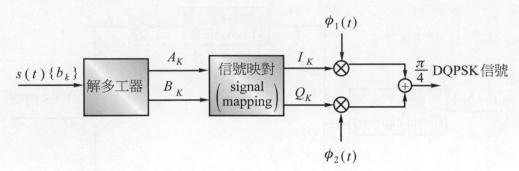

(a) $\dfrac{\pi}{4}$ DQPSK 調變系統(注意:和 DQPSK不同之處在於信號映對(signal mapping))

A_k	B_k	$\Delta\phi_k$
1	1	$\dfrac{\pi}{4}$
0	1	$\dfrac{3\pi}{4}$
0	0	$-\dfrac{3\pi}{4}$
1	0	$-\dfrac{\pi}{4}$

差分轉換方式：

$I_k = I_{k-1}\cos\Delta\phi_k - Q_{k-1}\sin\Delta\phi_k = \cos\theta_k$

$Q_k = I_{k-1}\sin\Delta\phi_k + Q_{k-1}\cos\Delta\phi_k = \sin\theta_k$

$\theta_k = \theta_{k-1} + \Delta\phi_k$

(b)信號的 $\dfrac{\pi}{4}$ 轉換

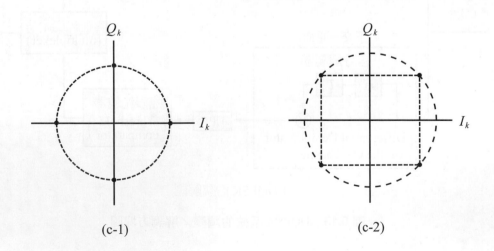

(c-1)   (c-2)

圖 6.20 $\dfrac{\pi}{4}$DQPSK 調變／解調系統

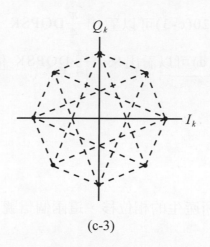

(c-3)

(C) $\frac{\pi}{4}$ *DQPSK* 信號的星座圖；(c-1)當 $\theta_{k-1} = n\pi/4$ 時，θ_k 的可能狀態；

(c-2)當 $\theta_{k-1} = n\pi/2$ 時，θ_k 的可能狀態；(c-3)所有可能狀態

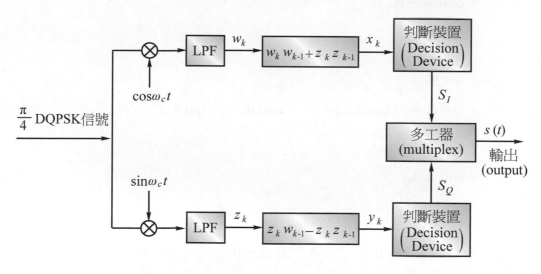

(d) $\frac{\pi}{4}$ DQPSK解調系統

圖 6.20　$\frac{\pi}{4}$DQPSK 調變／解調系統(續)

圖 6.20 (a) (b)中 $\frac{\pi}{4}$DQPSK調變／解調的精神在於它送出去的是前後數位信號(A_k, B_k) 及 (A_{k-1}, B_{k-1}) 之間的差異(Differential)，例如若接收機收到的(I_k, Q_k) 及 (I_{k-1}, Q_{k-1}) 間夾角 $\Delta\phi_k = \frac{\pi}{4}$，則由圖 6.20 (b)中知道，$(A_k, B_k)$ 是(1，1)，由圖

6.20(c-1)、6.20(c-2)、6.20(c-3)可以看出$\frac{\pi}{4}$DQPSK 信號變化的狀態，而$\frac{\pi}{4}$ DQPSK 的解調由圖 6.20(d)可以看出來：$\frac{\pi}{4}$DQPSK 信號經過乘積調變予以降頻後得到：

$$w_k = \cos(\theta_k - r)$$

$$z_k = \sin(\theta_k - r) \tag{6.21}$$

其中 r 是因雜訊、干擾等所產生的相位移，這兩個信號 ω_k、z_k 經過差分解碼器後可以得到

$$x_k = w_k \cdot w_{k-1} + z_k \cdot z_{k-1}$$

$$= \cos(\theta_k - r)\cos(\theta_{k-1} - r) + \sin(\theta_k - r)\sin(\theta_{k-1} - r)$$

$$= \cos(\theta_k - \theta_{k-1})$$

$$= \cos(\Delta\phi_k)$$

$$y_k = z_k \cdot w_{k-1} - w_k \cdot z_{r-1}$$

$$= \sin(\theta_k - r)\cos(\theta_{k-1} - r) - \cos(\theta_k - r)\sin(\theta_{k-1} - r)$$

$$= \sin(\theta_k - \theta_{k-1})$$

$$= \sin(\Delta\phi_k) \tag{6.22}$$

再經過判斷裝置(Decision Device)之後

$$S_I = 1 \quad 若 \ x_k > 0 \ , \quad S_I = 0 \quad 若 \ x_k < 0$$

$$S_Q = 1 \quad 若 \ y_k > 0 \ , \quad S_Q = 0 \quad 若 \ y_k < 0$$

如此就將$\frac{\pi}{4}$DQPSK 的信號解調回來，其解調方式的優點在於只要將目前的信號 $\cos\theta_k$、$\sin\theta_k$ 和前一個 T_b 的信號 $\cos\theta_{k-1}$、$\sin\theta_{k-1}$ 作簡單的乘積、加減就可以得到 $(A_k、B_k)$ 的信號，而且可以輕易地去除因干擾、延遲造成的角度誤差 r。圖 6.20 中信號轉換過程在實際應用上仍有採格雷編碼方式進行。

6.3.5　*M* - 進制(元)PSK

在*M*-進制(元)PSK，載波的相位有*M*個可能的值。於是在每信號期間 *T* 的區間中，一個可能信號為

$$s_i(t) = \sqrt{\frac{2E_0}{T}} \cos\left(2\pi f_c t + \frac{2\pi}{M}(i-1)\right), \quad i = 1, 2, \ldots, M \quad (6.23)$$

E_0 是每個符號的信號能量。

每一 $s_i(t)$ 能以兩基底函數 $\phi_1(t)$ 及 $\phi_2(t)$ 展開

$$\phi_1(t) = \sqrt{\frac{2}{T}} \cos(2\pi f_c t), \qquad 0 \le t \le T$$

$$\phi_2(t) = \sqrt{\frac{2}{T}} \sin(2\pi f_c t), \qquad 0 \le t \le T$$

$$(6.24)$$

M-進制(元)PSK的信號星座是二維度，這 *M* 個信號點分佈在半徑 $\sqrt{E_0}$，圓心為零點所形成的圓上面，如圖6.21是八相移鍵送的星座圖例子。

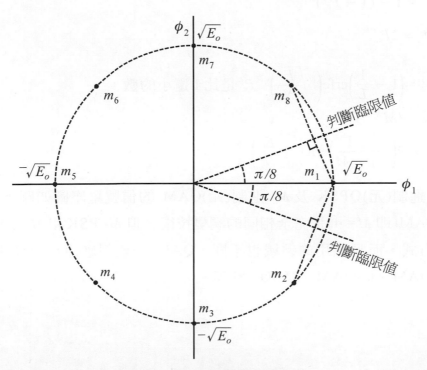

圖 6.21　八相移鍵送(8 種信號)

其中 m_1 與 m_2 的距離 d_{12} 為

$$d_{12} = d_{18} = 2\sqrt{E_0}\sin\left(\frac{\pi}{8}\right) \tag{6.25}$$

因此，對於同調 M- 進制(元)PSK 的符號平均錯誤機率為

$$P_e \simeq \text{erfc}\left(\sqrt{\frac{E_0}{N_0}}\sin\left(\frac{\pi}{M}\right)\right) \tag{6.26}$$

此處假設 $M \geq 4$。這錯誤機率的似近值在 M 固定，E_0/N_0 增加時會接近於 QPSK 的錯誤機率。

於 E_0/N_0 比較大且 $M \geq 4$ 時符號平均錯誤機率趨近於

$$P_e \simeq \text{erfc}\left(\sqrt{\frac{2E_0}{N_0}}\sin\left(\frac{\pi}{2M}\right)\right), \qquad M \geq 4 \tag{6.27}$$

此外 6.2.3 節所提的 M- 陣列 QAM 系統的符號錯誤機率為

$$P_e = 1 - P_c$$
$$= 1 - (1 - P_e')^2$$
$$\simeq 2P_e' \tag{6.28}$$

其中 $P_e' = \left(1 - \dfrac{1}{L}\right)\text{erfc}\left(\sqrt{\dfrac{E_0}{N_0}}\right)$ P_e' 是比 1 還小的數。

而 $L = \sqrt{M}$。

所以 $P_e \approx 2\left(1 - \dfrac{1}{\sqrt{M}}\right)\text{erfc}\left(\sqrt{\dfrac{E_0}{N_0}}\right)$ \tag{6.29}

對 M- 進制(元)QPSK 及 M- 進制(元)QAM 的信號星座圖如圖 6.22。雖然 QPSK 和 QAM(即 $M = 4$)是完全相同的調變技術，但 M- PSK 和 M- QAM 卻是不同的調變方式，而且應用的領域也不同，QAM 一般都應用在數據機(modem)上，如 16QAM、64QAM、256QAM 等。

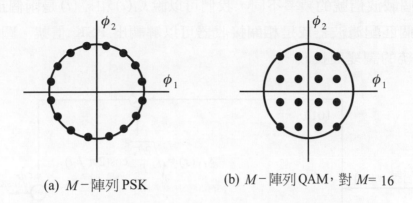

(a) M－陣列 PSK　　　　　(b) M－陣列 QAM，對 M= 16

圖 6.22　兩種不同調變方式的信號星座圖

6.4　頻移鍵送(FSK)

6.4.1　二元頻移鍵送調變(BFSK)

對頻移鍵送(Frequency Shift Keying；FSK)而言，載波信號的頻率隨著二元基頻信號 $s(t)$ 值的不同(1 or 0)而轉換。

$$s_{c1}(t) = \sqrt{\frac{2E_0}{T_b}}\cos(2\pi f_1 t)　若　s(t) = 1,\ 0 \le t < T_b$$

$$s_{c2}(t) = \sqrt{\frac{2E_0}{T_b}}\cos(2\pi f_2 t)　若　s(t) = 0,\ 0 \le t < T_b$$

(6.30)

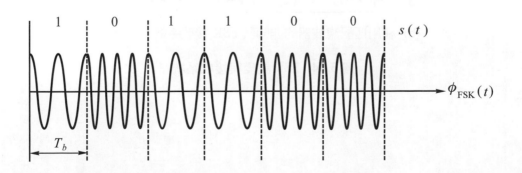

圖 6.23　一個理想的 FSK 信號波形

由於兩個載波信號的頻率不同，我們可以說 $s_{c1}(t)$ 和 $s_{c2}(t)$ 是兩個正交信號，因此使用兩個匹配濾波器或是相關接收器可以解調出 FSK 信號。圖 6.24 顯示 FSK 調變系統的調變與接收。

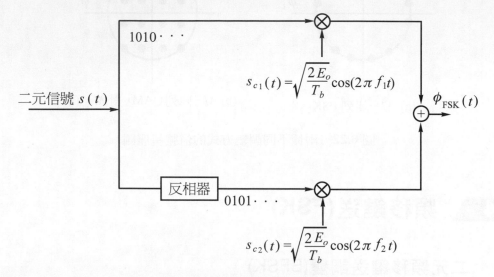

(a) FSK 信號的調變方塊圖

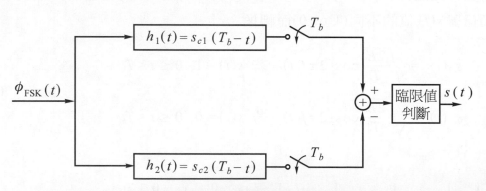

(b) 利用匹配濾波器的非同調 FSK 接收系統

圖 6.24 FSK 調變與接收系統

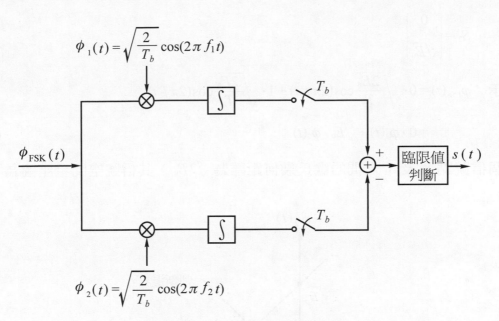

(c) 利用相關接收器的同調FSK接收系統

圖 6.24　FSK 調變與接收系統(續)

在理想傳輸通道的前提之下，若 FSK 信號 $\phi_{FSK}(t)$ 傳的是位元 1(即 $\phi_{FSK}(t) = s_{c1}(t) = \sqrt{\dfrac{2E_0}{T_b}}\cos(2\pi f_1 t)$，則匹配濾波器 $h_1(t)$ 輸出將為 $\sqrt{E_0}$，而另一匹配濾波器 $h_2(t)$ 輸出為 0，所以可還原得位元 1。反之，若傳輸的是位元 0，則匹配濾波器 $h_1(t)$ 輸出為 0，另一匹配濾波器 $h_2(t)$ 輸出為 $\sqrt{E_0}$，所以可還原得位元-1(亦即是位元 0)。

與二元 PSK 不同的是：二元 FSK 的信號空間為二維(∵有 $s_{c1}(t)$ 及 $s_{c2}(t)$)且有兩個信號點，其信號點分別為 $\overline{S_1}$ 及 $\overline{S_2}$：

$$\overline{S_1} = \begin{bmatrix} \sqrt{E_0} \\ 0 \end{bmatrix}$$

表示 $\quad \phi_{FSK}(t) = 1 \cdot \sqrt{\dfrac{2E_0}{T_b}}\cos(2\pi f_1 t) + 0 \cdot \sqrt{\dfrac{2E_0}{T_b}}\cos(2\pi f_2 t)$

$$= \sqrt{E_0} \cdot \phi_1(t) + 0 \cdot \phi_2(t) \tag{6.31}$$

$$\overline{S}_2 = \begin{bmatrix} 0 \\ \sqrt{E_0} \end{bmatrix}$$

表示　$\phi_{FSK}(t) = 0 \cdot \sqrt{\dfrac{2E_0}{T_b}} \cos(2\pi f_1 t) + 1 \cdot \sqrt{\dfrac{2E_0}{T_b}} \cos(2\pi f_2 t)$

$$= 0 \cdot \phi_1(t) + \sqrt{E_0} \cdot \phi_2(t) \tag{6.32}$$

這兩個信號點 $\overline{S}_1$ 及 $\overline{S}_2$ 之間的歐氏幾何距離為 $\sqrt{2E_0}$，其信號空間星座圖為：

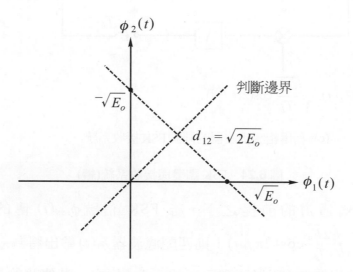

圖 **6.25**　二元頻移鍵送(BFSK)的信號空間星座圖

和 BPSK 比較起來，在 FSK 系統中，兩信號間的距離較近，所以發生錯誤判斷的平均機率應較高，其位元錯誤率(BER)為：

$$P_e = \frac{1}{2} \mathrm{erfc}\left(\sqrt{\frac{E_0}{2N_0}}\right) \tag{6.33}$$

我們只有將"位元能量／雜訊功率密度比(E_0/N_0)"提高 2 倍才能維持和 BPSK 系統有相同的位元錯誤率。所以由 FSK 兩基底信號間的距離較近($d_{12} = \sqrt{2E_0}$)而 BPSK 中兩信號間的距離較遠($d_{12} = 2\sqrt{E_0}$)的關係來看：

在相同位元能量 E_0，相同雜訊功率密度 N_0 前提下，

BPSK 比 BFSK 不易發生誤判。

圖 6.26 的結果可以看出這些結論。

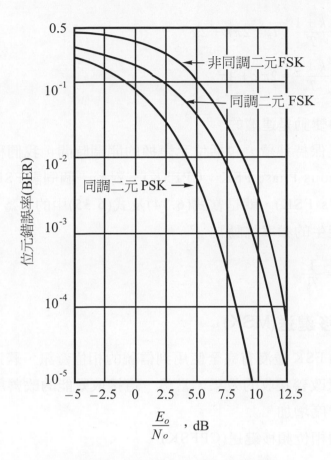

圖 **6.26**　BPSK 及 BFSK 效能比較

　　在二元 FSK 系統中，位元 1 或 0 是由二個不同的頻率 f_1 及 f_2 的弦波所構成的。但是若 f_1 及 f_2 是任意選擇的話，將會在位元變動之際(由 1→0 或 0→1)時發生相位不連續的現象。這種相位不連續的現象經常在 ASK 或是 PSK 中出現(可參考圖 6.3)，而這種相位突然的跳動常會產生高頻頻譜，造成干擾其他通道等情形。因此若我們選擇 FSK 的 2 個頻率為

$$f_1 = \frac{k+1}{T_b} \tag{6.34}$$

及　$$f_2 = \frac{k+2}{T_b} \tag{6.35}$$

其中 k 為一固定的整數

假設在 $t = T_b$ 時，位元由 1 變成 0，則頻率由 f_1 變成 f_2，其載波相位角由

$$2\pi \cdot \frac{k+1}{T_b} \cdot T_b = 2\pi k + 2\pi$$

變成　　　$2\pi \cdot \dfrac{k+2}{T_b} = 2\pi k + 4\pi$

因此相位角的變動是連續的。

這種相位一直保持連續,包括位元變換的開關時間,我們稱之為**連續相位頻移鍵送**(Continuous Phase FSK;CPFSK)。對於一個同調 FSK 的例子,稱為**桑帝 FSK** (Sunde's FSK),就是當式(6.34)及式(6.35)中的 k 為 0 時,此時因位元資料的變動而產生的頻率跳動為

$$|f_1 - f_2| = \frac{1}{T_b}$$

6.4.2　最小頻移鍵送(MSK)

上節所描述的 FSK 並沒有完全使用到信號的相位資訊,若適當的利用相位來做信號檢測可以改善接收的效果。當然,這接收效能的改善所需付出的代價則是接收器的複雜度增加。

考慮一個連續相位頻移鍵送(CPFSK),

$$s_c(t) = \begin{cases} \sqrt{\dfrac{2E_0}{T_b}} \cos(2\pi f_1 t - \theta(0)) & 若 \quad s(t) = 1 \\[4mm] \sqrt{\dfrac{2E_0}{T_b}} \cos(2\pi f_2 t - \theta(0)) & 若 \quad s(t) = 0 \end{cases} \tag{6.36}$$

若我們將它表示成角調變(angle modulation)的方式,

$$s_c(t) = \sqrt{\frac{2E_0}{T_b}} \cos(2\pi f_c t + \theta(t)) \tag{6.37}$$

由於是一個連續相位的信號,所以CPFSK信號的相位 $\theta(t)$ 在一位元期間 T_b 內是線性增加或線性減少 $k\pi$,因此

$$\theta(t) = \theta(0) \pm \frac{\pi}{T_b} kt \quad 0 \le t < T_b \tag{6.38}$$

其中＋表示傳送的位元是 1

－表示傳送的位元是 0

由式(6.36)、式(6.37)、式(6.38)可以歸納而得

$$f_c + \frac{k}{2T_b} = f_1 \tag{6.39}$$

$$f_c - \frac{k}{2T_b} = f_2 \ (\therefore f_1 - f_2 = \frac{k}{T_b} \text{有滿足 CPFSK 要求}) \tag{6.40}$$

$$\therefore \qquad \Delta f = \frac{k}{2T_b} \quad \text{為} \textbf{頻率偏差}\text{(frequency deviation)} \tag{6.41}$$

及　　　$f_c = \frac{1}{2}(f_1 + f_2)$

$$k = T_b(f_1 - f_2) \tag{6.42}$$

k 稱為**偏差率**(deviation rate)或是**調變指數**(modulation index)

($\because k = (f_1 - f_2)/f_b$，$f_b = \dfrac{1}{T_b}$ 可以看成是脈波信號 $s(t)$ 的頻寬)

這個偏差率 k 和 FM 中的調變指數 $\beta = \dfrac{\Delta f}{f_m}$ 極為類似。

由式(6.38)發現當 $t = T_b$ 時，

$$\theta(T_b) - \theta(0) = \begin{cases} \pi k & \text{若傳送位元 1} \\ -\pi k & \text{若傳送位元 0} \end{cases} \tag{6.43}$$

即傳送位元 1 時，CPFSK 信號線性增加 πk 的相角而傳送位元 0 時，則減少 πk 的相角。因此我們有了一個**相位樹**(phase tree)的圖，如圖 6.27。

回顧桑帝 FSK 的情形($k = 1$)，若傳送位元 1 則 CPFSK 增加 π 角度，反之傳送位元 0 時減少 π 角度。

當偏差率 k 降為 $\dfrac{1}{2}$ 時，發現在奇數倍的 T_b 時，相位只在 $\pm \pi/2$ 的奇數倍。而在偶數倍的 T_b 時，相位是 $\pm \pi/2$ 的偶數倍，如圖 6.28，我們稱這個相位圖為**相位格**(phase trellis)。而且由式(6.42)可以看出：當 $k = \dfrac{1}{2}$ 時，頻率最大偏移 $2\Delta f = f_1 - f_2 = \dfrac{1}{2} \cdot \dfrac{1}{T_b}$ 為位元速率($\dfrac{1}{T_b}$)的一半。這是兩個 FSK 信號表示位元

1 及 0 的最小頻率間隔，這個最小頻率間隔允許這兩個 FSK 信號不產生互相干擾且為同調正交(coherently orthogonal)[註]。

這樣一個偏差率(又稱調變指數)為 $\frac{1}{2}$ 的 CPFSK 信號稱為**最小頻移鍵送**(Mininum Shift Keying；MSK)。

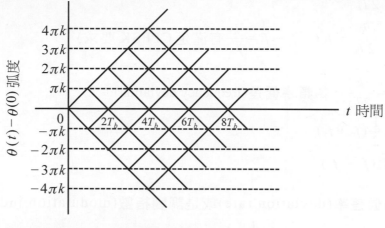

圖 **6.27**　CPFSK 的相位樹

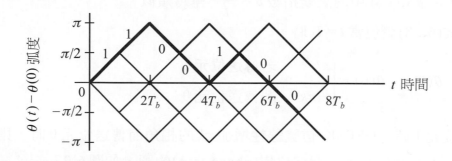

圖 **6.28**　相位格：黑體字路徑代表序列 1100100

註：兩個 FSK 信號的頻率間隔要等於 $\frac{n}{2T_b}$ 才會使得這兩個信號是同調正交。

由式(6.37)

$$s_c(t) = \sqrt{\frac{2E_0}{T_b}} \cos(2\pi f_c t + \theta(t))$$

$$= \sqrt{\frac{2E_0}{T_b}} \cos\theta(t) \cdot \cos 2\pi f_c t - \sqrt{\frac{2E_0}{T_b}} \sin\theta(t) \cdot \sin(2\pi f_c t) \qquad (6.44)$$

觀察：

$$\cos\theta(t) = \cos\left[\theta(0) \pm \frac{\pi}{2T_b} t\right]$$

$$= \begin{cases} \cos\left[0 \pm \dfrac{\pi}{2T_b} t\right] & \text{若 } \theta(0) = 0, \ \pm 2\pi, \ \cdots \\[3mm] \cos\left[\pi \pm \dfrac{\pi}{2T_b} t\right] & \text{若 } \theta(0) = \pi, \ \pm 3\pi, \ \cdots \end{cases}$$

$$= \cos\theta(0) \cdot \cos\left(\frac{\pi}{2T_b} t\right)$$

$$= \pm \cos\left(\frac{\pi}{2T_b} t\right) \begin{cases} + : \text{若}\theta(0) = 0, \pm 2\pi, \ \cdots \\[2mm] - : \text{若}\theta(0) = 0, \pm 3\pi, \ \cdots \end{cases} \qquad (6.45)$$

我們發現在 $-T_b \le t \le T_b$ 時，$\cos[\theta(t)]$ 的極性視 $\theta(0)$ 而定，不論 $t = 0$ 之前、之後是 1 或 0。

另外　　$\sin\theta(t) = \sin\left(\theta(0) \pm \dfrac{\pi}{2T_b} t\right)$

$$= \sin\left(\theta(T_b) \pm \left(\frac{\pi}{2T_b} t - \frac{\pi}{2}\right)\right)$$

$$= \begin{cases} \sin\left(\dfrac{\pi}{2} \pm \left(\dfrac{\pi}{2T_b} t - \dfrac{\pi}{2}\right)\right) & \text{若 } \theta(T_b) = \dfrac{\pi}{2} \\[3mm] \sin\left(-\dfrac{\pi}{2} \pm \left(\dfrac{\pi}{2T_b} t - \dfrac{\pi}{2}\right)\right) & \text{若 } \theta(T_b) = -\dfrac{\pi}{2} \end{cases}$$

$$= \sin\theta(T_b) \cdot \sin\left(\frac{\pi}{2T_b} t\right)$$

$$= \begin{cases} +\sin\left(\dfrac{\pi}{2T_b} t\right) & \text{若 } \theta(T_b) = \dfrac{\pi}{2}, \ \dfrac{\pi}{2} \pm 2\pi, \ \cdots \\[3mm] -\sin\left(\dfrac{\pi}{2T_b} t\right) & \text{若 } \theta(T_b) = -\dfrac{\pi}{2}, \ -\dfrac{\pi}{2} \pm 2\pi, \ \cdots \end{cases} \qquad (6.46)$$

同理，在 $0 \leq t \leq 2T_b$ 中，$\sin[\theta(t)]$ 的極性視 $\theta(T_b)$ 而定，歸納以上有四種可能的描述如下：

1. $\theta(0) = 0$ 且 $\theta(T_b) = \dfrac{\pi}{2}$ 即相位變化 $+\dfrac{\pi}{2}$，相當於傳送位元 1。

2. $\theta(0) = \pi$ 且 $\theta(T_b) = \dfrac{\pi}{2}$ 即相位變化 $-\dfrac{\pi}{2}$，相當於傳送位元 0。

3. $\theta(0) = \pi$ 且 $\theta(T_b) = \dfrac{-\pi}{2}\left(\text{or }\dfrac{3}{2}\pi\right)$ 即相位變化 $+\dfrac{\pi}{2}$，相當於傳送位元 1。

4. $\theta(0) = 0$ 且 $\theta(T_b) = \dfrac{-\pi}{2}$ 即相位變化 $-\dfrac{\pi}{2}$，相當於傳送位元 0。

由式(6.44)、式(6.45)及式(6.46)，我們歸納 MSK 信號為正交基底函數 $\phi_1(t)$、$\phi_2(t)$ 的形式：

$$
\begin{aligned}
s_c(t) &= \sqrt{E_0}\cos\theta(0) \cdot \sqrt{\dfrac{2}{T_b}}\cos\left(\dfrac{\pi}{2T_b}t\right)\cos(2\pi f_c\, t) \\
&\quad + (-\sqrt{E_0}\sin\theta(T_b)) \cdot \sqrt{\dfrac{2}{T_b}}\sin\left(\dfrac{\pi}{2T_b}t\right)\sin(2\pi f_c\, t) \\
&= S_1 \cdot \cos\left(\dfrac{\pi}{2T_b}t\right)\cos(2\pi f_c\, t) + S_2 \cdot \sin\left(\dfrac{\pi}{2T_b}t\right)\sin(2\pi f_c\, t) \\
&= S_1 \cdot \phi_1(t) + S_2 \cdot \phi_2(t)
\end{aligned}
\tag{6.47}
$$

要計算 S_1，由 $-T_b$ 到 T_b 積分 $s_c(t) \cdot \phi_1(t)$，並在 $t = 0$ 時觀察即可，

$$
S_1 = \int_{-T_b}^{T_b} s_c(t) \cdot \phi_1(t)\, dt = \sqrt{E_0} \cdot \cos(\theta(0))
\tag{6.48}
$$

同樣要計算 S_2，則由 0 到 $2T_b$ 積分 $s_c(t) \cdot \phi_2(t)$，並在 $t = T_b$ 時觀察，

$$
S_2 = \int_{0}^{2T_b} s_c(t) \cdot \phi_2(t)\, dt = -\sqrt{E_0}\sin(\theta(T_b))
\tag{6.49}
$$

由式(6.47)，我們可以依QPSK相同的作法，先將二元資料分開成奇數及偶數數列，然後分別放在 S_1 及 S_2 並將 S_2 延遲一個 T_b 時間。圖 6.29 表示MSK調變系統的調變與解調。

我們再詳細觀察一下式(6.47)及圖 6.29，輸入的數位脈波資料分成 $a_1(t)$ 及 $a_2(t)$，即為 S_1 及 S_2。再將它們分別乘上 cos 及 sin 時，因為 cos 及 sin 的週期恰

為脈波寬度的 2 倍，所以$S_1 \cdot \cos\left(\dfrac{\pi}{2T_b}t\right)$及$S_2 \cdot \sin\left(\dfrac{\pi}{2T_b}t\right)$的作用就是將方波的信號轉成弦波信號(如圖 6.30(a))，它的優點就是當資料串發生 0→1 或 1→0 的變動時，弦波的相位變動較為緩和。

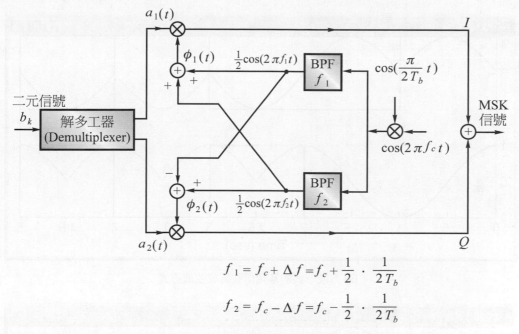

$$f_1 = f_c + \Delta f = f_c + \frac{1}{2} \cdot \frac{1}{2T_b}$$

$$f_2 = f_c - \Delta f = f_c - \frac{1}{2} \cdot \frac{1}{2T_b}$$

(a) MSK 調變系統

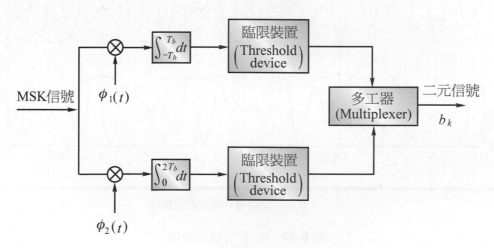

(b) MSK解調系統

圖 6.29 MSK 調變／解調原理

　　將上述這兩弦波(基頻) I，Q 信號分別對高頻載波 $\cos(2\pi f_c t)$ 及 $\sin(2\pi f_c t)$ 作調變，可得到圖 6.30(b)的波形。令人驚奇的是將調變後的 I，Q 載波信號相加會成一個 "相位連續變動" 的 MSK 調信號。這種相位連續變動的優點使它成為 GSM 行動通訊系統的調變標準。

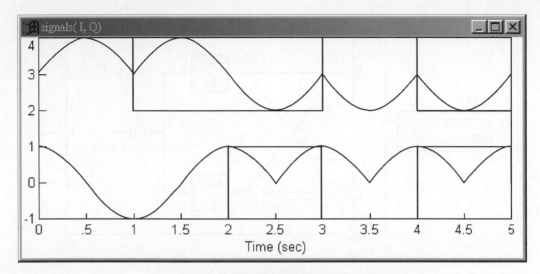

(a) 方波形式的基頻信號轉成弦波方式

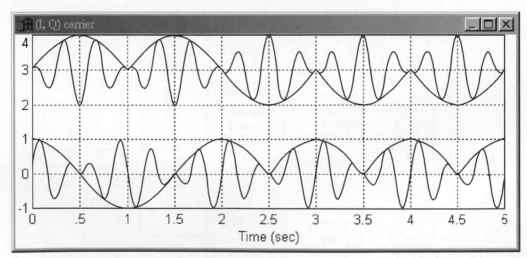

(b) I，Q 的信號分量分別對載波調變

圖 6.30 MSK 信號的形成

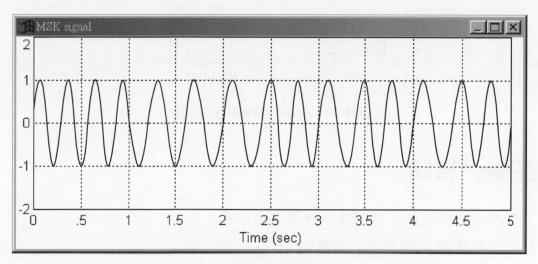

(c) MSK 合成信號

圖 6.30　MSK 信號的形成(續)

最後對一個同調 MSK 系統而言，其位元錯誤率(BER)為

$$P_e = \frac{1}{2} \operatorname{erfc}\left(\sqrt{\frac{E_0}{N_0}}\right)$$

這樣的一個效能和 BPSK、QPSK 相同，但 MSK 的優點在於 MSK 信號檢測中，在接收端可以觀察 $2T_b$ 秒。

　　MSK 基本上是一個二元的數位信號 FM 調變，且調變指數 $m = 0.5$，其特點為：

1.　固定振幅的包線(envelope)。

2.　可使用同調或非同調接收機。

3.　載波的相位變化是連續的。

4.　主波瓣(main lobe)比 QPSK 寬約 50 ％。

　　一個歐洲規格的數位式行動電話系統 GSM 使用的調變方式稱為**高斯最小頻移鍵送**(Gaussian MSK；GMSK)，即在 MSK 調變之前，先將二元數位信號 $s(t)$ 通過一個**高斯低通濾波器**(Gaussian Low Pass Filter；GLPF)以壓縮主波瓣。而一般所使用的 GLPF 的頻寬 B 和信號位元週期 T_b 的乘積為 $BT_b = 0.3$，故稱為 0.3 GMSK 調變，如圖 6.31。

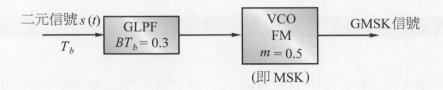

圖 **6.31** GMSK 調變原理方塊圖

6.5 結論

在本章結束之前，我們還要討論三件事：

1. 比較各種調變技巧的優缺點。
2. 介紹功率頻譜(power spectra)。
3. 介紹頻寬效率(bandwidth efficiency)。

對數位調變而言，我們常常要討論功率頻譜和頻寬效率，不過由於本書針對數位調變的數學模型並未介紹非常詳盡。作為一本通訊系統入門的書籍，我們不得不捨棄大量數學描述，而只作初步的介紹。

二元及正交調變技巧的比較：

表 6.6 是當同調二元 PSK、同調二元 FSK、非同調二元 FSK、同調 QPSK 及同調 MSK，運作於 AWGN 通道上時的位元錯誤率(BER)。圖 6.32 是我們利用表 6.6 將 BER 對每位元信號與雜訊頻譜密度比值 E_0/N_0 的函數畫出來的圖形。

表 **6.6** 不同數位調變技巧位元錯誤率的公式一覽表

調變技巧		位元錯誤率
(1)	同調二元 PSK 同調 QPSK 同調 MSK	$\frac{1}{2}\text{erfc}(\sqrt{E_0/N_0})$
(2)	同調二元 FSK	$\frac{1}{2}\text{erfc}(\sqrt{E_0/2N_0})$
(3)	DPSK	$\frac{1}{2}\exp(-E_0/N_0)$
(4)	非同調二元 FSK	$\frac{1}{2}\exp(-E_0/2N_0)$

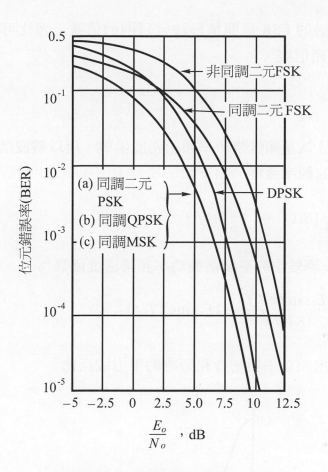

圖 6.32　數種調變技術的效能比較

1. 所有的系統位元錯誤率(BER)隨 E_0/N_0 的值增加而遞減，可見信號越強 (E_0 越大)，錯誤率越低。

2. 對於任何的 E_0/N_0，同調二元 PSK、QPSK 及 MSK 產生的位元錯誤率比其他任何的系統都要小。

3. 在相同的位元錯誤率之下，同調二元 PSK 及 QPSK 的 E_0/N_0 值比傳統同調二元 FSK 及非同調 FSK 要低 3dB 的值。

4. 在高 E_0/N_0 下，DPSK 及非同調二元 FSK 的效能(performance)在相同位元率及每位元信號能量之下，幾乎和同調二元 PSK 及傳統同調二元 FSK 相同。

5. MSK 技巧和其他信號技巧之不同處在於其接收器有記憶性。MSK 接收器判斷決定乃基於觀察連續的二個位元區間，因此雖然僅有兩個頻率分別傳送二位元信號，但是因為在接收器有記憶性，可由傳送信號的 0 或

1及過去傳送的 FSK 信號情形決定目前的信號。因此可以說 MSK 能同時傳送 4 位元信號。

功率頻譜：

我們假設 $S_B(f)$ 為基頻信號功率頻譜密度函數，所以載波信號的頻譜 $S_S(f)$ 就可看成是 $S_B(f)$ 的頻率遷移，如下式。

$$S_S(f) = \frac{1}{4}[S_B(f - f_c) + S_B(f + f_c)] \tag{6.50}$$

考慮二元 PSK 調變中的基頻信號功率頻譜密度函數為：

$$S_B(f) = \frac{2E_b \sin^2(\pi T_b f)}{(\pi T_b f)^2} = 2E_b \, \text{sinc}^2(T_b f) \tag{6.51}$$

由式(6.51)可以看出來功率頻譜會和頻率的平方成反比。

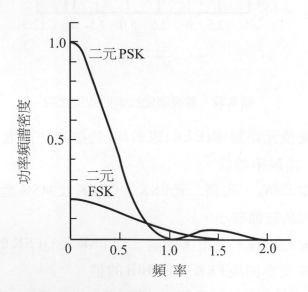

圖 **6.33** 二元 PSK 及 FSK 信號的功率頻譜

再來考慮桑帝 FSK 信號的功率頻譜密度函數，如下所示：

$$S_B(f) = \frac{E_0}{2T_b}\left[\delta\left(f - \frac{1}{2T_b}\right) + \delta\left(f + \frac{1}{2T_b}\right)\right] + \frac{8E_b \cos^2(\pi T_b f)}{\pi^2(4T_b^2 f^2 - 1)^2} \tag{6.52}$$

由式(6.52)可以看出來，連續相位二元 FSK 信號的功率頻譜密度和頻率四次方成反比。而且一個連續相位的 FSK 信號並不會在信號主要頻帶上產生一個像非連續相位 FSK 信號那麼多的干擾。因此，二元 FSK(有連續相位)有一平滑的脈波形狀，而且比起二元 PSK 有較低的旁瓣頻譜(side lobes)。

QPSK 信號的功率頻譜密度等於同相及正交部分個別功率頻譜密度的和。我們可寫為

$$S_B(f) = 2E \operatorname{sinc}^2(Tf) = 4E_0 \operatorname{sinc}^2(2T_b f) \tag{6.53}$$

而如 QPSK 信號、MSK 信號的同相及正交部分也是統計獨立。因此，MSK 信號的功率頻譜密度為

$$S_B(f) = 2\left[\frac{\Psi_g(f)}{2T_b}\right] = \frac{32E_0}{\pi^2}\left[\frac{\cos(2\pi T_b f)}{16T_b^2 f^2 - 1}\right] \tag{6.54}$$

當 $f \gg 1/T_b$，MSK 信號的功率頻譜密度和頻率四次方成反比，而在 QPSK 信號在相同情況下功率頻譜密度其和頻率平方成反比。因此，在有用信號頻寬外 MSK 不會產生像 QPSK 那麼多的干擾。這 MSK 獨有的特性，在一個頻寬有限的環境下倍受歡迎。

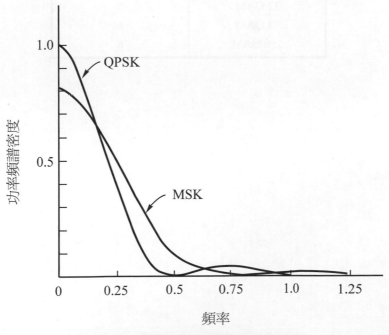

圖 **6.34**　QPSK 及 MSK 信號功率頻譜

頻寬效率

通道頻寬及傳送功率構成二個主要通道資源。這兩個資源使用的效率是尋找頻譜效率技巧的動機,調變的主要目的是尋找最大頻寬效率,它的定義是測量在每秒每赫茲下的可傳送位元數目,因此**頻寬效率**(bandwidth efficiency)也叫**頻譜效率**(spectral efficiency)。以資料傳輸率記為 R_b 及通道頻寬 B,我們可以表示頻譜效率 ρ 為

$$\rho = \frac{R_b}{B} \qquad \text{b/s/Hz} \tag{6.55}$$

表 6.7 為一些典型調變技術的頻寬效率。

表 **6.7** 知名調變技術的頻譜效率

調變技術	頻寬效率
MSK	1
BPSK	1
QPSK	2
8 PSK	3
16 QAM	4
32 QAM	5
64 QAM	6
256 QAM	8

本章習題

6.1-1　為何頻移鍵送 FSK 和相移鍵送 PSK，比振幅鍵送 ASK 更廣泛應用在非線性通道數位調變上？

6.2-1　試問 64QAM，可以一口氣傳送多少位元？256QAM 呢？

6.2-2　QAM 和 QPSK 之間到底有何差異？

6.2-3　比較一下 QAM 和 16QAM 的能量、錯誤率、可傳送位元數。

6.2-4　導出式(6.2)的結果：$y_{sc}(T_b-t)=\dfrac{A_c^2}{2}\cos(2\pi f_c(T_b-t))\cdot T_b$

6.2-5　二元振幅鍵送要將信號(1 或 0)解調出來，常用那兩種技術？

6.3-1　有 8-PSK 的調變方式，為何沒有 8 QAM 的調變方式？

6.3-2　利用式(6.23)找出 8 相移鍵送的 8 個信號點。

6.3-3　如式(6.7)，若一載波 $s(t)=A_c\cos(2\pi f_c t)$，位元期間為 T_b，則導出其一位元期間的信號能量為 $\dfrac{1}{2}A_c^2 T_b^2$。

6.4-1　試比較 BFSK 與 BPSK 的位元錯誤率(BER)。

6.4-2　MSK 基本上是一個二元的數位信號 FM 調變，有那些特點？

6.5-1　自己利用熟悉的程式語言，繪出 BPSK、BFSK、MSK 調變的信號波形。

6.5-2　有沒有注意到 "差分調變(Differential)" 的共同優點在那裏？

附錄

附錄 A　行動通訊的基本技術

附錄 A 行動通訊的基本技術

通訊工業近幾年來的發展日新月異，進步一日千里，由於受到基礎半導體工業及數位信號處理(Digital Signal Processing；DPS)技術的突飛猛進帶動通訊工業的進步。現代通訊工業的三大新興領域分別是：行動通訊、衛星通訊及光纖通訊。本書將著重於介紹行動通訊的基本技術。

行動通訊(mobile communication)的主要特點為：

1. 通道參數不穩定。
2. 在干擾較大的環境下工作。
3. 具有都卜勒效應。
4. 使用者經常移動。
5. 通道頻寬有限。

由於上述不利條件，因此行動通訊所需的技術比較複雜，如此才能抵禦外在複雜環境的干擾和雜訊。一般而言比較適合於陸地上的行動通訊頻段為：150-2000MHz左右，經常被選用的頻率為 150MHz，450MHz，700MHz，900MHz及 1800MHz等(900MHz，2000MHz(3G))頻段。而由業務情況及技術層面來看，行動通訊又可區分為：

1. 公眾行動電話系統。
2. 無線電話系統。
3. 無線電呼叫系統。
4. 指揮調度行動電話系統。
5. 其他行動通訊系統。

在本章中，我們將介紹公眾行動電話系統，即為知名的蜂巢式行動電話系統(cellular mobile communication system)及無線式行動電話系統(cordless telephony system)。經常為行動電話所採用的數位調變技術如：頻移鍵送(FSK)，高斯最小頻移鍵送(GMSK)，相移鍵送(PSK)，$\pi/4$ 差分相移鍵送($\pi/4$-DQPSK)等調變技術在前幾章均已介紹過。而分頻多工擷取(FDMA)、分時多工擷取(TDMA)及分碼多工擷取(CDMA)則是目前為行動通訊系統所採用的多工技術。至於雙工技術則有：分頻雙工(FDD)及分時雙工(TDD)兩種均是行動通訊系統所採用的雙向通訊技術。

A.1　分頻多工擷取(FDMA)

多工(multiplexing)技術對現代通訊系統的發展提供了一個相當重要的基礎。在多工的操作之下，聲音(voice)、視訊(vedio)及資料(data)等不同種類的信號可以藉由一個終端機(terminal)、電話(telephone)或其他使用者端(user application)整合(即多工)到一條資料流(information stream)上；傳到另一端，而接收端則利用解多工(demultiplexing)的方式各自解出屬於自己的資料。如圖A.1 所表達的，當一個有線電話、無線電話、錄影視訊節目及電腦網路資料藉由一個多工器，一條資料流完成各自通訊的目的。在過去幾年，最常被用到的多工技術就是**分頻多工**(Frequency Division Multiplexing；FDM)，其廣泛地應用在電話、微波(microwave)及衛星載波鏈路(satellite carrier link)上。它的作法是將可利用的頻率範圍切割成許多小頻道，稱為次頻道(subchannel)，再利用不同的調變技巧將不同的基頻信號如聲音、資料等調變到各個頻道上(即將各個基頻信號遷移到不同的載波上)，所以便可以同時傳送不同的資料如圖A.2。

圖 **A.1**　四個不同類型信號同時傳送

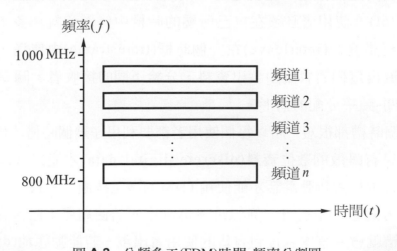

圖 **A.2**　分頻多工(FDM)時間-頻率分割圖

最常見的例子便是有線電視(Cable TV；CATV)，其頻道若有60個，每個頻道搭載不同的節目，利用調變的技術分別將這60個節目遷移到各個不同的頻道上，再同時傳送這60個節目到用戶端。在接收端則利用解調的技術，將所需要的信號由高頻載波上解調回來，如圖A.3。

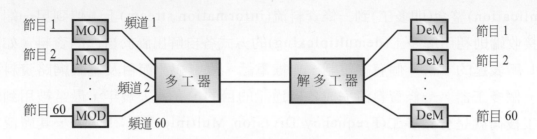

圖 A.3 有線電視的分頻多工示意圖

在第一代的蜂巢式行動電話系統中，常常利用到分頻多工的方式讓不同的使用者，同時接通無線電話而不會彼此干擾。基地台(base station)會選用目前無人使用的頻道給正等待分配頻道接通鏈路的行動手機，這種利用分頻多工方式可使多人撥入行動電話系統的方式，又稱為**分頻多工接取**(Frequency Division Multiple Access；FDMA)。

A.2 分時多工接取(TDMA)

分時多工(Time Division Multiplexing；TDM)只提供一個頻道，但是使用者必須輪流使用這個頻道。也就是說，我們將這一個寬頻的頻道切割成許多個時槽(time slot)，使用者必須在自己所屬的時槽中傳送資料。多工器將每個使用者的資料交錯混合(interleave)在一個時框(time frame)中傳送，接收端的解多工器則輪流自這個資料流中讀出資料，分給不同的接收者。圖 A.4 表示了分時多工的時間-頻率分配的情形。

由於每個時槽都很短，所以每個使用者都要利用好幾個時槽才能傳完資料，很顯然的，只有離散的數位資料(discrete digital data)才能以 TDM 的方式傳送，因此只有數位式行動電話才能使用TDM的多工技術。一般而言，單純地利用 TDM 的方式相當不經濟，例如在圖 A.4 中，若使用者 1 已傳完資料離開線上，則其時槽就會一直空著直到有新的使用者出現。若能動態地(dynamic)將該

空閒時槽分給另一個使用者2，如圖A.5，則對頻道的使用上將更有效率，這種
TDM的多工方式稱為**統計分時多工**(statistical TDM；STDM)。

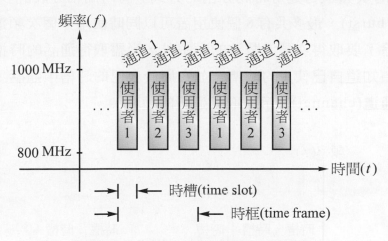

圖 **A.4**　分時多工的時間-頻率配置圖

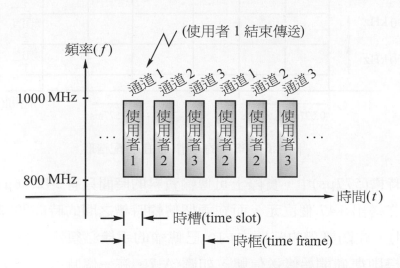

圖 **A.5**　統計分時多工的時間-頻率配置圖

　　在數位式行動電話系統中，由於多人利用分時多工的方式一起接通彼此的
通話鏈路，因此稱這種利用分時多人撥入無線電話系統的方式為**分時多工接取**
(Time Division Multiple Access；TDMA)。

　　實際上，TDMA乃是一種結合FDM和TDM的技術。和FDMA相類似的，
先要將可用頻寬切成許多個次頻道，每個手機在傳送資料之前必須取得頻道使
用權才能將信號調變到該載波上。但是和FDMA不同地，TDMA將幾個手機的

數位信號放在同一個載波上面，如圖 A.6 是一個泛歐洲行動電話系統(Global System for Mobile；GSM)的時槽分配情形。在 GSM 的技術規格中，對每一個 200kHz頻寬的次頻道再運用時間分割的方式，將時間軸分成許多個時槽(time slot，又叫作 burst)，最多共有 8 個使用者可以同時使用一個次頻道。要取得通話的許可，除了要取得次頻道載波的頻率外，尚需取得通話的時槽，每組通話的手機都必須知道自己使用的時槽，並在屬於自己的時槽中通話（有時我們稱這個時槽為**通道**(channel)表示已取得通訊的權利）。

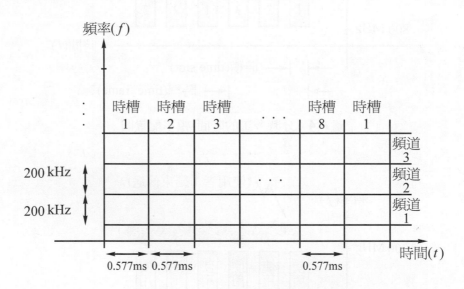

圖 **A.6**　GSM 的時槽(通道)分配情形

　　在一個時槽(577μs)中，實際上可傳輸資料的時間只有 542.76μs。在這段時間中，被允許送出 147 個位元，而在兩個傳輸時槽之間的時間間隔稱為**防護帶**(guard band)。在防護帶的時間之內，已傳輸的手機必須停止傳送位元信號，而下一個手機則準備開始傳送信號，如圖 A.7。在一個時槽中無法將資料傳完的手機等待下一個屬於自己的時槽來到時再繼續傳送資料。

　　就 TDMA 的結構來看，每個通話中的手機佔用一個時槽，數個時槽組成一個時框，如圖 A.8。

　　每個手機雖然都知道自己所佔的是那一個時槽，但是為了達到同步(sychronization)的精確要求，一般除了將所要傳送的資訊放在通話位元組(traffic bits)外，每個時槽尚需在頭尾加入防護帶用的位元組(又稱 tail bits、guard time bits 及 ramp time bits)以與前後時槽作區隔。而同步位元組(sychronization bits)

則是一連串固定已知的位元串列，在接收端可用來調整基地台和行動台手機之間信號位元同步之用。

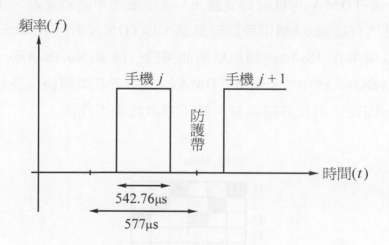

圖 A.7　時槽／防護帶結構

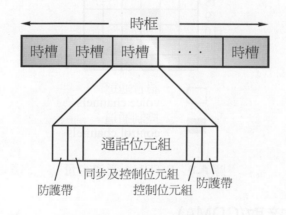

圖 A.8　時框／時槽結構

　　由於人與人之間談話中，有 60% 的時間是空閒的，即空閒／談話的比例約為 60/40，因此利用 TDMA 的通話方式混合安插多人談話是相當聰明的作法。

A.3　擴充式分時多工接取(E-TDMA)

　　擴充式分時多工接取(Extended TDMA)乃是利用數位語音交錯混合(Digital Speech Interpolation；DSI)的方式，減少談話中因空閒而浪費頻道的技術。根據發展此技術的通用動力公司(General Motor)的研究，DSI 可以減少 55～65% 的語音空閒問題。首先 E-TDMA 將頻寬分成 12 個次頻道，每個頻道又可分為 6

個時槽,所以總共有72個通道(時槽)可用,其中有9個通道被用來當作控制信號傳送用,所以最多有63個語音通道可同時使用,如圖A.9。

　　理論上,E-TDMA可以同時支援63個手機用戶同時通話,但因為使用了DSI的技巧可以有超過63個用戶同時通話。E-TDMA使用4.5kbps的資料傳送率,因此可以使用在 IS-54建議規格的北美數位蜂巢(North American Digital Cellular;NADC)系統中,但是E-TDMA的支持者必須解決很多技術上的問題如語音品質,因此在數位蜂巢系統中較不考慮此多工技術。

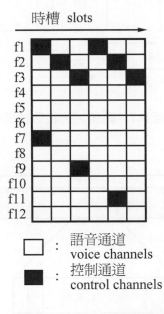

圖 **A.9**　E-TDMA 通道容量

A.4　　分碼多工接取(CDMA)

　　在FDMA中,不同的行動台用戶使用不同的頻道(分頻),而在TDMA中,不同的行動台用戶使用不同的時槽(分時)。和這兩種多工技術完全不相同的,**分碼多工接取**(Code Division Multiple Access;CDMA)則以不同的辨識碼來區分不同的行動台手機用戶。CDMA乃是以美國軍方釋放出來的**展頻技術**(Spread Spectrum;SS)為基礎,利用每個用戶各自使用一個獨一無二的**假亂碼**(Pseudo-random Code;PC)來將傳輸信號的頻寬擴展開來。由於採用的展頻技術是一較高深的技術,只有少數公司如 QUALCOMM 公司發展 CDMA 的蜂巢行動電話並成為美國IS-95的建議規格。CDMA的特色如下:

1. CDMA允許所有的手機使用同一個頻道(即不再切割頻寬)，而且允許所有的手機在同一時間內通話(即使用同一個時槽，換言之，不需切割時間)。

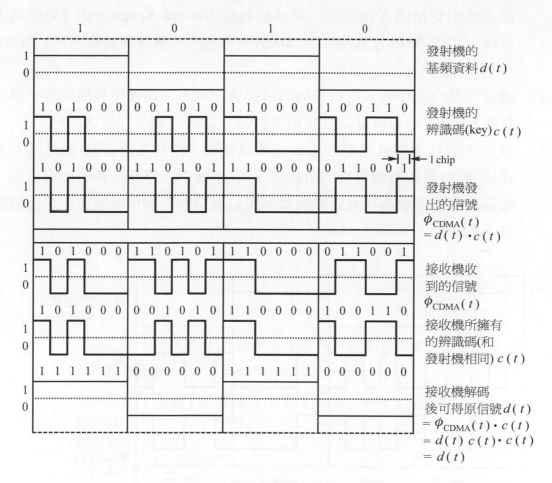

圖 **A.10** CDMA 信號的編碼／解碼

2. 和TDMA相類似，類比語音信號必須先經過一數位化過程(可見CDMA亦是一數位式蜂巢行動電話)。但和TDMA不同之處在於手機必須向基地台控制中心要求一個 "唯一的辨識碼"。對不同的使用者，基地台控制中心給予不同的辨識碼，而且這些不同的碼是越趨近於亂碼越佳，即所謂**假亂碼**(Pseudo-random Code；PC)。不同的手機使用不同的辨識碼來傳送數位資料，而接收端也是使用相同的辨識碼來解開數位資料，圖A.10表示了CDMA信號編碼／解碼的基本原理。由於辨識碼(在圖中我們稱為key)中每一位元(稱為一個chip)的時間比語音信號的每一位元時間還要短很多，由信號處理的理論知道：該辨識碼的頻譜會比語音

(基頻)信號的頻譜來得寬。因此,當兩個信號相乘後,辨識碼可將基頻信號的頻寬"展開"。連帶的,依附在基頻信號上的雜訊也會被展開,形成功率更低的干擾情形,這就是展頻(Spread Spectrum;SS)的基本原理,在IS-95的建議規格中CDMA要將語音信號展開成頻寬為1.25MHz的寬頻信號。

3. 當接收機自空中收到這個展開的信號後,利用一組和發射機完全一模一樣的辨識碼(key)將這個展頻信號解回原基頻信號,如圖A.10。

4. 當空中的其他接收機截聽這個展頻信號後,由於其所擁有(或是任意選擇)的辨識碼和原發射機的辨識碼不同(想猜中這個辨識碼的機會很低,這個辨識碼不但長而且近似亂數,所以解得的基頻信號並非原來發射機發出的信號,如圖A.11。

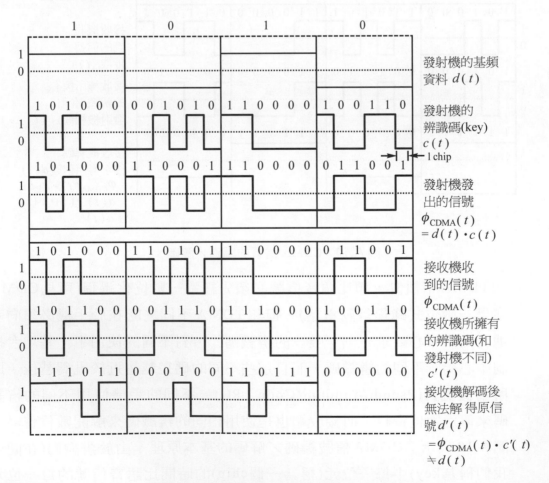

圖 A.11 CDMA 遭截取的信號不會被竊聽

5. 這個被展開的基頻信號還需利用一調變技術(一般採用 BPSK)，將頻率遷移到高頻載波上才能傳送出去，如圖 A.12。

6. CDMA 的一個最主要的優點就是其容量效益，這是因為它的頻率重覆使用率(frequency reuse)的概念和 TDMA 及 FDMA 不同。就 TDMA 或是 FDMA 的蜂巢式系統而言，其頻率重覆使用率 是任何一個蜂巢中可用頻率的 1/7 而已，如圖 A.13(a)，即蜂巢 1 正在使用的頻率在蜂巢 2,3,4,...,7 均不可同時使用。但對 CDMA 而言所有細胞均可使用相同頻率。

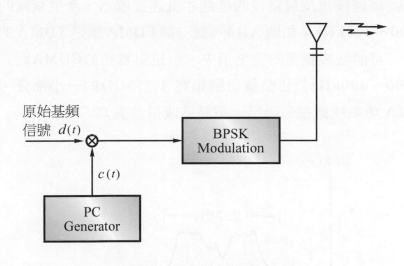

圖 **A.12** 展頻系統的發射機

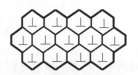

(a) TDMA/FDMA 採用
的頻率再使用方式

(b) CDMA 採用的
頻率再使用方式

圖 **A.13** 頻率再使用的差異

7. CDMA 的**空間多樣化**(space diversity)

CDMA的空間多樣化是指基地台可以使用二組以上的接收機天線，用來提高對"**時強時弱現象**(fading)"的免疫能力，在其他的數位蜂巢系統中,也常常利用空間多樣化的技術來克服 fading 的效應。此外,在基地台與基地台之間也會利用軟性換手(soft handoff)的步驟來將通話由某個蜂巢換到另一個蜂巢。這意味著由不同基地台來的信號會被視為多重路徑信號(multiple path signal)而且可以被 CDMA 所克服。

8. CDMA 的**頻率多樣化**(frequency diversity)

CDMA 的頻率多樣化表現在於因為可以提供 CDMA 信號一個較寬廣(1.25MHz)的頻寬,由於信號頻寬越寬越能夠克服因為多重路徑反射環境所造成的時強時弱(fading)效應。此效應乃是肇因於在複雜環境中,有時信號經過多重反射路徑的延遲才抵達接收器,產生衰減的頻寬可能高達 200～300kHz,如圖 A.14。對一個 FDMA 或是 TDMA 的窄頻寬信號而言,可能造成信號的完全損失。但是對寬頻的 CDMA 而言,產生衰減的 200～300kHz 只佔整個信號頻寬 1.25MHz 的一小部分,將只是導致 CDMA 功率些微損失而已,不易造成信號失真。

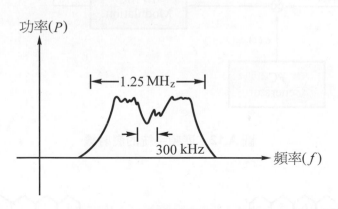

圖 **A.14** 寬頻信號的 fading 效應

9. CDMA 的**時間多樣性**(time diversity)

時間多樣性是一種技術,也是其他大多數的數位系統常用的。CDMA 是以內差法,將同一筆資料分佈在不同的時間來傳送,因此即使有一群傳送位元遭破壞,內差法仍然可以協助系統將錯誤修正回來。

A.5　分時雙工(TDD)

分時雙工(Time Division Duplex;TDD)是一個使用在數位通訊系統而且利用單一載波同時傳送及接收信號的技術。在行動通訊中,由於通話鏈路要求必須是雙工(Duplex)的方式(這點要求和無線電對講機(walki-talki)的半雙工(half-duplex)的基本功能不同)，因此大部分的蜂巢式行動電話都採用**分頻雙工**(Frequency Division Duplex；FDD)的方式。FDD指定 2 個頻率當作一個通道(channel)，其中一個頻率作為基地台發射載波信號所使用，這個頻率稱為**下傳頻率**(Downlink frequency)，又稱為**前傳頻率**(Forward frequency)。另一個頻率則當作行動台(手機)發射信號給基地台所使用的載波頻率，這個頻率稱**上傳頻率**(Uplink frequency)或稱**回傳頻率**(Reverse frequency)，如圖 A.15。

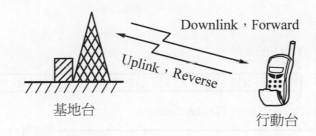

圖 A.15 FDD 採用二個頻率構成一個通道

TDD 可分為兩種：

1. TDD/FDMA：每個載波只服務一個使用者，該使用者利用這個頻率以分時的技術作資料的傳送與接收，如圖 A.16(a)。

2. TDD/TDMA：每個載波被切成許多個時框，每個時框又切成若干時槽用來服務若干個使用者，如圖 A.16(b)(c)。

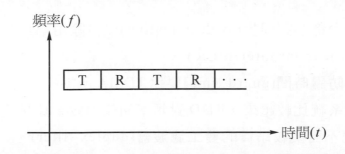

(a) TDD/TDMA，只有一個使用者，傳送(T)/接收(R)資料

圖 A.16 分時雙工(TDD)種類／信號傳接

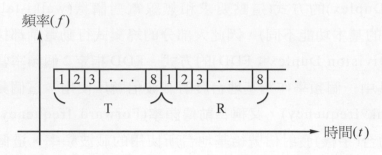

(b) TDD/TDMA，共有 8 個使用者同時利用同一載波

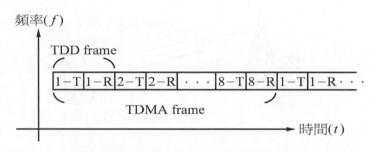

(c) TDD/TDMA，共有 8 個使用者同時利用同一載波

圖 A.16　分時雙工(TDD)種類／信號傳接(續)

　　TDD由於只使用一個頻道來作資料的傳送／接收的工作，所以多被用在無線式行動電話系統(cordless telephony)。和蜂巢式行動電話(cellular radio)不同地，蜂巢式系統採用 2 組分開 45MHz的頻道來傳送／接收信號(即 FDD 方式)，以避免傳／接時的干擾。TDD 並沒有以頻率來分開傳／接，其有以下的特點：

1. 所有基地台都必須同步(sychronization)以清除由鄰近基地台傳來的**遠-近式干擾**(near-far interfrence)

2. 時槽間的**防護時間**(guard time)要比 TDMA 所需的防護時間長。

3. 和蜂巢式系統比較起來，TDD 對頻率的使用效率比較高。

4. TDD 系統不需要較昂貴的**雙工濾波器**(duplex filter)。

5. 由於傳／接使用同一個頻率，利用空間多樣性(space diversity)以減少
   "**忽強忽弱效應**(fading)" 的設備只要裝一套在基地台端即可。例如基地台裝設 2 組天線，從天線中選取較佳傳／接品質的頻道，則任一個行動台也都可以享受到這個多樣的好處。

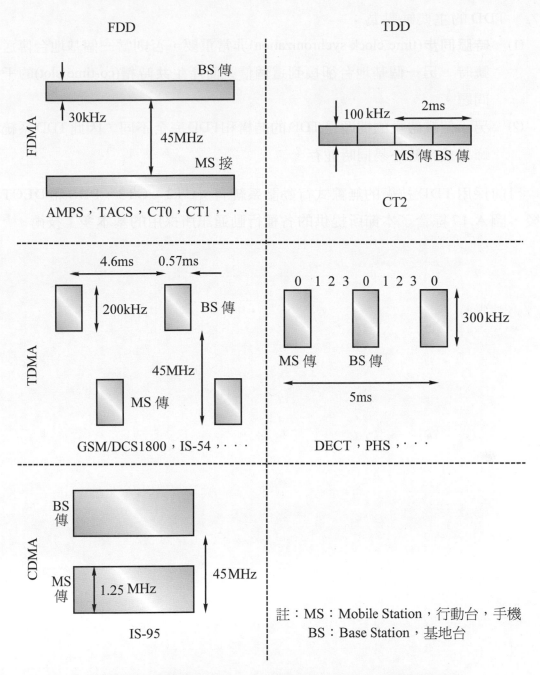

圖 A.17　各種不同的多工技術應用在不同的行動電話系統

6.　頻道選定較自由，不像 FDD 必須採用對稱式的二個傳／接頻道。

7. TDD 的主要缺點為：

(1) **時脈同步**(time clock sychronization)非常重要，否則當一個基地台傳送信號時，另一個基地台卻接到這個信號而產生**共時槽**(co-time slot)的干擾問題。

(2) 另一個較嚴重的問題是 TDD 的結構和 FDD 完全不同，因此 TDD 系統和蜂巢式系統不易同時並存。

目前採用 TDD 技術的無線式行動話系統有：CT2，CT3，PHS 和 DECT。最後，圖 A.17 綜合了本節所提供的各種行動通訊所採用的基本多工技術。

國家圖書館出版品預行編目資料

通訊原理 / 藍國桐, 姚瑞祺編著. -- 四版. -- 新
　北市 : 全華圖書, 2015.08
　　面 ； 公分
　ISBN 978-957-21-9956-5(平裝)
　1.CST: 通訊工程
448.7　　　　　　　　　　　　104011679

通訊原理

作者 / 藍國桐、姚瑞祺

發行人 / 陳本源

執行編輯 / 張峻銘

出版者 / 全華圖書股份有限公司

郵政帳號 / 0100836-1 號

印刷者 / 宏懋打字印刷股份有限公司

圖書編號 / 0333403

四版六刷 / 2023 年 11 月

定價 / 新台幣 340 元

ISBN / 978-957-21-9956-5 (平裝)

全華圖書 / www.chwa.com.tw

全華網路書店 Open Tech / www.opentech.com.tw

若您對書籍內容、排版印刷有任何問題，歡迎來信指導 book@chwa.com.tw

臺北總公司(北區營業處)
地址：23671 新北市土城區忠義路 21 號
電話：(02) 2262-5666
傳真：(02) 6637-3695、6637-3696

南區營業處
地址：80769 高雄市三民區應安街 12 號
電話：(07) 381-1377
傳真：(07) 862-5562

中區營業處
地址：40256 臺中市南區樹義一巷 26 號
電話：(04) 2261-8485
傳真：(04) 3600-9806(高中職)
　　　(04) 3601-8600(大專)

（請由此處撕下）

歡迎加入 全華會員

● 會員獨享
會員享購書折扣、紅利積點、生日禮金、不定期優惠活動…等。

● 如何加入會員
填妥讀者回函卡直接傳真 (02) 2262-0900 或寄回，將由專人協助登入會員資料，待收到
E-MAIL 通知後即可成為會員。

如何購買 全華書籍

1. 網路購書
全華網路書店「http://www.opentech.com.tw」，加入會員購書更便利，並享有紅利積點
回饋等各式優惠。

2. 全華門市、全省書局
歡迎至全華門市（新北市土城區忠義路 21 號）或全省各大書局、連鎖書店選購。

3. 來電訂購
(1) 訂購專線：(02) 2262-5666 轉 321-324
(2) 傳真專線：(02) 6637-3696
(3) 郵局劃撥（帳號：0100836-1　戶名：全華圖書股份有限公司）
※ 購書未滿一千元者，酌收運費 70 元。

OpenTech 全華網路書店.com.tw

全華網路書店 www.opentech.com.tw
E-mail: service@chwa.com.tw

讀書回函卡

填寫日期：　　／　　／

姓名：　　　　　生日：西元　　　年　　　月　　　日　　性別：□男 □女

電話：(　　)　　　　傳真：(　　)　　　　手機：

e-mail：(必填)

通訊處：□□□□□

註：數字零，請用 Φ 表示，數字 1 與英文 L 請另註明並書寫端正，謝謝。

學歷：□博士 □碩士 □大學 □專科 □高中・職

職業：□工程師 □教師 □學生 □軍・公 □其他

學校/公司：　　　　　　　　科系/部門：

・需求書類：
□A.電子 □B.電機 □C.計算機工程 □D.資訊 □E.機械 □F.汽車 □I.工管 □J.土木
□K.化工 □L.設計 □M.商管 □N.日文 □O.美容 □P.休閒 □Q.餐飲 □B.其他

・本次購買圖書為：　　　　　　　　書號：

・您對本書的評價：
封面設計：□非常滿意 □滿意 □尚可 □需改善，請說明
內容表達：□非常滿意 □滿意 □尚可 □需改善，請說明
版面編排：□非常滿意 □滿意 □尚可 □需改善，請說明
印刷品質：□非常滿意 □滿意 □尚可 □需改善，請說明
書籍定價：□非常滿意 □滿意 □尚可 □需改善，請說明
整體評價：請說明

・您在何處購買本書？
□書局 □網路書店 □書展 □團購 □其他

・您購買本書的原因？（可複選）
□個人需要 □公司採購 □親友推薦 □老師指定之課本 □其他

・您希望全華以何種方式提供出版訊息及特惠活動？
□電子報 □DM □廣告 (媒體名稱)

・您是否上過全華網路書店？(www.opentech.com.tw)
□是 □否 您的建議

・您希望全華出版那方面書籍？

・您希望全華加強那些服務？

～感謝您提供寶貴意見，全華將秉持服務的熱忱，出版更多好書，以饗讀者。

全華網路書店 http://www.opentech.com.tw 客服信箱 service@chwa.com.tw

2011.03 修訂

親愛的讀者：

感謝您對全華圖書的支持與愛護，雖然我們很慎重的處理每一本書，但恐仍有疏漏之處，若您發現本書有任何錯誤，請填寫於勘誤表內寄回，我們將於再版時修正，您的批評與指教是我們進步的原動力，謝謝！

全華圖書 敬上

勘誤表

書號		
書名		作者

頁數	行數	錯誤或不當之詞句	建議修改之詞句

我有話要說：（其它之批評與建議，如封面、編排、內容、印刷品質等．．．）